环境工程教学案例系列

生态恢复工程案例解析

胡进耀　陈劲松　罗明华　阮期平　董廷旭　编著

科学出版社
北　京

内 容 简 介

目前介绍西南地区生态恢复(修复)案例教材，特别是高寒湿地和地震灾后生态修复技术方面案例教材极少见。本书根据教学需要，围绕西南地区山地丘陵生态恢复、地震灾后生态修复、矿山生态修复、高寒湿地生态修复、生态清洁型小流域建设等方面，先概述了每个方面的原理和技术方法，然后展示了9个典型案例。这些案例均来源于编委会成员参与的项目，并参考、吸收了其他学者的研究成果，形成本书。教材案例原创性强，并有较为突出的典型性和特殊性。

本教材适合环境工程、生态恢复、水土保持、林学等专业研究生和本科生使用，可作为相关专业研究生教材和本科生参考书。

图书在版编目（CIP）数据

生态恢复工程案例解析/胡进耀等编著. —北京：科学出版社，2017.11（2019.02重印）
ISBN 978-7-03-054236-6

Ⅰ.①生…　Ⅱ.①胡…　Ⅲ.①生态恢复—生态工程—案例　Ⅳ.①X171.4

中国版本图书馆CIP数据核字（2017）第208309号

责任编辑：郑述方 / 责任校对：韩雨舟
责任印制：罗　科 / 封面设计：墨创文化

科学出版社 出版
北京东黄城根北街16号
邮政编码：100717
http://www.sciencep.com

成都锦瑞印刷有限责任公司印刷
科学出版社发行　各地新华书店经销

*

2017年11月第 一 版　开本：16（787×1092）
2019年2月第二次印刷　印张：14
字数：340千字

定价：43.00元

（如有印装质量问题，我社负责调换）

《生态恢复工程案例解析》编写委员会

胡进耀（绵阳师范学院）
陈劲松（四川师范大学）
罗明华（绵阳师范学院）
董廷旭（绵阳师范学院）
刘泉（绵阳师范学院）
吴庆贵（绵阳师范学院）
黄天志（绵阳师范学院）
邓东周（四川省林业科学研究院）
余凌帆（四川省林业科学研究院）
向莉（西南民族大学）
杨敬天（绵阳师范学院）
何云晓（绵阳师范学院）
阮期平（绵阳师范学院）
谢欢欢（绵阳师范学院）
任三强（安康市石泉县水利局）
廖茂芪（四川师范大学）
李可念（四川师范大学）

前　言

越来越多的高校将提高学生实践能力，建设应用型大学作为人才培养的重要目标和定位，但生态专业实践教学教材一直较为匮乏。李洪远等(2010)介绍了40个国外生态恢复案例，国内生态恢复工程案例教材仍较少。北京林业大学等单位的教师撰写了一些北方林业生态工程方面的著作。但目前介绍西南地区生态恢复(修复)案例教材，特别是地震后的生态修复技术方面的案例教材极少见到。由于南方地区尤其是西南地区典型的地貌类型及环境特点，对生态修复提出了特殊的要求。与北方案例相比，它们有较为突出的典型性和特殊性。南方地区开设环境工程、生态恢复、水土保持专业的院校也有不少，对这方面书籍有较强的需求。

本书编写委员会，由绵阳师范学院、四川省林科院、四川师范大学等单位的教师共同组成。编写委员会通过总结提炼各位教师亲自参与的生态恢复(修复)工程项目，并参考、吸收了其他学者的研究成果，编成本书。其中，第1章、第2章由四川师范大学陈劲松教授主笔；第3章由吴庆贵博士主笔；第4章由四川省林业科学研究院余凌帆高级工程师主笔；第5章、第6章、第11章、第12章由胡进耀教授主笔；第7章、第9章由黄天志博士主笔；第8章由董廷旭教授主笔；第10章由谢欢欢主笔；第13章、第14章由刘泉博士主笔；全书由胡进耀教授统稿。西南民族大学在读博士研究生向莉负责校对，四川省林业科学研究院高级工程师邓东周、研究生谢欢欢参与了第12章的起草工作，张生参与了第8章的起草工作。本书的出版，得到了绵阳师范学院“研究生教学质量工程建设”等项目的资助。由于水平有限，编写仓促，疏漏错误难免，希望读者批评指正。

胡进耀

2017年7月8日

目 录

第一篇

山地、丘陵生态恢复

第 1 章　山地植被恢复原理与技术

退化的森林生态系统严重影响其多种生态功能的发挥，植被恢复与重建是提高森林生态系统结构与功能的有效途径，对植物群落的演替规律、种群动态、植被恢复与重建技术及模式的研究可为植被恢复与重建提供科学依据，具有重要的理论意义和现实意义。植被恢复(vegetation restoration)是指运用生态学原理，通过保护现有植被、封山育林或营造人工林、灌、草植被，修复或重建被毁坏或被破坏的森林和其他自然生态系统，恢复其生物多样性及生态系统功能。植被是生态系统中物质循环与能量流动的中枢，植被恢复是退化生态系统中恢复与重建的首要工作。

在实践过程中，调查和认知退化环境与当地社会、经济关系是开展恢复工作的前提，其次是确定恢复与重建目标，以确定在恢复重建工作中应该采取的对策，以及与其配套的技术方法。

从我国近几十年的山地森林恢复与重建的实践历史来看，主要有两类目标：一类是以水源涵养、水土保持林等生态效益发挥为主要目标，突出恢复和重建生态型植被，却忽略了其经济效益的充分发挥，导致群众不积极参加，恢复实施困难，也难以持续发展，最根本的原因是没有充分考虑地方群众脱贫致富的经济需求，无法调动群众的积极性；另一类是以短期经济效益的获取为目标的经济型植被的重建，没有考虑环境退化的现实和生态学规律的制约，致使环境进一步退化，如此，经济效益也难以持续。植被恢复和重建必须同时考虑生态学和经济学原则，必须同时考虑人类经济发展的愿望和环境治理的现实，兼顾生态和经济效益。

1.1　退化植被恢复重建涉及的主要生态学原理

1. 资源充分利用原理

自然群落是在长期自然选择下形成的，对环境资源的利用较充分，因此在建造植物群落时必须模仿自然群落结构。多层次匹配是自然群落的结构特征，是植物群落尤其是森林的普遍现象，表现为结构在时间、空间上的多样化。这样，亦可有效避免物种结构单一、生物多样性低的问题。

2. 物种的生态适应性和适宜性原理

物种的选择是植被恢复和重建的基础。物种的生物学和生态学特性决定了其正常生长发育要求一定的生态条件，只能分布在一定的区域范围内，即具有生态适应性。因此具体环境中的物种选择必须遵循生态适应性原理，做到适地适物种，这是确保植物正常生长发育、形成稳定的群落结构、充分发挥其应有的生态功能的重要基础。另一方面，物种具有一定的功能价值。或有突出的经济功能，能提供人们需要的产品；或有突出的生态功能，能较好地固土保水，改良土壤；或二者兼备，即具有适宜性。

3. 共生原理

第一种是共生关系，共生是指不同物种的有机体或系统合作共存。共生的结果使所有共生者都大大节约物质能量，减少浪费和损失，使系统获得多重效益，共生者之间差异越大，系统多样性越高，共生效益也越大。如豆科植物的根系共生，双方均获利。第二种是附生关系，附生植物与被附生植物在空间上紧密联系，彼此间不进行物质交流。一个种得到好处，另一个种不受损害或只受轻微的损害。第三种共生关系是双方适应性增强的附着关系，彼此间不存在接触，其结果表现为双方共益，或群体增益（facilitation）。

4. 植物群落演替原理

演替指植物群落更替的有序变化发展过程。演替的过程和方向决定于外界因子对植物群落的作用、植物群落自身对环境作用的响应变化，群落中植物组成、植物繁殖体的散布和群落中植物之间的相互作用等因素。演替按发展方向可分为进展和逆行两类，由简单而稀疏的植被发展到森林群落称进展演替；当受到干扰和破坏，由森林群落又发展到稀疏植被、灌丛，甚至裸地，称逆行演替。逆行演替导致植被结构破坏，引起功能退化和环境退化。因而恢复和重建植被必须遵循生态演替规律，促进进展演替，重建其结构，恢复其功能。在选择物种时，考虑选择处于进展演替前一阶段的某些物种，加快演替进程。消除干扰和破坏，将植被恢复和重建的人工植物群落建立在进展演替的基础上。

5. 生态位原理

生态位是指某一种群存在的条件。生态位理论告诉我们，生态位和种群存在一一对应关系，即一定的种群要求一定的生态位，反过来，一个生态位只能容纳一个特定规模的生物种群。自然群落随着演替向顶极群落阶段发展，其生态位数目增多，物种多样性也增多，空白生态位逐渐被填充，生态位逐渐饱和。农业人工植物群落内杂草、病虫害易于侵入，正是由于人为使物种单一化，而产生了较多空白生态位。应用生态位原理，把适宜的物种引入，填补空白的生态位，使原有群落的生态位逐渐饱和，这不仅可以抵抗病虫害的侵入，增强群落稳定性，也可增加生物多样性，提高群落生产力。

1.2　退化植被恢复重建的一般步骤与方法选择

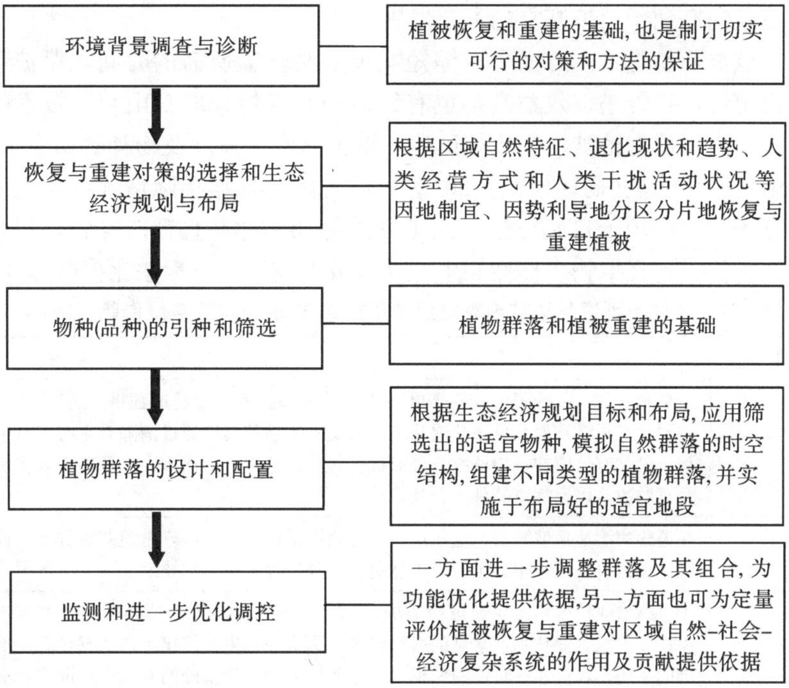

图 1-1　植被恢复重建一般步骤示意图(资料据包维楷和陈庆恒，1998)

植被恢复重建一般包括环境背景调查与诊断、重建对象选择与规划、物种筛选、群落设计、监测与优化五个步骤（图 1-1）。环境背景的调查主要是弄清以下几方面问题：①气候及其时空变化规律；②土壤及其空间变化规律；③植被及物种多样性现状、植被演替的过程和方向及其存在的问题；④人类活动及其与植被、自然环境演变的相互关系；⑤人口和社会经济发展现状及其趋势；⑥恢复与重建区域的地理区位特征等。在此基础上，进行恢复与重建对策的选择和生态经济规划与布局，通常有三种方式：①消除人为因素，通过自然恢复过程，缓慢地恢复；②选择在人为的帮助下，恢复到初始状态或某一阶段，如果成功，就成为真正的恢复(restoration)，如果不完全成功，可能恢复到某一阶段，叫重建(rehabilitation)；③选择按照人们的愿望通过建立人工植被，替代原生植被方向的演替。这种选择可能导致植被结构简单化、物种单一，但有更高的生产力，如草地、荒地等被农田人工植物群落取代。很多学者建议第二种与第三种相结合，恢复和重建生态经济型植被，既遵循自然恢复演替规律，同时一定程度上满足了人类生存发展的经济需求。然而在植被恢复方法的选择上，以森林生态系统的植被恢复为例，应根据森林退化状况、立地条件，不同的区域选择不同的方法。在退化为灌丛草坡阶段，应运用人工植物群落建造的方法，重建森林群落，而在疏林地或次生林地阶段可采用人工促进天然更新、改造等封山育林技术。技术关键是森林的合理结构配置，表 1-1 为不同类型退化植被恢复与重建常见技术方法。

植被恢复重建技术，分为人工与自然两大类。“自然恢复”即无需人工协助，只依靠自然演替来恢复已退化的生态系统。封山育林是自然恢复的典型方法。封闭森林或草原，使这些地区不受人类活动的影响，同时防止火灾及杂草入侵，就能加强自然更新；"人工手段"即针对植被恢复中土壤和水分这两大限制因子，采取各种人工措施以改善植被的生存环境，使其向有利于植被恢复的方向发展。

前者的优点显而易见，一方面可以缩短实现森林覆盖所需的时间，保护珍稀物种和提高森林的稳定性，投资小、效益高，也有针对小兴安岭采取封山育林技术的植被恢复研究表明，这一方法使得植被恢复比较迅速，植被高度、盖度及物种数均发生明显变化，尤其是垂直结构变化明显(杨逢建等，2002)；后者则可根据实际情况，采取多种方式改善土壤或水分条件，相较于自然方法，人工方式更加多样并且针对性强，但是，由于人工林的林分结构简单，在生物多样性和生态功能方面与天然林无法比拟(桂来庭，2001)。

表 1-1　不同类型退化植被恢复重建常用技术方法(资料据包维楷等，1995)

植被类型	具体应用
草地	①草地管理；②施肥、灌溉等单项技术或组合技术；③通过翻耕、播种，建立人工草地，主要针对板结草地和斑块状退化草地改良；④灌丛草地通过消除有毒有害及无用灌丛、草种，增加有价值的饲用植物，提高优良牧草在草地中的比重；⑤合理引入优良牧草，特别是豆科牧草以及牲畜品种改良技术等
森林	在退化为灌丛草坡阶段，应运用人工植物群落建造的方法，重建森林群落，而在疏林地或次生林地阶段可采用人工促进天然更新、改造等封山育林技术
农耕地	①生态农业技术：主要通过恰当的措施和环节，提高人工植物群落的生态效益、保肥能力；②坡地农业技术，常见的两种模式分别为一年生与多年生作物混作，主要以作物为基础的系统；农业和畜牧业混作模式，主要以畜牧业为基础的系统；③混农林业技术：主要是利用生态工程设计手段，凭借树木具有长期稳定生产食物、饲料、燃料、木材等产品的能力和防护农业的功能，构造空间、时间上多层次种植、养殖的结构配置，形成经济而合理的物流和能流，提高单位土地面积上生物生产力和经济效益，而且对提高系统稳定性，改善环境方面更加有利

王维明(2000)通过试验研究和野外调查，指出植被重建能否成功很大程度上取决于植物种类的选择，只有选用具有良好水土保持功能和较好经济效益的、适应当地生长的植物种类，才能取得好的治理效果。物种的选择应针对具体的不同地段而进行。通常以经济效益为主的人工植物群落应选择具有良好经济效益的物种(品种)，如果树、中药材、饲用作物、农业优势品种及优良蔬菜品种等；以生态效益为主的物种选择应考虑涵水、保土、改良土壤环境和生产力高的物种；在引入外来物种时，必须遵循一定的原则，先作适宜性评价，然后"试种"，将引种建立在生态合理的基础上。在岷江上游的大沟流域植被恢复和重建中，采用顶极适应值法、引种栽培法、生理生态指标测定比较法和器官形态解剖比较法等综合起来，筛选适宜物种 70 余种，同时利用原有植被的物种约 800 种，效果很好(程冬兵等，2006)。

第 2 章　岷江上游植被恢复案例

2.1　内容提要

本案例介绍了岷江上游亚高山植被恢复技术研究。案例选择松潘县为研究地，通过研究区立地类型划分、植被本底调查、树草种选择试验、模式试验，筛选出高效的生态重建模式，建立了岷江上游亚高山植被快速恢复重建技术。

2.2　引言

岷江上游地区位于我国四川省西北部，是长江上游最为重要的集水区和水源涵养地之一，同时也是我国生物多样性保护的“关键地区”之一。茂密的原始森林、广袤的高山草原构成了“天府之国”的生态屏障，几千年来支撑着沃野千里的成都平原的发展与繁荣。岷江上游地区的生态环境状况不仅直接影响着长江上游产业带的生态安全，也关系到整个流域的社会经济可持续发展。该地区处于我国第一和第二大地形阶梯的过渡地带，也是全国三大经济地带中由四川盆地较发达区向西部欠发达区的转折带，是东部以汉文化为主体向西部多民族文化过渡的区域。该地区由于特殊地理环境和地质构造，生态环境的脆弱性十分明显，是我国最重要的生态脆弱带之一。由于多年的人类干扰及不合理的资源开发利用活动，岷江上游地区高原及山区的自然植被遭受严重的破坏，森林大量消失，生态系统退化十分普遍，致使原有的生态防护功能、水源涵养功能、生态缓冲和隔离功能等一系列重要的生态服务功能严重衰退，尤其是涵养水源能力降低，河谷区水土流失严重，成为长江上游泥沙的重要来源之一。岷江上游因特殊的地理位置具有重要的生态地位，加之“5·12”汶川大地震对该区生态环境的破坏，该区域生态环境的恢复与重建成为其恢复重建的重点之一(黎燕琼等，2011)。

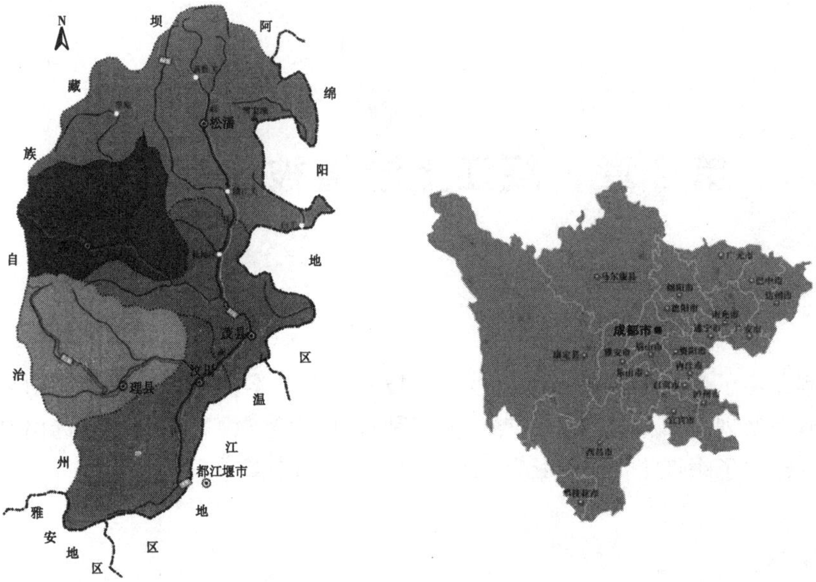

图 2-1　岷江上游地区的地理位置(摘自李奕，2009)

2.3　相关背景介绍

2.3.1　岷江上游自然环境及社会环境概况

1. 岷江上游地区自然概况

1）地质环境的不稳定性和脆弱性

岷江上游地区作为青藏高原的延伸部分，受青藏高原整体变化的影响，地质环境处于不断变化之中。就区域地质构造而言，岷江上游地区位于四川盆地边沿的秦岭纬向构造带、龙门山北东向构造带(华夏系)与马尔康北西向构造带间的三角形地块内，正处于地质构造的交错带上(图 2-1)。在漫长的地质历史发展过程中，在相应的构造区域内孕育了各自不同特色的岩相构造，历经晋宁－澄江运动、印支运动、喜山运动等多次变动，相互间发生干扰、穿插或者结持，形成各种构造复合现象，伴随发生的岩浆侵入活动与变质作用，使上述复合现象更加复杂化，形成了现今该区域错杂而有序的构造背景。该区正处于龙门山褶皱带与平武金汤复背斜的接合部，断层发育，地震频繁，地层抬升挤压强烈，地形切割甚为严重。山坡陡峻，山颠崎岖，风化作用强烈，山体斜坡和沟谷发育了大量的松散固体物质，为崩塌、滑坡、泥石流、水石流及土石流等不良地质现象的发生提供了物质基础，这样的地质地貌条件，也使得岷江上游地区，尤其是山地生态系统环境极不稳定，以变质岩为主发育成的土壤，结构不良，黏性差，极为脆弱，保水保肥力弱，极易受到外力的干扰。

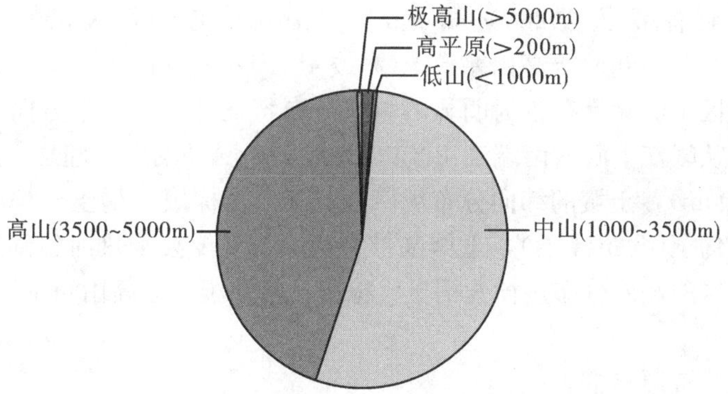

图 2-2　岷江上游地区各地貌类型占辖区土地面积的比例(资料据郭永明等，1993)

2)气候的多样性

岷江上游大部分地区的气候受高空西风气流和印度洋西南季风的影响，并明显具有青藏高原季风气候的特征，总体上为温带、暖温带气候，属四川西部高原冬干夏雨区，在农业气候区划中属于川西高山峡谷暖温带、温带、寒温带林牧农大区中的丹巴－松潘半湿润区。其特征是有明显的干湿季之分。干季日照多、湿度小、日温差大；雨季日照少、湿度大、日温差小；干季多大风霜雪，雨季多冰雹雷电。其南部(汶川县的漩口、映秀、三江一线以南)则主要受东南季风影响，表现出山地亚热带湿润季风气候特征，属川西多雨区，气候温暖潮湿，年降水量在 1000mm 以上，四季分明，日照偏少。

岷江上游地区地势起伏较大，区内各地气候、降水及其他自然地理要素亦随之变化，形成了多种气候类型(表 2-1)，并导致了区内气候资源的高度不平衡，主要表现在经纬和海拔差异所导致的气候资源不均匀性上。一方面，岷江上游大部分地区为中山与高山地貌(图 2-2)，其山高谷深，造成区域内气候差异明显；另一方面，气候的多样性还表现在垂直海拔的立体差异性上。一般在河谷区，降水少、蒸发大、温暖而干燥，而向中山、高山过渡，气温降低、降水增加、蒸发减小、湿度增大，凉爽而湿润。一般最大降水出现于海拔 2900～3000m。

表 2-1　岷江上游五县各月降水量状况(摘自吴宁，2007)　　单位：(mm)

气象站	全年	1月	2月	3月	4月	5月	6月	7月	8月	9月	10月	11月	12月	日最大降水量	暴雨日数/年
汶川	516.1	3.1	4.6	23.0	46.6	70.8	81.3	90.2	77.5	65.3	40.1	115.0	1.7	79.9	35/31 年
茂县	492.7	3.0	5.0	20.0	41.8	73.9	75.3	92.8	73.6	61.8	31.7	9.8	2.3	104.2	59/38 年
理县	590.6	7.8	11.1	32.7	52.7	92.8	102.5	72.1	55.3	87.4	51.9	16.9	4.1	55.9	29/25 年
黑水	833.0	4.1	9.0	30.6	64.4	129.8	143.3	131.1	94.5	133.7	75.8	12.8	3.9	52.3	96/34 年
松潘	729.7	7.0	10.2	30.5	62.3	110.9	109.7	107.7	86.5	112.8	74.8	13.0	4.1	45.6	52/40 年

3)土壤条件差异性大

岷江上游土壤构成十分复杂，类型多样。由于地势起伏大、相对高差悬殊，因而成土条件差异大，并随山体海拔的上升，土壤分布呈现较为明显的垂直带谱特征，但在不同水平带内，垂直带谱的起点不同。茂县干温河谷以褐土为基带的土壤垂直带谱为：褐土(依次为燥褐土、石灰性褐土、褐土、淋溶褐土)(海拔 1400～2100m)－棕壤(海拔

2100～2800m)—暗棕壤(海拔 2800～3500m)—亚高山草甸土(海拔 3500～4000m)—高山草甸土(海拔 4000～4500m)—高山寒漠土(海拔 4500～4900m)。

岷江上游地区土壤除具有较为明显的垂直分布特征外，在水平方向上的分布也表现出一定的规律。从岷江上游的南端汶川漩口(海拔 780m)经汶川、理县、茂县、黑水到松潘县城(海拔 2800m)，土壤的纬向分布规律为黄壤—黄棕壤—褐土—棕壤—暗棕壤—亚高山草甸土—草甸土(含沼泽土)，土壤基带为黄壤。从茂县干热河谷到黑水、理县与马尔康交界处，土壤的经向分布规律为褐土—棕壤—暗棕壤—亚高山草甸土—高山草甸土，土壤基带为褐土。

4)林牧类物质资源丰富

岷江上游区域是我国第二大林区——西南林区的重要组成部分，森林资源相当丰富。木材蓄积量很大，生物量高，生物种类丰富，是我国生物多样性研究的关键区域之一。区域内五县的林地面积为 125.38 万 hm^2，占土地总面积的 49.92%。其中，有林地面积为 105.64 万 hm^2，森林覆盖率 15.6%，森林蓄积 11948.3 万 m^3。在整个森林面积中，主要是用材林。疏林地面积 19.1 万 hm^2，灌木林面积 43.3 万 hm^2。以云冷杉占优势，森林资源相对较丰富。过去，木材生产是岷江上游五县的主要财政收入来源。近年来逐步开发除木材以外的森林资源，如利用森林景观和民俗民风开发生态与人文旅游业，开发了米亚罗红叶风景区；养殖森林动物，如川西林业局人工养獐采麝香；利用森林的天然环境，人工养菇等。

岷江上游草地面积 102.29 万 hm^2，占土地总面积的 40.73%，草地面积大、类型多。由此可见，岷江上游地区是典型的以林牧为主的土地利用结构，林业和牧业也是岷江上游区域生态系统的主要经营方向。另外，岷江上游植物资源十分丰富，包括 3000 余种，分属于 140 余科、500 余属。各类资源植物占总物种数的 75%以上(四川植被，1980)。特有属种多，在岷江上游地区，特有的云杉属植物占我国总种数的 20%，冷杉属占 18%，园柏属占 32%；特有种如四川红杉(*Larix mastersiana*)、岷江冷杉(*Abies faxoniana*)等。珍稀保护植物多，如桃儿七(*Sinopodophyllum emodi*)、延龄草(*Trillium tschonskii*)、星叶草(*Circaeastes agrestis*)、独叶草(*Kingdonia uniflora*)、岷江柏(*Cupressus chengiana*)、四川红杉(*Larix mastersiana*)等。

2. 岷江上游地区社会经济概况

研究岷江上游的资源、环境与发展，既不能忽略岷江上游的民族及其社会文化体系，也离不开对区域社会经济特征的把握。只有对资源利用的主体给予足够的重视，综合考虑岷江上游地区的资源分类分布及其权属情况、民族组成及其文化、信仰等，才能对岷江上游的环境背景有一个完整清晰的认识，才能因此制订并实施真正有益于该区域可持续发展的项目或规划。岷江上游除生物资源多样性十分丰富外，聚居此地的藏族、羌族、回族等少数民族在长期的相互交流和与周围的自然环境相互作用的历史长河中，创造和发展了丰富的文化。岷江上游地区正处在中国东部季风湿润区和青藏高原区的过渡带上，对该区域的生态脆弱性特点大家已有了一致的认识。但同时人们也发现，这条特殊地带的过渡性不仅仅表现在生态特征上，还表现在经济文化方面，即岷江上游是中国传统农耕文化区与游牧文化区的交汇面(吴宁和刘庆，1999)。在这样一个特殊的区域里，千百年的民族交融导致了最终的文化涵化，从而导致了该区域民族对自然资源利用方面的特异性。因此，要推动该区域的社会经济可持续发展和生物多样性保护事业，了解岷江上游地区的文化多样性背景是必不可少的。

在经济构成与土地利用方面，据岷江上游各县2001年统计年鉴，年岷江上游五县国内生产总值达21.9亿元；其中第一产业5.1亿元，第二产业8.7亿元，第三产业8.1亿元；生活零售食品销售总额44965万元；农业总产值50644万元，农村经济总收入55300万元，人均纯收入1296元；果树种植面积1万hm^2，产量约10万吨，商品蔬菜种植面积6000余hm^2，产量20余万吨。

岷江上游土地利用以林、草地为主，耕地面积小。据岷江上游五县土地利用现状调查资料(表2-2)，五县土地总面积为251.16万hm^2，其中林地占49.92%，牧草地占40.73%，耕地占2.04%，耕地中水浇地占4.31%，园地占0.29%，且主要以汶川、茂县、理县的果园为主。该区土地利用以林、草地为主，耕地面积小，主要分布于干旱河谷谷坡和河流两岸阶地上；居民点及工矿用地、交通用地比例小，不能适应发展经济的需要；水域占该区面积的0.63%，对发展农业生产有极大的限制；未利用土地占6.12%。

表2-2 岷江上游五县土地利用现状(摘自吴宁，2007)

县名	项目	总面积	耕地	园地	林地	牧草地	居民点及工矿用地	交通用地	水域	未利用土地
汶川	面积/万hm^2	40.83	1.10	0.12	25.86	11.44	0.10	0.05	0.36	1.80
	百分比/%	100.00	2.69	0.29	63.34	28.02	0.24	0.12	0.88	4.41
茂县	面积/万hm^2	40.75	1.23	0.46	24.78	12.88	0.11	0.04	0.19	1.07
	百分比/%	100.00	3.02	1.13	60.81	31.61	0.27	0.09	0.46	2.63
理县	面积/万hm^2	43.18	0.32	0.07	19.48	20.10	0.04	0.05	0.37	2.75
	百分比/%	100.00	0.74	0.16	45.11	46.55	0.09	0.12	0.86	6.37
黑水	面积/万hm^2	41.54	1.21	0.03	19.12	19.70	0.06	0.04	0.28	1.09
	百分比/%	100.00	2.91	0.07	46.03	47.42	0.14	0.10	0.67	2.62
松潘	面积/万hm^2	84.86	1.26	0.06	36.14	38.17	0.10	0.10	0.39	8.65
	百分比/%	100.00	1.48	0.07	42.59	44.98	0.12	0.12	0.46	10.19
合计	面积/万hm^2	251.16	5.12	0.74	125.38	102.29	0.41	0.28	1.59	15.36
	百分比/%	100.00	2.04	0.29	49.92	40.73	0.16	0.11	0.63	6.12

注：小计数字的和可能不等于总计数字，是因为有些数据进行过舍入修约。

岷江上游五县土地资源总量十分丰富，人均占有量高，为6.84hm^2。农业用地资源占绝对优势，据1996年土地利用现状统计数据，耕地、园地、林地和牧草地等农业用地总量为233.5万hm^2，占土地总面积的92.98%，其中主要由林地和牧草地构成，二者合占农业用地总面积的90.66%，耕地和园地面积为5.85万hm^2，仅占辖区土地总面积的2.32%，耕地资源十分缺乏，人均耕地更显严重不足，耕地的后备资源少。耕地主要分布于汶川、茂县、松潘等县；园地主要分布于汶川、理县、黑水和茂县；而林地主要分布于黑水和理县。居民点及工矿、交通用地等非农业用地量为0.68万hm^2，仅占辖区面积的0.27%，进一步表明五县的土地利用显著倾向于农业用地，在一定程度上说明土地系统尚处在社会、经济、生态的低水平发展阶段。

2.3.2　岷江上游主要植被分布

1. 森林资源

岷江上游森林植物垂直分布分为：干旱河谷灌丛→山地落叶阔叶林→山地暗针叶林→亚高山针叶林。如图 2-3 所示，是张丽君通过对岷江上游植被、地形、气候的数据收集和整理，运用地理信息系统软件和遥感技术等得到的岷江上游的理论植被复原图(2007)。其植被类型主要分布为：

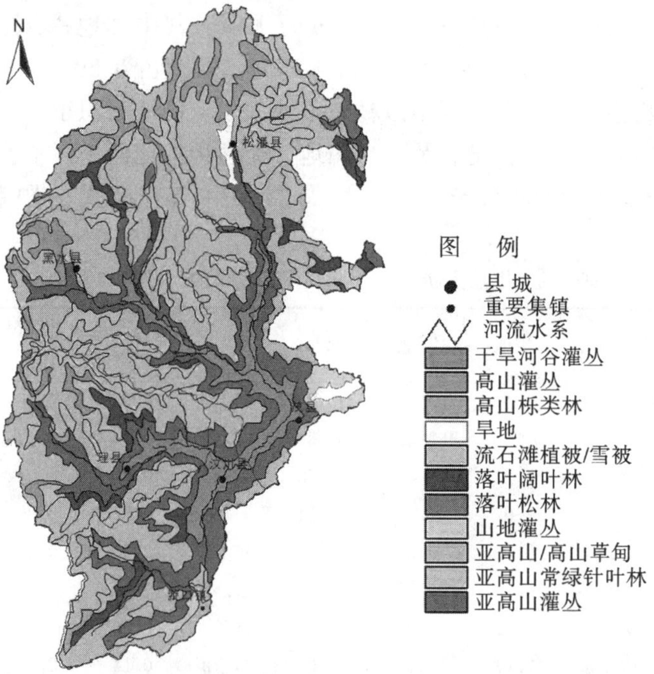

图 2-3　岷江上游植被类型图(引自张丽君，2007)

* 干旱河谷灌丛——分布于海拔 1350～1900m 的河谷底部，气候干燥温暖、谷风盛行。年均温 11～13℃，≥10℃积温 3000～3800℃，年降水量仅 500～600mm，日照 1500～1700h，无霜期较长 200～300d。土壤为山地褐土，以多种耐干旱的扁桃、白刺花、三颗针、羊蹄甲等小灌木植物为主。占优势的干暖河谷灌丛为代表类型、其中一些成分不仅表明气候干燥，而且带有温带荒漠色彩。在支沟海拔较高的阴湿地方，残留有一些山杨、桦木等阔叶树种。

* 山地落叶阔叶林带——分布于海拔 1900～2400m。气候温凉较干燥，年均温 8～11℃，≥10℃积温 2500～3200℃，年降水量为 600～800mm，冬天年降水量占全年 20%以下，日照 1600～2000h，无霜期 150～200d。森林土壤多为山地碳酸盐褐土，少量为典型褐土。以落叶栎为特征，并混生有其他落叶阔叶树种，形成落叶阔叶林带内分布的针叶林。以油松林较多、岷江柏林仅呈小片疏林分布于陡坡悬崖处，本带具有松栎林的特点。

*山地暗针叶林带——分布于海拔 2400～2900m。气候比较湿润，年均温较低 5～9℃，≥10℃积温 1200～2300℃，年降水量 700～900mm，日照 1600～2000h，无霜期较短 100～150d。森林土壤为典型褐土和淋溶褐土，少数为棕壤。以铁杉、云杉、冷杉为主形成的山地暗针林为代表类型。林下常混生有多种槭树，桦木、椴树及小青树等，阳坡半阳坡有高山栎林和多种松树。

*亚高山暗针叶林带——分布于海拔 2900～3900m。气候寒冷，年均温为 1～6℃，≥10℃积温 400～1200℃，年降水量为 600～900mm，日照 1700～2200h，无霜期仅 50～100d。森林土壤为暗棕壤，山地灰色土和山地棕壤。以冷杉、云杉、形成的亚高山暗针叶林为代表类型。3500m 以下常有桦木林块分布。由红杉、高山圆柏形成的亚高山亮针叶林，分布于高山阳坡或森林上限于冷杉林之上，多呈块状垂直跨越。山地落叶阔叶林带，山地暗针叶林带和高山暗针叶林带。

2. 草地资源

根据全国草地资源调查拟定的中国草地类型分类系统，岷江上游的草地可划分为十个类型，即：①高山草甸草地类；②亚高山草甸草地类；③山地疏林草地类；④山地灌丛草甸草地类；⑤山地草丛草地类；⑥高寒灌丛草甸草地类；⑦高寒沼泽草地类；⑧干旱河谷类；⑨亚高山林缘草甸草地类；⑩农隙地草地类。其中高山草甸草地所占的面积最大，其次是亚高山草甸草地，两类型占该地区草地总面积的比例分别达到 54.8%和 17.2%。岷江上游各类型草地的分布、面积、比例及每个类型所拥有的草地面积如表 2-3 所示。

表 2-3　岷江上游地区各类草地基本情况一览表(摘自吴宁，2007)

类型	主要分布范围	天然草地面积/hm²	可利用面积/hm²	耕地面积的比例/%	产草量/kg	产草量的百分比*/%
①	上游五县	459147.90	378113.16	9.65	1398056317	53.47
②	茂县/松潘/黑水	144156.50	121499.74	3.10	691862626	26.46
③	汶川/理县	13148.10	10701.65	0.27	46798307	1.79
④	汶川/茂县/松潘/黑水	41303.40	30022.28	0.77	76093799	2.91
⑤	汶川	544.00	462.47	0.01	151715	0.00
⑥	理县茂县松潘黑水	88512.80	64372.19	1.64	178628088	6.83
⑦	松潘	14098.20	11983.79	0.31	19484130	0.75
⑧	汶川理县茂县黑水	40547.00	29292.48	0.75	22157800	0.85
⑨	松潘	35010.80	29759.22	0.76	179357895	6.86
⑩	汶川	757.00	643.47	0.02	2059736	0.08
合计		837225.70	676850.45	17.28	2614650413	100.00

注：①②③④⑤⑥⑦⑧⑨⑩分别代表上述的十种草地类型。

资料来源：根据 1987 年四川省草地资源调查和 1999 年阿坝统计年鉴归类和计算。

*：产草量的百分比是指某一类草地的产草量占所有草地产草总量的比例。

2.3.3　岷江上游植被退化现状

岷江上游的植被退化问题主要体现在以几个方面：

1. 森林覆盖面积减少、森林退化明显

目前，森林资源退化相当严重。具体表现为：①森林资源量急剧减少：有关资料表明，历史上的岷江上游，森林资源十分丰富，该地区600年前约有森林120万hm^2，覆盖率50%左右。1950年森林面积约74万hm^2，覆盖率30%。1949年后，到20世纪80年代森林面积降至46.17万hm^2，覆盖率降至18.18%(叶延琼和陈国阶，2006)。②后备森林资源不足：过量采伐后，迹地更新未能跟上，一方面由于采伐量大而面宽，更主要的是“重采轻育”和对自然条件认识的不足，使得大片采伐迹地更新不良或根本无更新能力，形成大面积的次生林和次生浓密灌丛。③林龄结构发生不良变化：具体表现为中龄林少，成过熟林少，幼林地和未成林地多，结构不合理。④森林面积急剧减少，残次林灌丛面积扩大。近50年来，岷江上游森林植被萎缩(图2-4)，干旱河谷扩大，水量减少，水土流失加剧，森林覆盖率已由20世纪40年代的39.5%下降到21世纪初的29.6%(吴建安，2004)。⑤森林质量下降：次生林、灌丛疏林质量下降明显。即使新造成林的，由于多为纯林、同龄、单层林，防护功能衰弱、稳定性差，易于受到病虫害侵入。同时，选林地土壤肥力也有不同程度的退化。⑥森林小环境恶化。⑦林区生物多样性下降：一方面森林生态系统类型减少，质量下降；另一方面，森林的退化使区域物种生存条件受到破坏，生物多样性下降，许多生物物种遭到灭绝或濒于灭绝，如大熊猫、小熊猫、牛羚、岷江柏木、紫果云杉、长苞冷杉等珍稀和经济动植物种类和数量均明显减少。出现了连片的荒山秃岭。调节洪水灾害能力减弱，雨季多暴雨和洪水泛滥，植被类型退化造成的水土流失再度加重。

森林面积的减少，使上游地区水源涵养能力降低，生态功能日趋下降。20世纪30年代岷江年径流流量为163.1亿m^3，到70年代下降为140.8亿m^3，岷江上游50年代的一月份平均流量为82.8m^3/s，到80年代仅76.4m^3/s，七月份平均流量却由436m^3/s上升为524m^3/s，80年代年平均洪峰流量2867m^3/s，最大洪峰7700m^3/s，平均最小枯流量129m^3/s，洪枯流量变化幅平均21倍，最高达96倍。进入90年代以后岷江流量呈减少趋势。

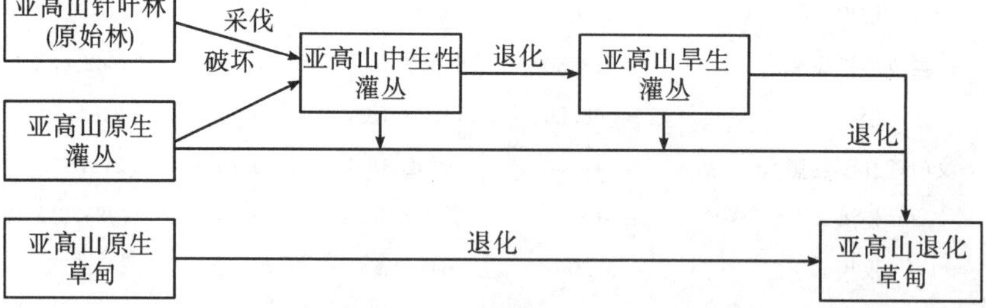

图2-4　岷江源区植被退化趋势图

2. 草场的退化

岷江上游草场总面积51.36万hm^2，目前基本上仍停留在靠天养畜、自然放牧的状态，退化也很严重。由于载畜量集中，存在严重的过度放牧现象。部分地区放牧过度，高山亚高山草场植被覆盖度降低、草质变劣，草场向石漠化发展，干旱河谷的草甸因家

畜和山羊过度啃食向荒漠化发展。退化主要表现在：①可利用草场面积减小，退化面积增大。目前，可利用草场仅占草场总面积的 50%左右，退化草场达总面积的 60%左右。②草种发生不良变化、优良牧草种类和分布变少变小；毒草、杂草如篙类、狼毒、银莲花等侵入繁生，可食性差。据调查，退化草场毒草种类常见的已有 30 余种、优势成片的已达 10 余种，毒草比重一般达 30%左右，最高达 80%。③牧草生产力下降，草地更新能力弱。退化草场可食鲜草平均在 750kg/hm^2 以下，而正常草地平均每公顷产量在 6000～7500kg。④草地环境退化。受超载牲畜的频繁践踏，出现大面积斑块状裸地，土壤板结，甚至出现龟裂圈。⑤鼠害严重。草场退化的根本原因是管理和经营不善。

3. 农耕地的退化

由于人口迅速发展、农业经营方式落后，广种薄收，不注意肥力的保持，再加上水土流失严重，因而土地生产力低下。如茂县 1990 年比 1984 年农业用地面积增加 20%左右，而粮食总产却略有下降，平均单产下降 12%左右。近几年来，毁林开荒，毁草种粮，扩大农业用地较为普遍。这也是森林、草场退化不可忽视的因素。

松潘县位于四川省北部，阿坝藏族羌族自治州东部。地处东经102°30′～104°15′，北纬 32°06′～33°09′。东接平武、南邻茂县、东南与北川县相接、西及西南紧靠红原、黑水，北与九寨沟、若尔盖县接壤。全县东西长 149km，南北宽 113km，面积 8323.4km^2，合计 83.23 万 hm^2。由于亚高山的植被恢复过程必须通过生态林业工程促进该地区的经济和社会协调发展，使得亚高山植被恢复不同于一般意义的植树造林。针对亚高山生态脆弱区退化生态系统的特点，将恢复与重建目标定位为通过速生优良树种的选择和植被恢复重建。

2.4　主体内容

2.4.1　恢复目标与技术体系

对亚高山植被恢复的技术体系见图 2-5。其中关键技术与重点解决的问题在于：速生、优良物种的筛选、恢复与重建模式及其技术体系。

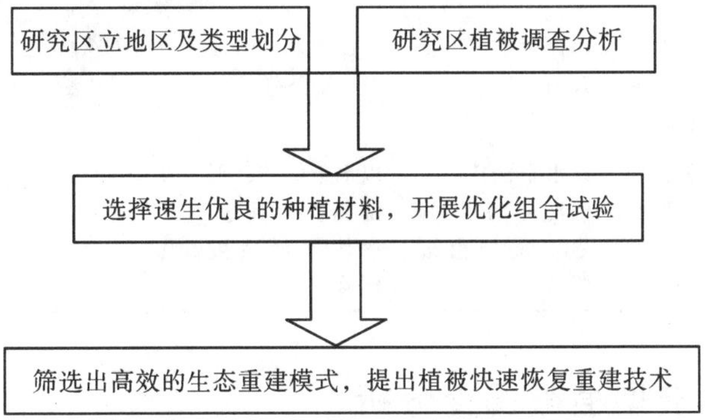

图 2-5　亚高山植被恢复技术体系图示

2.4.2　立地分区及立地类型划分

根据林业地域的分异规律，本着因地制宜、简便易于操作的原则，进行亚高山地带的植被恢复分区。分区的主要依据是：①退化生态系统治理和在经济社会可持续发展前提下的森林经营目标；②林业生产的自然条件(地貌、气候)和经济条件；③林业发展方向和主要技术措施。

根据以上原则，结合松潘县的气候等因素，将其划分为三个立地区和一个保护区(表2-4)，根据影响立地分区立地条件的因素有海拔、土壤(种类、厚度等)及地类、坡向、坡位、坡度等划分主要立地类型(表2-5)。

表 2-4　松潘县植被恢复人工造林主要立地分区表

分区名称	自然条件	植被覆盖情况	植被恢复目标
中部及西北部亚高山立地区	该区包括山地寒温带、高原寒温带及高原亚寒带三个气候带。其中山地寒温带位于松潘县岷江流域的中上部及中部海拔2600～3000m的地带，年平均气温4.5～6.5℃，≥0℃的年积温200～2600℃，≥10℃的年积温900～1500℃，无霜期50～80d	该区的面积占松潘县的80%以上，是亚高山退化生态系统治理和植被恢复的主要地带	增加植被覆盖，改善森林群落的层次和结构
南部半干旱河谷立地区	该区属于山地温带，位于松潘县中南部岷江及其支流的河谷地带，海拔1900～2600m，年平均气温6～8℃，≥10℃的年积温1500～2300℃，无霜期85～130d，年降雨量为500mm左右，蒸发量1000～1800mm，蒸发量为降水量的2～3倍，其亏损量可达600～750mm	森林生态系统严重退化，水土流失严重。现有植被稀少，以干旱河谷灌丛为主，在阴坡有零星的乔木(主要为松类)分布	增加植被覆盖，涵养水源和保持水土。经济林和用材林培育
东南部涪江流域立地区	该区为山地暖温带，位于松潘县东南部的海拔1900m以下的涪江流域，年平均气温10～14℃，≥10℃的年积温2300～3750℃，无霜期134～181d，年平均降雨量为800mm	泥石流多发地区，有大量的宜林荒山尚未造林绿化。受地震破坏和人为影响，主要植被类型为亚热带常绿与落叶阔叶树混交林	改造现有的疏林、灌丛，改善森林群落的层次和结构

表 2-5　松潘县南部半干旱立地区立地类型表

立地区	岷江上游松潘县					
立地亚区	南部半干旱立地区					
立地类型	九环线生态观景带	荒山阴坡中上部	荒山阳坡中上部	退耕地	疏林及灌丛阴坡	疏林及灌丛阳坡
立地范围	九环线公路两侧和河谷、沟槽或公路两侧的地段	山体中部、山顶及山脊部分	山体中部、山顶及山脊部分			
恢复目标	以绿化、美化为目标，尽快形成森林景观	以水土保持、水源涵养为目标，尽快增加植被覆盖	以水土保持、水源涵养为目标，尽快增加植被覆盖	生态治理、农民增收	水土保持、水源涵养	水土保持、水源涵养

2.4.3　松潘县典型植被调查分析

利用地理信息系统，结合森林资源清查资料，了解亚高山地带松潘县的森林类型及其分布、生态系统退化情况及人工植被恢复的总体状况(表 2-6)。

表 2-6　典型森林群落调查样地基本概况(引自吴宁，2007)

编号	主要树种	起源	样方面积/m^2	海拔/m	坡度/(°)	坡位	坡向/(°)	小地名
1	粗枝云杉	原始林	400	3186	10	中部	西北 40	川主寺林波
2	密枝圆柏、方枝圆柏	原始林	400	3165	5	山麓	东南 50	小西天
3	紫果云杉、岷江冷杉(原始林)	原始林	400	3170	34	下部	正东	牟尼沟扎嘎瀑布
4	岷江冷杉、椴树、高山木姜子	原始林	400	2500	5	河边(中)	东南 25	磨房沟
5	岷江冷杉、巴山冷杉	原始林	300	3420	10	中上部	北西 50	弓杠岭
6	粗枝云杉、红桦(约 16 年)	次生林	200	2836	22	下部	北东 40	牟尼河口
7	红桦(火烧迹地，天然更新)	次生林	400	3338	30	中部	北西 20	双河口石板棚
8	辽东栎	次生林	400	2623	35	下部	南东 70	热务沟龙头乡
9	粗枝云杉(1982 年造林)	人工林	100	3103	4	下部	北东 30	热务沟大又沟
10	白桦、红桦(1966 年造林)	人工林	400	2910	15	中部	正北	赵家坡
11	油松、辽东栎	人工林	400	2630	35	下部	南东 20	热务河龙头寺
12	四川红杉、粗枝云杉(1982 年造林)	人工林	400	2759	5	中下台地	南西 30	热务沟中心苗圃

2.4.4　造林树种选择——以南部半干旱立地区为例

按照立地分区，松潘县镇坪乡解放村试验示范点位于“南部半干旱河谷区”，处于茂县至松潘之间，距松潘县城约 60km。试验地位于山体下部，海拔 2550～2650m，东南坡向。该区域属于岷江上游半干旱河谷地带，气候为山地温带气候，年均气温 7～8℃，极端最高温 31℃，极端最低温－15℃，全年≥10 ℃积温 1400 ℃，≥0 ℃积温 3000℃左右，无霜期 83～97d，全年降水量 530～630mm，干燥度 1.3～1.7，常发生伏旱。

树种选择是造林能否成功、能否实现植被快速恢复的关键。树种选择首先应该遵循适地适树的原则，即树种的生物学特性与造林地的生态条件相吻合。同时按照生态效益与经济效益兼顾、短期效益与长期效益兼顾的原则，采用合理的配置模式和技术措施，达到植被快速恢复、生态与经济效益协调的目的。

根据试验示范点的立地条件和气候条件，从 2001 年开始进行了引种栽培试验。考虑外来树种的适应性，对个别树种同时引进了苗木进行栽植试验和引进种子进行育苗造林试验。表 2-7 是试种试验树种的综合表现。

表 2-7　镇坪乡解放村试验示范点(半干旱立地区)试验主要树种表现评价表

树种名称	物种习性	试验结果	引种策略
火炬树	落叶小乔木，阳性树种，喜光，喜温暖耐严寒，喜湿润耐干旱，喜肥沃耐瘠薄，根蘖能力极强	黑水引进的 2 年生裸根苗栽植，成活率达 98%，保存率 92%，长势良好	可扩大栽培
岷江柏	耐干旱瘠薄，适应能力强	大面积造林，成效较好，成活率 95%，保存率 92%	可扩大栽培

续表

树种名称	物种习性	试验结果	引种策略
山杏	喜光、抗旱、耐瘠薄，根系发达，萌芽能力强	引进的2年生苗木(截干)栽植，成活率和保存率均高	可扩大栽培
油松	喜光树种，能耐干旱瘠薄	本地培育的2年生营养袋苗造林，成活率达99%，保存率为90%	半干旱河谷阳坡绿化的先锋树种
刺槐	喜光树种，适应性强，能耐干旱瘠薄	采用本地培育的2年生裸根苗造林(栽植前进行截干和修枝)，成活率为92%，保存率87%	半干旱河谷阳坡绿化的先锋树种
宁夏枸杞	喜冷凉气候，耐寒能力很强，根系发达，因此耐旱能力也很强	引进的裸根苗造林，成活率98%，保存率92%	可扩大种植
云杉	本地树种，适应性强，稍耐阴	退耕还林地栽植4年生营养袋苗，成活率95%，保存率86%	
藏柏	温凉湿润气候，抗旱、耐旱能力较强	黑水引进的营养袋苗造林，成活率90%，保存率81%	仅能在冬季霜冻轻的少数地带栽培
皂荚	该树种喜光，不耐阴蔽。深根性，主根发达。喜深厚、肥沃、湿润土壤	来自黑水的2年生营养袋苗栽植，造林成活率83%，保存率76%，生长量小	皂荚在此海拔以上地带不宜栽培

2.4.5 造林模式选择

合理设计混交林的树种组成、混交比例和混交方式，是提高人工植被重建与恢复效益的关键技术环节。合理混交就是要充分利用不同树种的生态习性差别，促进形成树种之间的互利影响，减少树种之间的有害影响。

比如，主要树种和伴生树种混交多形成复层林，通常主要树种位于上层，种间关系缓和并容易调节，林分生产力较高，生态效益较好。根据立地条件，主要树种和伴生树种存在着种植时序的调控组合。在岷江亚高山退化山地系统进行植被重建，首先建植中小乔木、灌木为主的伴生树种，为主要树种创造有利的生长条件，起到庇荫、固氮、培肥、自然整枝、减少蒸发、控制杂草等作用。

合理选择混交树种是人工植被恢复与重建的关键技术措施。根据物种对光照和水分的需求、各自根系特点以及对土壤的改变能力等，可以合理选择混交树种。而从有利于主要树种或目的树种的生长考虑，则需要确定适当的混交比例。一般来说，混交时主要树种比例为50%～75%；主要树种、伴生树种、灌木综合混交时，主要树种的比例可降到30%～40%。

混次方式指混交林内不同树种栽植点的配置，是调节混交林种间关系、保证混交效果的重要技术环节。常用的有插花混交(星状混交)、株间混交、行间混交、带状混交、块状混交、簇状混交。根据岷江上游亚高山地带适生树种重建特性，应重点实施株间混交和行间混交(表2-8)。

表 2-8　松潘县植被恢复所采用的两种主要造林模式及其特点

造林模式	树种选择	树种特点	树种配置	混交方式
生态公益林模式	粗枝云杉	亚高山主要乡土造林树种，耐寒、较喜光，生长缓慢，人工造林 20～30 年郁闭成林	粗枝云杉＋青杨(桦木)	行间混交
	青杨	阔叶树种，耐寒，生长速度快		
	桦木	阔叶树种，耐寒，适应性强，生长速度快，材质优良，美观		
生态经济林模式	粗枝云杉	亚高山主要乡土造林树种，耐寒、较喜光，生长缓慢，人工造林 20～30 年郁闭成林	粗枝云杉＋山杏(山桃)	行间混交
	山杏	耐寒、抗旱经济树种，具有水土保持功能、经济价值和观赏效果		
	山桃	耐寒、抗旱经济树种，具有水土保持功能、经济价值和观赏效果		

另外，云杉与青杨、桦木或山杏混交，由于阔叶树早期生长迅速，造林之后能够尽快形成森林景观。阔叶树种还可以为云杉提供侧方阴蔽，有利于云杉幼苗在林分郁闭前的生长。

2.4.6　造林技术

由于降水量少、蒸发量大、气候干燥、水资源缺乏，加之人为破坏严重，植被覆盖度低，并导致水土流失。因此，亚高山半干旱地带的造林技术措施必须首先考虑水分对其他因子的制约作用。在缺水地区提高造林成活率和保存率、恢复森林植被的关键是要认真执行植被区划的原则、量水种植原则、生物多样性原则、可行性原则，灵活运用“适地适树，适树适地”原则，充分利用有限的水资源，同时吸收和借鉴各地区先进的抗旱造林技术。

抗旱造林技术主要包括抗旱树种选择、抗旱造林整地技术和抗旱造林的苗木处理等技术。本书上节已对树种选择进行了详细阐述，以下对整地技术与苗木处理技术及其在松潘县植被恢复区的应用作简单的介绍。

1. 集水整地技术

造林整地是保证造林成活率和苗木正常生长的重要一环。整地的目的是提高土壤的透水性、透气性及蓄水、增肥能力。在整地过程中主要把握好以下几项关键技术措施：一是整地时间，宜前不宜后；二是整地模式，要以既不破坏原有植被，造成新的水土流失，又能最大限度地以拦截蓄水为目的，进行合理筛选；三是整地规格，采取符合当地实际的造林模式。

气候干旱和土壤严重缺水是制约干旱半干旱地区造林成活及林木生长的关键因素，而集水整地技术作为半干旱地区植被恢复最常用的整地技术，同时也是径流林业技术最关键的技术。

集水整地系统微型集水区整地与蓄水整地(植树带)，一是产生径流的集水面，二是渗蓄径流的植树穴。集水区形状主要有 V 字形、菱形、长方形、道路形、双坡式矩形、漏斗形等。其中前 3 种主要用于坡度较陡的坡面，后 3 种主要用于地形平缓的梁峁、平地。整地要保证一定深度，栽植时要适当深栽。而采用机械深挖技术可以保证整地深度，可有效地增加树盘吸水、蓄水能力。在土层比较深厚的情况下，对于防护林和用材林一般最好整地深 40～60cm，而经济林则为 80～100cm。

在对该地区的植被恢复进行整地施工时，为了减少地表蒸发的水分损失，在阳坡的造林地，栽植面可以修成小阴坡状，以降低下半年的土壤水分蒸发。在阴坡的造林地，栽植面可修成水平面，以提高春季地温，促进林木根系的生长。为了获得更多的土壤水分贮存以保证造林的成活率，除了要进行一定规格的深度整地以外，还要求整地后不能立即造林，而要在造林之前 1～2 个季节进行整地作业。春季造林应在前一年的雨季前整地，秋季造林应在当年春季或雨季前整地。

2. 苗木处理技术

研究表明，保护好苗木根须湿润和完整是提高造林成活率的关键。为了保证苗木根系与水、土的充分接触，提高根系的吸水条件，使用保水剂可以使林木根系能直接吸收储存在保水剂中的水分，不会出现根系水分倒流的现象。

为减少树木蒸腾及水分流失，需对造林的树木进行短截，按照一定高度打头、截干，并修剪侧枝。截干造林是干旱石质山区提高造林成活率的有效措施。截干造林最核心作用就是人为减小了地上部分通过皮孔、伤口、叶片的水分蒸腾量，同时也有利于防冻、防抽干。对于不同树种、不同造林目的，其截干程度也有所不同。一般来说，干旱半干旱地区造林苗木采用重截干措施，截干时从根基部向上留 5～10cm，将干剪除或锯除，用漆涂抹伤口。

另外，苗木冬贮技术在松潘县植被恢复中应用广泛，该技术可以延缓苗木萌动，适时(季节差异、雨季等)造林，提高造林成效。其技术流程主要分为苗窖准备、苗木入窖、苗窖封顶、苗窖检查四个步骤。挖窖深 50cm，长宽按每窖贮 3000～5000 株而定，对苗木按照不同品种、苗龄等指标分级；每次放苗厚度 20～30cm，用湿土埋实，不留空隙，不漏枝梢。每隔 1.5～2m 在沟中央立一草把，以便通气。苗按层放好后，用湿土覆盖成鱼脊形，苗梢不要露出地面。沟四周垫 10cm 高的土埂，以排雪水。11 月下旬封冻前，用厚度不小于 60cm 的湿黏土封窖；第二年 3、4 月份气温回升期间，一般要检查 3 次，发现窖内温度高于 5℃或窖顶覆土开始消融时，要在窖顶加土或盖麦秸等遮阴，以控制温度回升，开春后要严格控制土壤湿度，土壤湿度应控制在 2%～3%，以防止芽萌动。

另外，容器苗是利用容器加营养进行播种、苗木移植来繁育苗木。容器苗与裸根苗造林相比具有延长造林时间，躲过春季干旱期、提高苗木成活率、有利于缺苗的补植、提高树木生长量，同时具有抗逆性强等优点，为解决干旱半干旱地区造林难的问题，开辟了新途径。

3. 穴内覆盖栽植技术

覆盖栽培能有效地改变植物生长的小气候条件，改变土壤的水热状况，从而促进农作物和林木生长，提高产量。地膜覆盖抗旱造林技术是干旱区最有效的技术之一，能大幅提高造林成活率。在选择地膜时要注意膜的厚度，如果直接铺在地表，则选用较厚的膜，如果铺在地下，则可选用较薄的膜。对于植苗造林，可以选用规格为 50cm×50cm 左右的膜。如果既要提高地温又要蓄水保墒时，则将地膜直接铺设在表面。如果以蓄水保墒为主时则应把地膜铺设在表土层下面，即把地膜铺设好后在上面压上 2～3cm 厚的土壤，这样还可以极大地延长地膜的使用寿命。

4. 植被恢复保水剂施用技术

与典型的干旱河谷地带相同，亚高山半干旱地带由于气候恶劣和人类活动的强烈干扰，森林植被受到严重破坏，现存的植被稀疏，生态环境退化，水土流失严重。由于土壤贫瘠，水分亏缺严重，植被恢复难度大，造林成活率仅有 70%左右。因此，研制能为苗木生长持续提供水分和养分的复合保水剂，提高半干旱地带造林成活率，对于该地带的植被恢复具有重要作用。自 20 世纪 80 年代初美国农业部北部研究中心开发出一种高聚合物吸水剂用于抗旱造林以来，欧洲、中东的一些国家和日本相继应用于造林和育苗等方面，均都取得良好的效果。

高吸水性树脂是一种具有高吸水特性的功能性材料(Super Absorbent Polymers，简称 SAP)，能吸收自身重量百倍的水分。采用中科院研制的复合保水剂(以 SAP 成分为主，添加植物生长调节剂和营养元素配制而成)在岷江上游亚高山半干旱地带的松潘县解放村进行了植被恢复的田间试验。试验结果表明，复合保水剂在亚高山半干旱地带对提高造林树种的苗木成活率和促进幼苗生长有明显作用。

2.4.7　植被恢复效应评价

对植被恢复的效益评价主要包括生物多样性、土壤环境改变、社会综合效益等多方面的内容。刘庆等(2003)对米亚罗地区亚高山云杉原始林进行了群落调查，表明在人工云杉林 70a 的恢复过程中，物种的丰富度、多样性和均匀性都在波动中逐渐增加，总体上朝着有利于物种多样性恢复的方向发展。灌木种类数量特征具有较高的连续性和稳定性，草本植物则随着环境条件的改变显示出较大的波动性，乔木层物种的稳定性和连续性介于其间，仅在林分达到郁闭状态和进行自疏作用的 40a 和 50a 林龄阶段略有下降。

土壤环境在植被恢复过程中的变化对植被恢复有直接作用，植被的存在也会对土壤的成土过程如土壤发育、肥力形成、质量演变有重要作用。由于缺乏对研究区域直接的评价资料，这里通过对岷江上游理县米亚罗林区亚高山针叶林在人工恢复过程中对土壤的改变，对植被恢复过程中土壤的变化进行评价做相关介绍。

1. 调查方法

1)样地选择

为增加可比性，选择了有代表性的 4 种样地：Ⅰ. 90 年代营造人工云杉林，树龄为 8a；Ⅱ. 60 年代营造人工云杉林，林龄为 28～31a；Ⅲ. 40 年代营造人工云杉林，林龄为 50～54a；Ⅳ. 天然次生桦木林，林龄为 49～54a。

2)样品采集

分别选取具有代表性的 5 个样点对不同深度土壤进行采样；凋落物采样则按照土壤剖面上方面积 0.3m×0.3m 的样方内收集地面凋落物(包括未分解和半分解物) 样品，带回室内风干称重；取样方解析木上幼嫩的新鲜叶、枝、皮、干，风干。

3)指标测定

分别测定土壤样品、凋落物样品以及植物样品中的氮、磷、钾等指标。

2. 评价结果

1)林地凋落物的变化

①人工云杉林凋落物的贮量呈“马鞍形”变化，即以 90 年代营造幼林(a)最低，60 年代成熟纯林(b)最高，40 年代成熟纯林(c)又大幅度下跌，这意味着人工云杉林达到成熟阶段后，向土壤提供的有机质明显减少。本区作为自然演替阶段的次生桦林凋落物的贮量也较低，可能与人工云杉林凋落物易于腐烂分解有关；②凋落物的养分贮量是凋落物贮量与养分含量的乘积，但主要取决于前者，后者与乔木叶的养分含量有关。因此，人工云杉林凋落物的氮、磷、钾等养分贮量与凋落物贮量的变化趋势一致，即 a<b>c。这同样表明，人工云杉林长成成熟纯林后，向土壤归还的养分明显减少。次生桦林凋落物的氮、磷含量较高，因此氮、磷贮量也较高，甚至高于 40 年代人工云杉纯林，虽然其凋落物贮量低于后者。

2)土壤有机质和养分的变化

各种林地表土层有机质含量的变化趋势为：Ⅳ＞Ⅰ＞Ⅱ＞ Ⅲ。这是地面凋落物腐烂转移和生草过程综合作用的结果。土壤全氮、全磷与有机质含量呈极显著正相关。所以它们的变化趋势基本一致，即Ⅳ＞Ⅰ＞Ⅱ＞Ⅲ。土壤全钾与有机质含量呈负相关，并主要受母质(母岩)的影响，其变化趋势有所不同。人工云杉林达到成熟阶段后，土壤有机质和全氮、磷的大幅度减少，势必导致肥力的下降(图 2-6)。

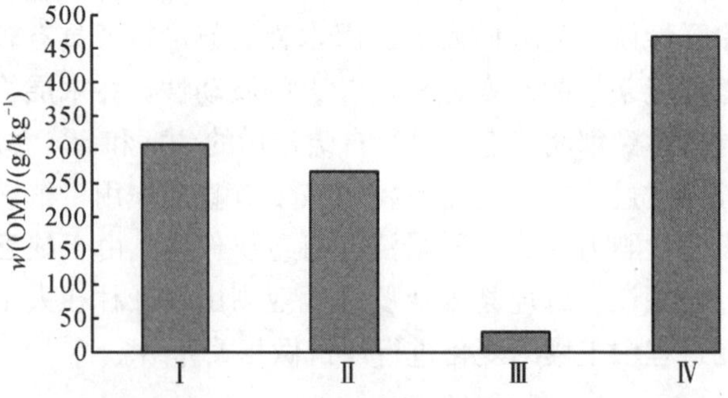

图 2-6　各林地表层土壤有机质含量(引自胡泓等，2001)

3)土壤理化性质的变化

各种林地土壤理化性质的变化主要与土壤有机质变化有关：①土壤有机质的增加不仅提高了土壤的持水能力，而且使土壤的容重减小，容纳水、气的孔隙增加。因此，各林地土壤的自然含水量和总孔隙度均与有机质含量的变化趋势一致，即Ⅳ＞Ⅰ＞Ⅱ＞Ⅲ，表明人工云杉林达到成熟阶段后，土壤水分条件变差，致使林内环境干燥，不利于凋落物一土壤的物质交换和潜在肥力的发挥；②土壤 CEC 即保肥力和交换性盐基随有机质增加而增高，各林地的变化趋势为：Ⅳ＞Ⅰ＞Ⅱ ＞ Ⅲ，这表明人工云杉林达到成熟阶段后，土壤保肥力和可给态盐基养分开始明显降低，表现出肥力退化趋势。基于上述分析，人工云杉林达到成熟阶段后，应当采取诸如适当间伐等措施，以改善林地生态条件，增加生物多样性，防止土壤肥力退化。

第3章 川中丘陵区低效柏木林生态系统结构优化与功能提升示范

3.1 内容提要

川中丘陵区柏木人工林是长江上游生态屏障建设不可或缺的重要组成部分，在缓解区域内水资源短缺、调节河川径流、防治区域洪涝和旱灾等方面起着十分重要的作用。但由于造林密度过高、树种配置不够科学合理、苗木品质较差以及后期经营管理水平低等原因，区域内柏木人工纯林已成为低产低效林。围绕这一中心问题，相关学者们从低产低效林的形成原因及改造途径、防护林对林下土壤环境、植被多样性以及病虫害防治等方面开展了相关研究，并取得了一定成果，在一定程度上揭示了柏木林生态功能低下这一客观现实，并采用不同的植被构建模式对其生态系统结构优化与功能提升开展了积极的研究，为区域内柏木森林生态系统改造、生态功能优化和土壤肥力评价提供了科学依据。

3.2 引言

川中丘陵区总面积约8500万亩（1亩=0.067公顷），森林面积400多万亩，是长江防护林体系建设的重点地区之一。20世纪80年代，川中丘陵区营造了大面积的柏木人工林，约占区域内森林面积的74.6%(邓朝经等，1990)。区域内的柏木人工林曾在水土保持、木材供应和提高森林覆盖率等方面的提供起到了一定的积极作用，并得到了广泛的推广。但是，随着林木的生长郁闭度不断增加，柏木人工林逐渐暴露出一系列生态学问题。主要表现在林木呈镶嵌形分布、分布密度不合理、结构简单、林相残败、生境质量差、生态系统抗逆性弱、水土流失严重等方面(范川等，2013)；更由于过度剃枝和管理不合理，造成林内养分大量流失，不能正常循环，加重林地土壤贫瘠化(邓朝经等，1990)；并且由于森林的抚育和经营管理措施不当，不仅降低了乡土植物多样性，未能充分发挥生物多样性保育方面的生态功能，更提高了柏木白娥、柏木松毛虫等病虫害集中爆发的可能性。据估算，现有柏木林生长量低，每公顷蓄积量仅为3.21%，初步统计至少有100万亩以上为亟需改造的低效柏木林。因此，川中丘陵区现有柏木林未能充分展现其在水源涵养和区域气候调节等方面的生态功能。此外，“山绿民不富”等生态经济问题也为地方政府和百姓所诟病。因此，实施柏木低效林改造，构建高效、稳定和抗逆的新型人工林生态系统，充分发挥其在区域生态系统的生态庇护、生物多样性保育、水土保持、生态缓冲、气候调节等整体服务功能，使其成为长江上游山丘区生态安全屏障建设的重要组成部分，也是实现党中央国务院“长江流域经济带”国家开发战略的前提和重要保障。

3.3　案例背景

为完成“川中低山丘陵区柏木低效林养分归还动态”的研究，依托“生态安全与保护四川省重点实验室”，在四川省教育厅重点项目(16ZA0322)支持下，课题组在充分查阅收集资料的基础上，通过柏木纯林典型样地法开展项目研究和案例撰写。

3.4　主体内容

3.4.1　项目技术路线

案例技术路线见图 3-1。

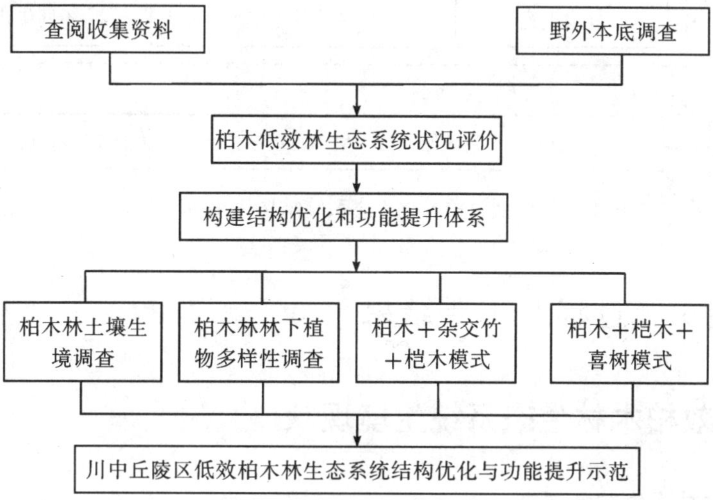

图 3-1　项目技术路线图

3.4.2　研究的目的及意义

紧密围绕揭示“川中低山丘陵区柏木森林生态系统是构建长江上游生态安全屏障不可或缺的组成部分”这一中心目的，结合“川中低山丘陵区低效柏木林生态系统生态功能脆弱”这一客观问题，通过查阅和收集资料以及野外样地实验，构建“川中丘陵区低效柏木林生态系统结构优化与功能提升示范技术”，为区域内森林生态系统维护和管理以及长江上游生态安全屏障的建设提供科学依据。具体目标如下：

(1)弄清低山丘陵区柏木森林生态系统的物种多样性组成；

(2)弄清不同优化模式对低山丘陵区柏木森林生态系统的影响；

(3)构建川中丘陵区低效柏木林生态系统结构优化与功能提升示范技术。

3.4.3　示范工程项目实施方案

示范工程实施方案见图 3-2。

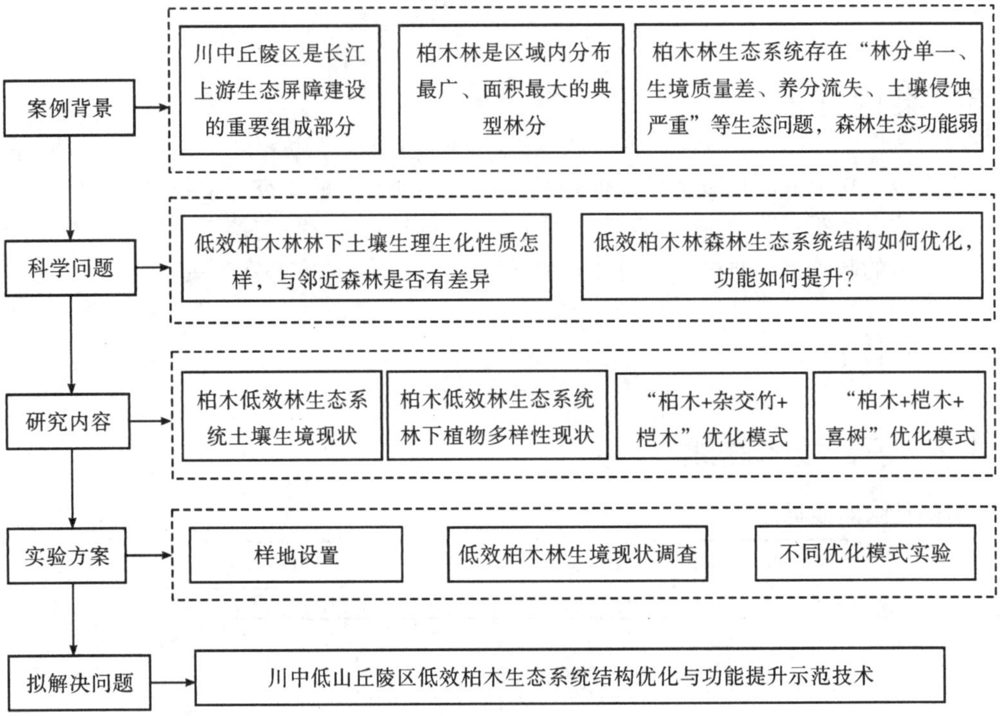

图 3-2　川中丘陵区低效柏木林生态系统结构优化与功能提升实施方案

3.5　案例实施过程及主要结果

3.5.1　低效柏木林生态系统生境现状

1. 低效柏木林林下生物多样性

吴雪仙等(2009)采用典型样地法对绵阳官司河流域柏木纯林生物多样性进行分析(表3-1)：在所研究的5种林型中(松柏混交林、马尾松纯林、柏木纯林、针阔混交林和栎类林)，乔木层和灌木层柏木纯林多样性指数最低，草本层多样性指数仅高于针阔混交林。朱元恩等(2007)通过对不同林龄柏木林多样性研究，结果也说明柏木纯林的多样性显著低于邻近阔叶林等其他林分(表3-2)。可见，柏木纯林的生物多样性低，林分生态功能弱。

表 3-1　绵阳官司河流域柏木纯林生物多样性分析(吴雪仙等，2009)

乔木层	Shannon-Wiener 指数	0
	Simpson 指数	0
	Pielou 指数	0
	Margalef 指数	0
	Menhinck 指数	0

灌木层	Shannon-Wiener 指数	1.596
	Simpson 指数	0.710
	Pielou 指数	0.693
	Margalef 指数	1.954
	Menhinck 指数	1.000
草本层	Shannon-Wiener 指数	1.889
	Simpson 指数	0.713
	Pielou 指数	0.653
	Margalef 指数	3.692
	Menhinck 指数	1.800

表 3-2　不同林龄柏木林多样性(朱元恩等，2007)

多样性指数	草本层			灌木层		
	幼龄林	中龄林	近熟林	幼龄林	中龄林	近熟林
物种数	12	19	29	29	40	52
株数	2221	2347	1502	1851	1621	886
Shannon-Wiener 指数	2.24	3.193	3.917	3.482	4.571	4.937
Pielou 指数	0.612	0.776	0.865	0.723	0.905	0.917
Margalef 指数	0.360	0.159	0.085	0.166	0.054	0.041

2. 低效柏木林林下土壤理化特性

张保华等(2005)对川中丘陵区盐亭县柏木林(含柏木桤木混交林)不同剖面土壤结构及土壤侵蚀进行了研究(表 3-3)，结果表明：柏木人工林土壤团聚性差，土壤有机层薄，易受雨滴冲刷而造成土壤侵蚀。

表 3-3　柏木人工林土壤团聚体及孔隙度(张保华等，2005)

编号	粒径/mm								MWD /mm	MWDC /mm	SPBR	总孔隙度/%	毛管孔隙度/%	非毛管孔隙度/%
	>10	10～5	5～3	3～2	2～1	1～0.5	0.5～0.25	<0.25						
YT06	16.25	35.63	21.52	6.60	5.61	5.52	1.85	7.02	5.79	3.38	49.20	41.9	36.6	5.3
	4.76	16.36	7.65	3.43	7.62	6.12	1.25	52.81	2.41					
YT07	48.80	25.56	8.95	3.68	3.37	3.37	1.20	5.07	7.80	6.52	63.80	42.0	37.5	4.5
	5.38	4.93	2.61	2.36	3.79	11.04	4.24	65.66	1.28					
YT08	28.16	31.37	20.17	5.94	4.64	4.02	0.99	4.70	6.49	2.26	22.90	44.7	36.8	7.9
	16.17	21.28	13.39	6.02	6.21	8.60	1.75	26.57	4.23					
YT09	26.32	28.62	17.39	8.73	6.63	6.67	2.02	3.61	6.10	3.29	35.70	44.4	38.2	6.2
	10.40	12.42	10.10	4.44	5.83	13.78	5.03	38.01	2.81					
平均	29.88	30.30	17.01	6.24	5.06	4.90	1.52	5.10	6.55	3.86	42.80	43.25	37.275	5.975
	9.18	13.75	8.44	4.06	5.86	9.89	3.07	45.76	2.68					

王鹏程等(2009)在研究三峡库区森林生态系统有机碳密度及碳储量时发现，在区域

内所调查的 10 种林分中，柏木纯林植被层碳密度和储量均较低(碳密度仅高于灌木林，而碳储量仅高于竹林和灌木林)；柏木纯林凋落物层的凋落物量、有机碳率、有机碳密度和有机碳储量均较低；而森林类型系统碳密度最高(表 3-4)，这表明柏木纯林的物质循环速率缓慢，生态系统中碳和养分周转率低。

表 3-4　三峡库区森林生态系统有机碳密度及碳储量(王鹏程等，2009)

森林类型	植被层			凋落物层					总有机碳储量				
	碳密度/(t/hm^2)	碳储量 $\times 10^6$ t	碳生产力/[t/(hm^2·a)]	凋落物量(t/hm)	凋落物现存量 $\times 10^6$ t	有机含碳率/(t/hm^2)	有机碳密度/(t/hm^2)	有机碳储量 $\times 10^6$ t	系统碳密度/(t/hm^2)	系统碳储量 $\times 10^6$ t	植被碳比例/%	凋落物碳比例/%	土壤碳比例/%
马尾松林	27.48	20.70	3.60	8.25	6.22	0.4273	3.53	2.66	105.51	77.24	26.04	3.35	70.61
柏木林	17.06	2.09	2.11	4.35	0.53	0.3478	1.51	0.19	143.87	17.22	11.86	1.05	87.09
杉木林	26.49	1.48	4.09	10.78	0.60	0.4158	4.48	0.25	137.87	7.76	19.21	3.25	77.54
温性松林	18.03	0.88	3.25	10.74	0.52	0.3739	4.02	0.20	124.65	6.00	14.46	3.23	82.31
针叶混交林	26.55	5.62	3.45	8.17	1.73	0.3704	3.03	0.64	112.28	23.64	23.65	2.70	73.66
针阔混交林	29.43	6.12	3.22	6.49	1.35	0.3508	2.28	0.47	102.81	21.88	28.63	2.22	69.16
常绿阔叶林	42.80	2.93	4.56	8.49	0.58	0.3461	2.94	0.20	113.34	7.67	37.76	2.59	59.64
落叶阔叶林	28.24	8.32	3.28	8.62	2.54	0.3473	2.99	0.88	127.93	35.20	22.07	2.34	75.59
竹林	19.19	0.63	5.05	6.81	0.22	0.3747	2.55	0.08	118.64	3.78	16.17	2.15	81.68
灌木林	9.34	7.60	2.81	3.81	3.10	0.3413	1.3	1.06	93.54	72.87	9.99	1.39	88.63
经济林	20.51	2.35	3.16	1.36	0.16	0.3061	0.42	0.048	114.03	12.87	17.99	0.37	82.65

3.5.2　不同改造措施对低效柏木林生态系统的影响

1. 间伐(采伐带)对低效柏木纯林水土保持功能的影响

黎燕琼等(2013)采用间伐模式对川中低山丘陵区盐亭县柏木林进行改造，同时监测改造后柏木林水土保持功能，结果发现：林分改造后，不仅影响了林冠截留、灌草及枯落物持水量和土壤孔隙度及贮水量，也改变了林分中的地表径流深和产沙量。林分改造降低了林冠截留量，增加了林下灌木和草本多样性，显著提高了土壤总孔隙度和储水能力。相对于对照林分，改造后的林分水源涵养能力以及对沙的固定能力显著提高。

2. 林窗式疏罚对低效柏木纯林生长及植物多样性的影响

杨育林等(2014)采用林窗式疏伐对柏木纯林进行改造，结果发现：高密度的人工柏木林疏伐后，林窗内光照、气温、空气湿度和土壤含水量等环境均得到改善；疏伐后林窗内乔木的高度、胸径、郁闭度和冠幅均增加，林分的生长状况相对较好，林下植物多样性也得到提高(表 3-5)，森林的生态功能更强。

表 3-5 林窗式疏伐对林下乔灌草种数的影响(杨育林等，2014)

林窗面积/m^2	45～55	90～110	140～160	190～210
乔木	(5±1)a	(7±2)b	(6±1)c	(6±1)c
对照	1±1	2±1	3±1	3±1
灌木	(8±2)a	(10±2)b	(8±2)a	(7±2)a
对照	2±1	3±1	4±1	5±2
草本	(15±4)a	(21±4)b	(23±7)b	(22±6)b
对照	3±1	5±1	7±2	7±1

注：不同小写字母表示在不同处理之间差异显著($P<0.05$)。

3. “柏木一杂交竹一桤木”优化模式对川中丘陵区柏木低效林生态系统功能的影响

李平等(2015)以川中丘陵区改造 10a 后的人工柏木林为研究对象(改造模式有四种，分别是“纯杂交竹模式”、“ 柏木＋桤木＋杂交竹模式”、“ 柏木＋麻栎模式” 和 “柏木＋杂交竹模式”)，以纯柏木林为对照，对改造 10a 后的柏木林土壤有机碳含量、碳密度和土壤活性有机碳(土壤易氧化碳、水溶性碳和微生物量碳)含量及植物多样性进行了研究。结果发现：林分改造后其植物多样性(表 3-6)及土壤有机碳(表 3-7)受到显著影响，改造模式不仅显著影响植物群落多样性(尤其是灌木层和草本层)，还影响了群落演替过程。

表 3-6 不同改造模式对柏木林土壤活性有机碳含量的影响(李平等，2015)

活性有机碳	土层/cm	CZ	BZQ	CB	BL	BZ
土壤易氧化碳/(g/kg)	0～10	(2.06±0.07)d	(4.13±0.16)a	(2.59±0.1)c	(2.49±0.1)c	(3.27±0.07)b
	10～20	(1.7±0.02)d	(2.54±0.11)a	(1.99±0.05)c	(1.89±0.05)c	(2.24±0.03)b
	20～40	(1.3±0.04)c	(1.82±0.09)a	(1.63±0.02)b	(1.51±0.02)b	(1.76±0.06)a
土壤水溶性有机碳/(mg/kg)	0～10	(27.18±1.1)d	(44.23±1.42)a	(30.54±0.88)c	(24.15±1.06)e	(40.31±1.58)b
	10～20	(16.18±0.62)c	(26.99±1.22)a	(18.33±0.75)c	(17.33±0.78)c	(21.87±1.46)b
	20～40	(13.69±1.24)c	(23.16±1.48)a	(13.03±0.54)c	(14.53±0.8)c	(17.04±0.68)b
土壤微生物量碳/(mg/kg)	0～10	(296.4±7.49)e	(647.9±6.21)a	(508.52±12.04)c	(426.42±9.77)d	(567.74±15.57)b
	10～20	(103.06±5.43)e	(337.64±10.18)a	(244.58±6.41)c	(199.35±5.91)d	(271.41±7.76)b
	20～40	(54.37±2.3)d	(148.65±6.94)b	(167.6±6.2)a	(84.39±4.07)c	(140.39±4.8)b

注：同行中不同小写字母表示同一土层不同模式间差异显著($P<0.05$)。

CZ，纯杂交竹模式；BZQ，柏木＋桤木＋杂交竹模式；BL，柏木＋麻栎模式；BZ，柏木＋杂交竹模式；CB，纯柏木对照。

表 3-7 不同改造模式对柏木林土壤活性有机碳含量的影响(李平等，2015)

多样性指数	林层	CZ	BZQ	CB	BL	BZ
H Shannon-Wiener 多样性指数	乔木	(0.11±0.01)c	(1.09±0.05)a	0d	(0.89±004)b	(0.91±0.04)b
	灌木	(1.07±0.06)c	(1.91±0.07)a	(1.50±0.07)b	(1.15±0.05)c	(1.61±0.07)b
	草本	(1.01±0.04)e	(1.77±0.08)a	(1.31±0.05)c	(1.22±0.05)d	(1.44±0.06)b
P Simpson 优势度指数	乔木	(0.05±0.01)c	(0.66±0.04)a	0d	(0.52±0.03)b	(0.53±0.03)b
	灌木	(0.51±0.04)d	(0.82±0.06)a	(0.71±0.06)b	(0.62±0.05)c	(0.72±0.05)b
	草本	(0.56±0.04)c	(0.85±0.06)a	(0.69±0.06)b	(0.66±0.05)b	(0.72±0.06)b

续表

多样性指数	林层	CZ	BZQ	CB	BL	BZ
J Pielou 均匀度指数	乔木	(0.17±0.01)d	(0.99±0.08)a	0e	(0.71±0.05)c	(0.86±0.05)b
	灌木	(0.60±0.03)d	(0.92±0.05)a	(0.72±0.04)c	(0.64±0.04)d	(0.83±0.05)b
	草本	(0.63±0.03)b	(0.85±0.06)a	(0.81±0.05)a	(0.66±0.04)b	(0.82±0.06)a
R 丰富度指数	乔木	(0.27±0.02)b	(0.48±0.03)a	0c	(0.43±0.02)a	(0.46±0.03)a
	灌木	(1.32±0.08)d	(2.82±0.15)a	(1.78±0.12)b	(1.2±0.07)e	(1.55±0.08)c
	草本	(0.73±0.04)d	(1.65±0.08)a	(1.17±0.05)b	(0.98±0.05)c	(1.21±0.06)b

范川等(2014)对改造 8 年后(6 种改造模式：栎竹模式、撑绿杂交竹模式、柏竹桤模式、柏栎模式、柏竹模式和柏木纯林)的柏木林为对象研究土壤抗蚀性研究结果表明，不同的改造模式对柏木林土壤物理性质和抗蚀性的影响有显著差异。其中，采用“柏＋竹＋桤模式”改造后的柏木林土壤抗冲性(图 3-3)、抗蚀性(范川等，2014)显著增强，水土流失量显著降低，改造后的柏木人工林其生态系统服务功能显著提升，适宜在该地区推广。而不当的模式则会加剧水土流失，因此柏木低效林改造过程中，应选择合适的模式营建柏木混交林，对全伐重造要慎重。

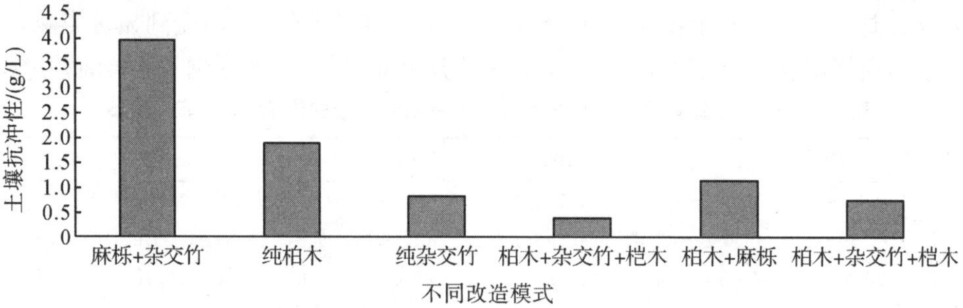

图 3-3 不同改造模式对柏木林土壤抗冲性的影响

3.5.3 不同改造模式对低效柏木叶蜂虫密度的影响

柏木纯林树种组成单一，林分结构简单，抵御森林病虫害能力较弱。研究表明，柏木叶蜂(*Chinolyda flagellicornis* (F. Smith))虫害对柏木林危害尤为严重(雷静品，2009)。人们采用化学方法(喷洒农药)对柏木林的柏木叶蜂虫害进行防治，取得了一定成效，但是对环境污染严重。因此，利用生态学原理，采用生物防治等方法，通过调整和改造柏木林结构，使其生态系统结构更为复杂、抵抗能力更强，以达到减少病虫危害风险，实现生态效益、经济效益多元化，是解决柏木林病虫害的有效方法。李璐(2011)采用对柏木人工林实施不同带宽改造措施，研究了不同改造和更新模式对柏木叶蜂虫害防治的效果，为通过生物和生态措施防治柏木纯林病虫害提供了重要的科学依据。

1. 不同带宽改造带虫卵数量的变化

改造带宽度差异对虫卵数量和死幼虫数量的影响效果不同(图 3-4)。20m 带宽改造带区域内虫卵总数最少，因此，单从虫卵数量来看，20m 带宽改造带在防治病虫害方面是个较好的选择。

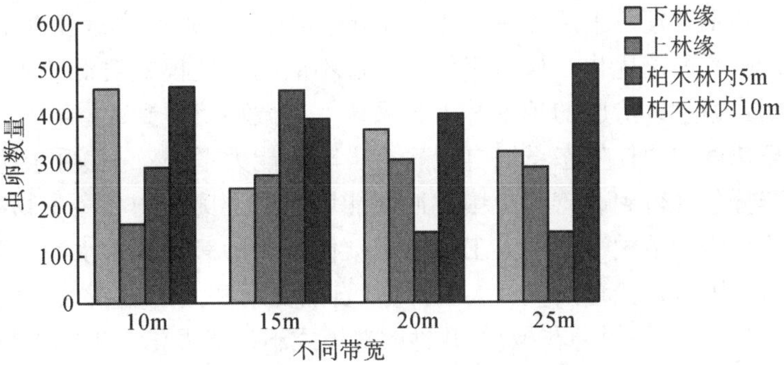

图 3-4　不同带宽改造带对柏木叶蜂虫卵数量的影响(李璐，2011)

2. 不同带宽改造带对幼虫死亡数量的影响

不同带宽改造带内死幼虫的总数量存在差异(表 3-8)。10m 带宽内死幼虫数量最多，25m 带宽内最少。

表 3-8　不同带宽改造带幼虫数量(李璐，2011)

区域	不同带宽改造带死幼虫数量/条			
	10m	15m	20m	25m
下林缘	55	39	41	48
上林缘	25	7	7	7
柏木林内 5m	21	45	6	12
柏木林内 10m	43	35	44	28
总结	144	126	98	95

3. 不同更新模式改造带对虫口密度的影响

更新模式对虫卵数量无显著的影响(表 3-9)。自然更新的虫卵总数量大于刺槐改造带小于刺桐改造带，但是死幼虫总数量低于刺桐、刺槐改造带，刺桐改造带虫卵总数量和飞防之后死幼虫总数量都高于刺槐改造带。

表 3-9　不同更新模式改造带的虫口密度(李璐，2011)

区域	不同更新模式虫卵数量/枚			不同更新模式死幼虫数量/条		
	刺桐 *Ceibo*	刺槐 *Acacia*	自然更新 NR	刺桐 *Ceibo*	刺槐 *Acacia*	自然更新 NR
下林缘	336	254	369	69	74	41
上林缘	737	55	305	52	56	7
柏木林内 5m	166	151	150	95	67	6
柏木林内 10m	109	242	405	110	—	44
总结	1348	702	1229	326	197	98

这说明，柏木林进行人工改造和更新后对林内柏木叶蜂虫口密度产生影响，改造带宽度对虫口密度具有一定影响。更新模式对虫卵数量的影响显著，人工更新模式中刺桐改造带柏木叶蜂虫口密度高于刺槐改造带。

综上研究表明，四川盆地丘陵区是长江上游水土流失最严重地区之一，该区大面积柏木纯林林分结构不合理、天然更新不良、林分稳定性差、产品产量和水土保持功能低，急需进行结构调整和系统优化。科研工作者通过不同的改造模式对低效柏木林进行人工改造，结果表明：通过改造后的柏木林生态系统，其微环境得到改善，林下植物多样性增加，物质循环速度加快；生态系统自我病虫害防治能力增强；土壤孔隙度和土壤养分及土壤质地和养分条件得到改善；土壤抗冲性能增强；土壤动物和微生物数量增加，活动更频繁；间伐也增加了柏木低效人工林土壤碳储量、易氧化碳、水溶性碳和微生物量碳、活性碳含量。因此，抚育间伐、人工开窗(自然更新和人工更新)、水平带砍伐造林(引入乡土阔叶树种和经济树种花椒)等几种改造模式不仅能强化人工柏木林的生态功能，也能在一定程度上促进当地经济发展，但是不同的改造模式其效果存在差异，应因地制宜、采用科学合理的方法进行改造，以优化低效柏木林的生态系统结构和功能。

第二篇

地震灾后生态修复

第4章 地震灾后大熊猫栖息地生态修复和重建研究

地震灾害具有破坏强度大、范围广的特点，对区域生态环境的破坏特别严重，长期以来，世界各国针对地震灾害造成的生态环境破坏开展系统研究，围绕地震灾害的生态修复进行了大量的研究和实践，相继形成了许多地震灾后生态修复的理论和技术，部分国家和地区通过长期的艰苦努力成功地实现了地震灾后生态修复，灾区生态环境基本得到恢复、生态系统功能得到正常发挥，实现了区域经济社会的可持续发展。目前，在国际上地震灾后生态修复各个国家都有不同的特点和经验，也有不少的教训，为全面了解地震灾后生态修复的过程，选择日本、美国和巴基斯坦等国地震灾后生态修复进行分析解剖。

4.1 国外地震灾后生态修复和重建研究

4.1.1 日本

日本位于世界上最活跃的环太平洋地震带上，是地震灾害频发的国家之一，全国每年平均发生一万多次地震，有震感地震平均每天约4次，仅20世纪5级以上的大地震就发生过100多次。日本1923年的关东大地震和1995年的阪神大地震，对日本造成十分巨大的生态损失，两次大地震造成的山体崩塌、滑坡、泥石流等次生灾害，对日本的山地生态系统造成了巨大破坏，通过长期的地震灾后生态修复，地震灾区生态环境已基本得到恢复，保障了日本经济社会持续稳定的发展，日本在灾后生态修复方面有如下主要经验：

1. 突出生态修复的战略地位

日本在地震灾后重建工作中特别强调“生态先行”，高度重视灾后生态修复，将其作为经济社会可持续发展的最基础性工作，在灾后重建的基础上要求进一步恢复生态系统的功能并优化其结构，最终在本质上真正达到自然状态下的最佳水平，生态修复包括重建和复兴两个阶段，重建是恢复到震前的生态环境水平，复兴是生态修复工作较高层次上的目标，这表明不仅要恢复地震灾区震前的生态，而且还应根据生态建设战略实现生态功能的优化。在灾后重建规划中首先开展的是“地震灾后战略性的环境总体评估”，并同地质勘探共同启动，始终贯穿于整个重建过程。例如，在日本都是路让河，而不是河让路，不会为了修路而去改河道；那些不宜盖楼的地方，就空出来种树或者建花园；海边的建筑一般都会留出出风口，以让海风可以吹进城里，使城市里不会太闷热；此外海边还会建设富有自然气息的公共休闲场地。对生态修复工作的高度重视是日本多年恢复工作经验的总结。

2. 遵循自然规律制定生态修复规划

地震灾后生态修复是对自然生态系统的修复，具有较强的自然规律性。日本的地震灾后生态修复，首先是利用各方面专业技术力量制定十分详细的灾后生态修复规划，包括地震灾后生态损失评估，生态修复的范围规模、途径方式、任务目标，以及生态修复的先后顺序和资金保障等非常具体细致规划；再按照日本《防灾基本规划》的严格要求，以专家为主体对生态修复规划进行反复讨论修改；最后将生态修复规划作为地震灾后重建的基本性规划。日本在地震灾后生态修复规划中特别注意遵循自然规律，强调地震灾后生态修复是一项长期性的工作，一般都按照10～20年的时间期限进行规划，如1995年阪神大地震的生态修复就经历了三个不同的阶段，第一阶段主要是地震后的灾后生态损失评估，第二阶段为1996年至1998年，第三阶段是从1998年初到2000年前后，生态修复的期限为15年，在这15年的过程中都有不同的目标任务，每个阶段都保证相应的资金投入，确保生态修复长期坚持。日本的地震灾后生态修复在实现自然生态修复的基础上，还注重生态功能的提高，其生态修复不仅立足于灾后重建，更多地考虑了灾后复兴，定位于地震灾后自然生态系统恢复和生态功能的充分发挥，为日本长期可持续发展提供基础性保障。

3. 强调生态环境的基础性修复

日本的大地震基本上都发生在山区，地震灾后生态修复的作业基础为山体，因此，日本在地震灾后生态修复过程中特别强调对山体的修复，形成了世界著名的日本治山工程，它是以自然流域或独立山体为基本单元，从生态系统的角度进行受损山体的修复，包括山坡工程、挡土工程、理水工程和坡面绿化工程等一系列工程措施，强调通过人工干预为生态修复奠定基础，实现地震灾后生态环境的完全修复。通过关东大地震和阪神大地震等地震灾后以治山工程为核心的生态修复实践，证明治山工程是实现生态修复的重要基础性工作，是确保生态环境恢复的重要措施，也是地震灾后重建的重要经验。

4. 有完备的法律法规保障

日本非常重视依据法律对灾害危机进行管理以及实施灾后重建工作。在长期的灾后重建实践工作中，日本不断总结经验，逐步完善了相关法律，最终形成了包括五大类由52部法律构成的防灾减灾法律法规体系。其中，与地震灾后生态修复密切相关的法律有《严重灾害特别财政援助法》、《地震保险法》、《河流法》、《滑坡防止法》、《特殊地质灾害防止及重建临时措施法》、《保安林整治临时措施法》、《森林法》及《国有林野事业特别会计法》等。这些法律详细规定了灾前灾后生态修复应采取的各种工程措施及标准，为工程措施的科学实施提供了依据；规范了可兼顾长远发展的资金筹措渠道和分配规则，为灾后生态修复工作的开展提供了可靠的资金保障；制定了经实践检验的制度及总结了技术方面的成功经验，为生态修复工作的高效进行提供了参考。

5. 强大的资金投入是生态修复的必要条件

生态修复是一项极其庞大的系统工程，需要源源不断的人力、物力和资金的投入，强大的资金投入是高质量完成灾后生态修复工作的必要条件。日本地震灾后生态修复投入十分巨大，比如，地震灾后的治山工程直接投资每平方米折合人民币高达3000元，相当于房屋建设的单价费用，但是，日本为了国家的长治久安和生态安全，一直坚持在生态修复方面的巨大投入，为日本优美的生态环境提供了保障。在资金投入机制上日本法律明确了中央和地方政府的经费支出义务，同时政府每年拨出大量的财政预算进行灾害预防、灾害紧急应对及灾后修复复兴事业。比如，治山工程在日本主要由中央政府和地方政府承担，其经费分配原则为国有林部分全部由中央政府承担，民有林在正常情况下由中央和地方各承担50%，在地震灾害发生当年中央承担部分可上升至66.7%，一般情况下不需要老百姓投入。

4.1.2　美国

美国国土辽阔，西部广大地区位于环太平洋地震带内，加利福尼亚州属全球地震高发地区之一，1971年加州圣费尔南多断裂带上发生6.6级地震，造成大规模山体滑坡和生态植被损毁，地震频发也给美国带来十分严重的生态损失和生态灾害。美国长期以来非常重视生态环境改善和生态修复，在地震灾后生态修复方面也处于国际先进水平。

1. 重视地震地质灾害调查等基础性工作

20世纪80年代以来，随着遥感、GIS技术等先进技术的发展与应用，使大范围高精度的地震地质灾害调查编目成为可能。近二十年来，美国先后把Loma Prieta地震(Mw 6.9)和Northridge(Mw 6.7)等重大地震诱发的地质灾害进行了详细的调查编目，并进行广泛深入的研究。根据对滑坡与地震之间的关系研究，认为通过监控量测，包括地震本身强度、滑坡变形量、孔隙水压力等指标，能更好地对地震滑坡动态进行预测评价；Edwin L. Harp等(1996)对1994年1月17日美国加利福尼亚州北岭地震(6.7级)造成的大量滑坡破坏现象进行了研究，认为滑坡的破坏一方面与滑坡自身抵抗强度有关，另一方面也与地震振动强度相关。随着大量的基础性工作的开展，美国逐步形成了比较完善的地震地质灾害调查与预测预报经验体系，为地震灾后生态修复提供了系统的基础性资料。

2. 强调地震灾后高标准的生态修复

美国联邦以及各地方政府在应对各种重大自然灾害过程中总结出一条最重要的经验：灾后重建必须始终坚持“不能重蹈覆辙”的原则，灾后重建不应仅仅是恢复到灾害发生前的状态，而应有更长远的考虑，即避免今后再出现类似灾难时的生命和财产损失。比如，在1989年旧金山以南100公里的Loma Prieta市发生6.9级大地震，造成了不同程度的生态破坏，灾后生态修复立足于地表活跃断裂图、地层液化、滑坡等高地震带地图等详细资料上，按照修订后的高标准进行修复，尽可能实现“一劳永逸”的生态修复目标。

4.1.3　巴基斯坦

巴基斯坦是一个多山国家，以高山高原地貌为主，在自然地理特征上与我国汶川地震灾区有一定相似之处。2005年巴基斯坦西北发生7.6级地震，地震破坏面积超过3万

km^2，地震引起数起大型山体滑坡和数以千计的小塌方，不仅改变了河流下游河道，还引发了山洪和泥石流，严重破坏了动植物栖息地，造成了巨大的生态损失。巴基斯坦在地震灾后生态修复的组织与管理上有较成功的经验。

1. 政府各部门间的高度协调

由于生态修复工作涉及面广，巴基斯坦政府专门成立了由各方面代表组成的负责地震灾后恢复重建的协调机构，其一个很重要的职责就是规划、协调和规范灾后生态重建和恢复工作，同时激励政府、市民、社会、慈善机构等形成有效的对话和沟通机制，不断达成共识。这样生态恢复重建的先后次序就能正确确定，政策的一致性就能得到保障，也避免了不均衡发展和因此而导致的社会矛盾。

2. 妥善进行权力分散

在各部门保持高度协调的基础上，巴基斯坦政府在灾后生态修复工作中积极推动政府工作的透明和权力的分散。生态修复重建注重信息和沟通战略。灾民可以了解生态恢复计划的总体设计、时间进度、权力、技术援助资源，并有合理的诉求表达渠道。积极推动权力的分散化进程，将责任在联邦、省、地方进行合理的分担。同时，由于生态修复重建的任务落实到最基本的社会层面，因此调动了地方积极参与地震灾后生态修复的热情和积极性。

3. 大力提倡“自我重建战略”

巴基斯坦政府实行“自我重建战略”，主要目的是鼓励灾民自己动手重建家园，政府向灾民提供资金、技术和指导，一方面积极调动了各方群众积极参与重建家园的工作热情，另一方面也确保了生态修复工作按时保质保量的完成。

4.2 国内地震灾后生态修复和重建研究

我国台湾是地震多发地区，近几十年来先后发生了无数次地震，1999 年的南投“9·21”地震，震级为 7.3 级，地震造成严重的滑坡、泥石流等地质灾害，自然生态系统受到严重破坏，给台湾社会经济构成严重威胁。地震发生后政府迅速制定了《地震灾后重建计划工作纲领》，在纲领中规定的 6 项计划目标就有 4 项与生态修复密切相关，8 项基本原则也都涉及自然生态系统的修复，其中不少经验值得借鉴。

1. 将生态公益林营造作为生态修复的重要内容

台湾地震灾后生态修复将生态公益林营造作为重点之一，在地震灾区调整土地利用结构，大力营造生态公益林。其主要内容包括崩塌地工程造林、宜林地“生态造林”工程和人居环境造林工程等三项。对于崩塌地的治理和重建，改变传统上以安全、经济为主要考虑的水土流失治理工程建设，逐渐加入了“生态”与“永续”的思维，摆脱过去单“点”的思考模式，代之以整体性、系统性的全“面”的思想，将生态理念融入到水土保持规划设计和施工之中，使造林成为治理水土流失的一项重要手段。森林重建工作方针规定凡是坡度超过 28°的山坡地，将核定为宜林地实施造林。承租公有林地及宜林坡地却未按照合约造林者，均需以渐进方式限期改正。此外，在小区重建规划中将绿化造林作为小区建设的一项重要内容，在农村，依照各地农村特色，有计划地整合相关资源逐年推进，使生产生活圈、生态生活圈及小区生活圈均衡发展。

2. 坚持地震灾后流域整体治理

台湾“9·21”地震的相关条例中专门进行了大地工程方面的规划，明确提出了推动灾区四大流域的整体治理，包括地质灾害的处理、堰塞湖处理、水利设施建设、林业发展等若干内容，打破行政区划以系统的理念按流域进行生态修复，强调按自然规律和老百姓愿望进行治理，保证了“9·21”地震灾后重建的实施效果。

3. 重视基础设施和生态产业的培育

在生态修复的规划和实施过程中，强调在促进经济发展的情况下实施生态修复，比如，在生态旅游区则优先实施景点建筑、车站、林道和森林铁路等主要内容的森林旅游基础设施的修复，通过森林旅游产业的发展支持生态修复和生态保护，这一部分资金主要由政府承担。在农村开展生态修复，坚持结合各地乡村的特色思考未来，培育出根植于乡村土地上的新文化、新产品，发展出一批具有地方特色的生态产业专业村，主要包括的产业类型有：农家休闲业、农家酿酒业、经济林产业和竹炭产业。对此，政府从资金和技术等方面给予积极的扶持。

4. 调动老百姓参与重建的积极性

2002 年新修订的《奖励造林实施要点》以多种手段鼓励群众参与造林活动，并提高相应的奖励标准，此举大大提高了民众参与造林工作的积极性，同时，采取有效措施鼓励民间资本投入生态修复、鼓励群众参与造林活动和参与社区生态恢复重建全过程。民间资本参与生态修复重建的方式大致包括三种：一是民间兴建、营运后移交政府，如观光游憩、森林游乐设施的兴建，该方式可以减轻政府财政负担，并提高营运效率；二是民间兴建，政府租用，如机关建筑等复建工程；三是企业认捐、认养，灾后受损的公共设施，如古迹维护、公园绿地等可由企业认养。

5. 有层次有远见的生态修复重建工作

生态修复工作必须长短期综合考虑，遵循循序渐进的原则，科学安排，合理规划，草率行事往往会在天灾之后酿成第二次人为的灾难。对灾害现状尽可能客观全面地记录，特别是对地质灾害情况的调查和次生灾害的预测，在对地震灾区的生态环境现状完全掌握的情况下，立足长远，制定生态修复重建规划，分阶段、分步骤地实施地震灾后生态修复。在生态修复实施过程中为确保长治久安，积极引进了日本的治山工程技术，进行流域生态治理，并在流域治理中专门进行了地震灾后产业振兴规划，确保生态修复建立在产业发展的基础上，实现生态修复的永久性。

4.3　地震灾后大熊猫栖息地生态修复的基本问题

关于退化生态系统恢复重建，国际恢复生态学会认为退化生态系统的恢复就是模拟某一特定生态系统的结构、功能、多样性及其动态特征等，通过人为干扰建立一个类似于原始的、曾经有过的生态系统。恢复生态的目的在于保护某一地区地带性生态系统的生物多样性，以及该生态系统的结构与功能特征。生物多样性在生态系统中具有极其重要的地位，它既是生态系统的关键组成成分和结构表现形式，又是功能正常发挥的保障，也是生态系统存在和演化的动力。生物多样性的丧失和退化必将导致环境的退化，引起生态系统结构和功能的退化，形成退化生态系统。

关于退化生态系统的恢复，一种观点认为恢复某一退化的生态系统就应恢复到该系统所具有的地带性的原始状态，但事实上，这往往是不现实的。某些退化的生态系统由于退化相当严重，没有人知道地带性植被原生状态，即使知道，要恢复到原生状态需要惊人的投入。有些情况下，根本不可能完全恢复到系统的原生状态。因此，我们主张把恢复定位在修复结构破坏或功能受阻的生态功能和特征上，目的是迅速地、持久地提高生产力，强调一种高水平的、持续的立地经营管理活动，不一定恢复到系统所具有的原始状态，只要恢复到某一个中间比较稳定的状态即可。重建途径是在生态系统经历了各种退化阶段，或者超越了一个或多个不可逆阈值时所采取的一种恢复途径。对于退化较严重的大熊猫栖息地生态系统，尤其是植被或林下土壤条件已消失的地区，更应采取重建途径。重建的生态系统可以与原生植被差别很大，但从经济效益出发，可发展生长快、效益高、集约强度大的生态系统。

4.3.1　大熊猫栖息地研究现状

2006 年 7 月 12 日在立陶宛•维尔纽斯召开的第 30 届世界遗产大会上，中国四川大熊猫栖息地作为世界自然遗产列入《世界遗产名录》。四川大熊猫栖息地世界自然遗产保护的主要内容是以大熊猫为代表的珍稀濒危动植物以及其赖以生存的整个生态环境。四川大熊猫栖息地地处长江上游腹地的干支流岷江与大渡河之间的青衣江的源区，是长江上游生态服务功能区的重要组成部分，除了生物多样性意义外，还有十分重要的水源涵养、水土保护和气候调节功能，是国际关注的中国西部生态屏障建设的重要环节。

大熊猫栖息地由于历史原因和经营管理不当，受到不同程度的破坏，表现为栖息地质量下降，数量和面积减少，出现大量的退化生态系统。自 1963 年原林业部建立了第一批 4 处以保护大熊猫及其栖息地为主的保护区以来，我国政府不断投入资金和人力，加大了对大熊猫栖息地的保护工作。1992 年，国家启动了专项性质的“大熊猫及其栖息地保护工程”，投资 3 亿元人民币保护和改善大熊猫的栖息环境，其主要内容包括：完善已建的 13 处大熊猫保护区；新建 14 处大熊猫保护区；恢复和修建 17 条大熊猫生态走廊带；对大熊猫栖息地中的 32 个主要管理站进行基础设施建设，以及开展野外生态、生理病理、饲养繁殖等方面的科学研究。受到该工程保护的大熊猫栖息地面积约有 1.8 万 km^2，其中受到严格保护的有 6500km^2。此外，还有一些其他使大熊猫受益的保护工程，比较有名的是 1998 年国家林业局的“天然林保护工程”，以及 2001 年国家林业局的

“野生动植物保护及自然保护区建设工程”，这些工程都把大熊猫作为首要的保护对象，并把大熊猫的全部栖息地纳入保护范围之中。到目前为止，中国已经建立的和大熊猫保护有关的保护区共有 40 处，面积达 220 万 km^2，保护了大约 60%的野生大熊猫种群。

大熊猫分布的地理范围狭窄，分布区面积缩小且相对孤立存在，栖息地减少且破碎化，种群数量下降，基因交流受阻。大熊猫是第三纪孑遗动物物种，对栖息地依赖性强。所以栖息地是大熊猫存在与否的决定因素，栖息地保护的重要性与对大熊猫个体保护同等重要，栖息地的恢复有助于大熊猫种群数量的恢复。

4.3.2　大熊猫栖息地生态系统恢复的基本对策研究

结合国外的研究进展和我国大熊猫分布区的具体情况提出大熊猫栖息地生态系统恢复的基本对策：

1. 恢复破坏的栖息地

改变大熊猫的濒危处境是当务之急，恢复已破坏的和保护好现有的栖息地，以减轻种群的环境压力。以栖息地模式种植郁闭度高的树种和适宜的竹子种类以形成下层竹林层片，促进其向潜在栖息地森林生态系统演替。

2. 加强生态走廊建设

景观生态学认为，景观的整体构架“斑块－廊道－基质”决定了生态系统的功能、过程，最终影响了生物多样性。斑块的大小、边界特征、形状、异质性镶嵌均与生物多样性密切相关。廊道在很大程度上影响着斑块间的连通性，从而影响斑块间生态流的交换。在大熊猫栖息地建设中，引入廊道的概念，进行生态走廊建设，加强各山系被分割的小种群互相沟通，促进种群间迁移扩散。由于历史与人为因素，大熊猫的栖息地目前是被分割开的，呈破碎状分布。加强大熊猫生态走廊带建设，通过竹子等适生植物的生长，将这些孤岛连接起来，以保护和扩展大熊猫的栖息地。为此，开展生态走廊建设，为大熊猫种群繁衍创建平台已迫在眉睫。

由陈富斌研究员带队的中国科学院水利部成都山地所考察组，考察震后大熊猫栖息地世界自然遗产受损情况，发现遗产地的 5 条重要的野生大熊猫通道(卧龙西河—崇州鞍子河，卧龙瓦厂沟—汶川草坡河，鞍子河—大邑黑水河，宝兴邓池沟—芦山黄水河，宝兴梅里川—天全白沙河)，在汶川地震中受到不同程度的影响。应尽快恢复和提高这些生态走廊的植被与主食竹林的覆盖度，减少人为干扰，提高环境和种群的整体稳定性。为大熊猫从一个地点自然转移到另一个地点提供条件。

3. 生态环境综合治理

“5·12”汶川地震对大熊猫栖息地造成严重影响，同时国家对大熊猫保护也予以高度关注，应充分利用好这次机遇，全面实施生态环境综合治理，归还大熊猫生存空间。大熊猫栖息地目前存在采伐迹地与过渡放牧、陡坡地粮食耕种、采矿和矿产加工污染等影响和破坏生境的问题，需要通过综合整治，消除经济活动对大熊猫生境的直接威胁。如世界遗产范围内现存的小型矿山和选矿厂，在汶川地震中均受到不同程度的损坏，应借此机会关闭矿山和恢复栖息地生态，并采取适当的生态补偿措施，在整个世界遗产与外围保护区，以及符合退耕还林条件的陡坡耕地，按《四川大熊猫栖息地世界自然遗产保护规划》的要求，应全部退耕还林。对于这些适宜地带应以扩大潜在栖息地为目标进行恢复，种植适宜的竹子种类以形成新的主食竹供给基地。

4. 加强基地建设

大熊猫保护应采取“就地保护”与“移地保护”相结合的模式，在“5·12”大地震中，“移地保护”方式在保护卧龙自然保护区内圈养大熊猫发挥了十分重要的作用。但在未来5年或更长一段时间内，应发挥“就地保护”的优势。在恢复卧龙自然保护区保护功能的同时，应进一步加强基地建设，增加生态廊道建设，使大熊猫在未来可能发生的大型突发事件中得到有效保护。

5. 加强国际科技合作

加强国际合作，积极争取承办国家局国际合作项目，学习国外先进经验，与国际研究接轨。争取世界遗产基金和相关国际学术机构参与震灾评估、恢复重建、科学技术研究与培训，并积极争取更多国际资金和技术援助。

第5章　天全二郎山大熊猫栖息地主食竹恢复技术研究

5.1　内容提要

芦山“4·20”地震后，天全县大熊猫栖息地主食竹资源遭到破坏，威胁大熊猫的生存。本案例通过受灾基本情况调查、立地类型划分、树草种筛选、植被恢复模式设计、制定植被恢复方案，并严格按设计进行了施工。在施工完成后连续5年，每年监测一次植被恢复的效果。

5.2　引言

大熊猫是我国特有的珍稀濒危动物，有“国宝”和“活化石”之称，被列为国家Ⅰ级重点保护野生动物。大熊猫分布在秦岭、岷山、邛崃山、大相岭、小相岭和凉山六大山系。根据全国第三次大熊猫调查，全国大熊猫栖息地总面积为2304991hm^2，其中四川大熊猫栖息地面积为1774392hm^2，约占全国大熊猫栖息地总面积的80%，大熊猫栖息地是大熊猫生存繁衍的根基所在，栖息地的面积和状况直接决定着大熊猫的数量。大熊猫是典型的山林动物，栖息地能为其提供自然的庇护所，林下清脆可口的竹子是其主要食物来源。但是由于大熊猫分布区人口多，经济落后，基础条件差，大熊猫保护面临着很多困难。主食竹资源匮乏是目前列为导致大熊猫数量减少的主要因素之一。

5.3　相关背景介绍

5.3.1　调查项目区概况

1. 自然条件

1)紫石乡

紫石乡地处中高山区，地势由西北向东南逐渐倾斜，最高海拔5150m，最低海拔970m。全境坡度大多在25°以上，属典型的高山峡谷地貌。村民沿河谷地带点状集居，境内气候多样，自南至北跨暖温带、中温带和寒温带三个气候带。昂州河与喇叭河交汇处(喇叭河保护自然区管理处所在地)，年平均气温7.9℃，年最高气温27.8℃，最低气温−12.9℃。

河流属青衣江水系，常年不枯，主要有天全河、大河、昂州河、喇叭河、冷水河等。

2)小河乡

小河乡西北高，东南低，发源于燕子岩的白沙河自西北向东南贯穿全境汇入天全河。乡境海拔为700～3000m，境内最高峰燕子岩海拔3742m，以中、高山为主，有少量河谷平坝。

小河乡无气候资料可考。据了解在海拔较高的龙门村冬季路面可结冰，而地势较低的曙光村、顺河村、夏季气温可达30℃以上。早、晚霜期一般在当年11月和翌年3月。

在龙门村以上的天然林中主要有冷杉、云杉、桦木、铁杉、丝栗、苦皮子、桤木、楠木、野核桃、珙桐等乔木树种和杜鹃、箭竹、白夹竹等灌木、竹类。在低山平坝分布的主要树种有檀木、杉木、香樟、千丈、枫杨、女贞、苦栋、青冈等。境内还出产大黄、羌活、独合、天麻、黄连、党参、川乌、草乌、山药、五茄、牛膝等中药材。有竹笋、蕨苔等野菜。据有关资料记载和初步调查，境内野生动物主要有大熊猫、牛羚、黑熊、野猪、大灵猫、小灵猫、金猫、豹、雪豹、毛冠鹿、红腹角雉(娃娃鸡)、黄鼬、斑羚、鬣羚等。

境内有白沙河、黄沙河等大小河流十多条。白沙河全长44.35km，流域面积328.36km^2，水质清澈，天然落差2840m，河口年平均流量17.32m^3/s。

2. 土地利用现状

1)紫石乡

全乡有耕地面积491.48hm^2(含开荒地、承包地、自留地)，果园146.5hm^2。境内计有林地面积95335.9hm^2，其中国有林74407.4hm^2(天然林56026.6hm^2，人工林4649.4hm^2，其他林地13731.4hm^2)，分别由喇叭河自然保护区和二郎山集团公司所属林场各管理22742.2hm^2和48736.2hm^2。集体林14032.7hm^2(含自留山90.4hm^2)，其中天然林12690hm^2，人工林214.9hm^2，其他林地1127.8hm^2，全部分配给村民分户承包管理。

2)小河乡

小河乡面积34200hm^2(含白沙河国营林场23679hm^2)。乡辖范围中，现有耕地面积503.9hm^2，其中水田155.7hm^2，旱地348.2hm^2。水田主要分布在白沙河流域平坝区的吴家、秋丰、顺河等村。白沙河西岸的山脚和半山坡是旱地的主要分布区。

龙门村以上的林区(23679hm^2)属白沙河林场管辖，其中林业用地21775hm^2，其他用地1904hm^2；有林地18173hm^2，是境内原始林集中分布的地方。属乡管辖的有林地有7666.7hm^2，主要是次生林和人工林。人工林中，世行贷款造林302.1hm^2，退耕还林144.6hm^2，皆为近年改造。主要造林树种为柳杉、杉木、杜仲以及杂交竹等。

3. 社会经济情况

1)紫石乡

该乡辖4个村，18个组，602户，共有2233人。其中男性1117人，女性1116人；农业人口2113人，非农业人口120人；年人口出生率1.9%，人口自然增长率1.16%。

全乡现有劳动力1099人。其中男劳动力582人，女劳动力517人；从事农、林、科技、牧、渔业的劳动力993人，占90%，其余为从事工业7人，建筑业2人，交通、邮电 67 人，商业 28 人，其他 2 人。全乡人口中，老年人口占 20%，成年人口占 50%，未成年人口占 30%，目前看来，年龄结构基本合理。

紫石乡村经济总收入 678.48 万元，其中农业 201.37 万元，占 29.68%；林业 15.84 万元，占 2.33%；牧业 169.54 万元，占 24.99%；运输业 197.50 万元，占 29.11%；餐饮服务业 5.58 万元，占 0.82%；其他 88.65 万元，占 13.07%。从中看出农业是大头（占 29.7%），仅次于农业的是运输业（占 29.1%）和牧业（占 25.0%），其他行业占的比例较小。全乡净收入 370.49 万元。

乡内有 318 国道过境公路 19km（水泥路面），乡村公路 42km；机动车 72 辆，其中面包车 3 辆；小水电站 3 座，装机容量 75 千瓦，并已联网，已实现户户通电。

2)小河乡

该乡辖 5 村，共 5046 人，男性 2618 人，女性 2428 人。其中农业户 1363 户，4928 人。农村劳动力 2990 人，其中男性 1572 人，女性 1418 人。农村劳动力从业情况是：农业 1939 人，占 64.9%；工业 756 人，占 25.3%；建筑业 23 人，占 0.8%；交通运输储蓄邮电等 147 人，占 4.9%；餐饮服务商贸等 73 人，占 2.4%。

全乡农村经济总收入 5094.91 万元，其中农业 438.84 万元，占 8.6%；林业 68.80 万元，占 1.4%；牧业 354.77 万元，占 6.9%；渔业 2 万元，占 0.1%；工业 3999.70 万元，占 78.1%；建筑业 16.50 万元，占 0.3%；运输业 184.80 万元，占 3.6%；餐饮业和商业 26.80 万元，占 0.5%；其他服务业 2.7 万元，占 0.5%。农村经济收入中工业所占比例最高，为 78.1%；其次是农业、牧业和运输业，但所占比例均不大，农业也只占 8.6%；占比例最小的是餐饮和其他服务业，总计为 1%。

白沙河林区公路顺河而筑，全长 35.8km（含 4.5km 水泥路），有中型桥 2 座，小型桥 1 座，皆为永久性石拱桥。这条林区公路像金线穿葫芦，连接着全乡 5 个村政府驻地，给全乡村民的生产生活及政府人员公务带来极大方便。顺河村至关家村有 1 条机耕道，长 2.5km，宽 3.5m。可通拖拉机。

乡境内，有自办电站 2 个，装机容量 600 千瓦（已并网），已能满足全乡用电（450 千瓦），加之其他单位或公司建的电站，总装机容量超过 9000 千瓦。境内较大的厂矿有 1 个年产 2 万吨硫酸的硫化厂和硅铁厂、硫铁矿厂、石英矿厂、石灰石矿厂等，另有私人兴办的铜矿、煤矿、花岗石矿等 3 家小型矿厂。还有国有控股 60%的青衣江水泥厂。

5.3.2　案例来源

2013 年 4 月 20 日 8 时 02 分四川省雅安市芦山县（北纬 30.3°，东经 103.0°）发生 7.0 级地震。天全县距离震中仅有 20 余公里，天全县为重灾区，受灾严重。由地震引起的泥石流、山体滑坡等次生地质灾害，以及随后不断的余震给大熊猫栖息地带来了致命破坏，大熊猫栖息地“破碎化”“岛屿化”现象严重，主食竹储量减少。开展主食竹的恢复关键技术研究将有助于解决大熊猫栖息地“破碎化”“岛屿化”的问题，最终改善大熊猫的生存状况。

为指导天全县科学实施灾后大熊猫栖息地修复项目的实施，四川省林业科技开发实业总公司受四川省林业厅和天全县林业局委托，于 2013 年 9～10 月组成专业队伍对县域内大熊猫主食竹生存现状进行了调查，并完成了《天全县大熊猫栖息地修复项目实施方案》的编制工作。根据编制工作中有关大熊猫主食竹的保护、恢复、修复方案，完成了施工。四川省林科院、绵阳师范学院、绵阳市蜀创农业科技有限公司承担了后续监测工作，并形成相关报告。本案例从该报告中提炼而成。

5.4 主体内容

5.4.1 技术路线

案例技术路线见图 5-1。

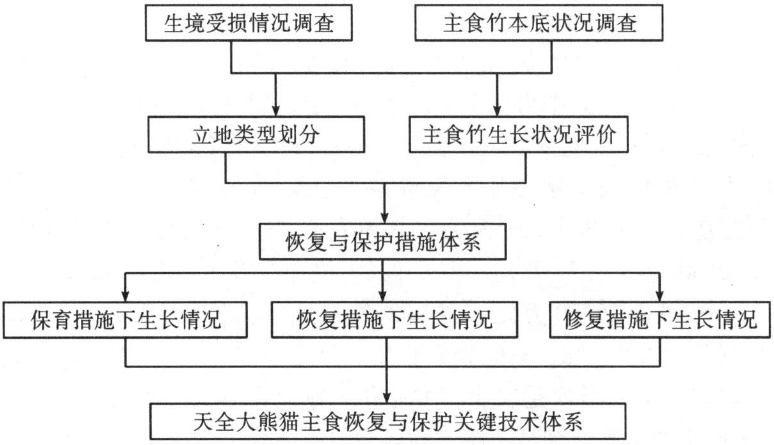

图 5-1 项目技术路线图

5.4.2 生境受损情况

地震及其诱发的山体滑坡、塌方和泥石流等次生灾害，显著改变大熊猫栖息地质量(Garwood et al.，1979)。地震大面积埋没和砸毁大熊猫赖以生存的主食竹，使大熊猫食源减少，威胁到大熊猫的健康和食物安全，地震使大熊猫洞穴受损或坍塌，使大熊猫栖息树洞的树干斜倒；同时，地震使大熊猫的活动路线遭到不同程度的阻隔或破坏；地震诱发森林质量大面积下降或丧失，加剧了大熊猫栖息地的退化和破碎化过程。林业受损面积 6855.33hm^2，其中受损经济林面积 1888.73hm^2，受灾较为严重见表 5-1。其中天全县大熊猫生境破坏面积 3402.4hm^2（损毁 76.67hm^2，严重受灾 191.6hm^2，受灾 3134.13hm^2），在四川省大熊猫栖息地生境破坏的各县中受灾总面积较大，急待修复。芦山“4·20”强烈地震对天全县大熊猫栖息地破坏主要分为以下几种类型：

1. 滑坡、泥石流造成坡面严重受损

地震造成大量的滑坡、泥石流坡面，森林植被基本被破坏，地表结构发生改变，但坡面仍以泥夹石为主要结构。

2. 滑坡、泥石流堆积体

表 5-1　天全县林业受损情况表

名称	路面受损情况		桥梁损失情况			涵洞受损情况		林业受损面积/hm²	受损经济林面积/hm²
	长度/km	经济损失/万元	数量/座	长度/米	经济损失/万元	数量/座	经济损失/万元		
天全县	84.9	3396	3	45	202.5	18	18	6855.33	1888.73

名称	受损林木蓄积量/hm²	苗圃良种受灾面积/hm²	林业经济损失小计/万元	受损地方级自然保护区数量/个	野生动物伤亡数头/头(个)	其中：国家级重点保护野生动物伤亡数/头(个)
天全县	280279	40.4	25988.3	1	133	1

地震将山体大量的地表土壤冲刷到坡下部，形成巨大的自然堆积体，包括各种石块和杂物，但总体以泥土为主，通过清理后具备植被恢复的种植条件，可在滑坡、泥石流堆积体上开展造林。

3. 坠石零星破坏受损林地

地震造成大量的坠石灾害，森林植被受到局部破坏，出现一些林窗和林中空地，呈现零星不规则分布，立地质量基本未受破坏，具有森林植被恢复基础，采取封育补植、封禁等人工促进自然恢复方式，可尽快恢复森林植被和大熊猫栖息地生境。

4. 地震造成区域许多林地轻度受损

主要表现为地面裂口、林木折断、根系损伤等多种形式，对于这部分林地主要通过适当的人工干预，采取人工促进自然恢复的方式，恢复森林植被和大熊猫栖息地生境。

5.4.3　主食竹群落生长状况

白夹竹林。在海拔 1400～1700m 的局地可见以白夹竹为主形成的灌木林群落。这类白夹竹林是由亚热带常绿阔叶林遭受破坏后形成的次生林类型。竹林高度 2～4m，在竹林中残存有少量的阔叶树和针叶树，主要种类有灯台树、白栎、构树、亮叶桦、化香、杉木、柳杉、山胡椒、领春木、刺楸等乔木树种，以及多种柃木、冬青、绣球、青荚叶、铁仔、茶、马桑、荚蒾等灌木种，多呈单株散生。草本植物盖度 5%～50%，呈团状分布，主要有蝴蝶花、荩草、里白、狗脊蕨、蹄盖蕨、金星蕨等植物。

箭竹林(丛)。箭竹林(丛)是亚高山暗针叶林、山地暗针叶林和山地常绿阔叶林下的层片，在喇叭河自然保护区主要以冷箭竹、峨眉玉山竹、大箭竹等为主，特别是冷箭竹占绝对优势。在森林遭到采伐或自然死亡后也形成此种竹林(丛)。垂直分布于海拔 2000～3900m 的地带，在阴坡、半阴坡或半阳坡箭竹林(丛)郁闭度很大，最高可达 0.95。在无高大乔木的灌木状箭竹林中，一般混生有陕甘花楸、六道木、杜鹃、绣线菊、悬钩子、绣球、忍冬、野樱桃、茶藨、柳等植物。草本层的植物有唐松草、蟹甲草、草莓、酢浆草、露珠草属等。另外，也有一些针叶乔木树或阔叶树的幼树，如峨眉冷杉、铁杉、青杆、白桦等。

调查发现，大熊猫主食竹开花较多。大熊猫主食竹周期性开花结实而后死亡的生长特性，使大熊猫种群动态与其主食竹动态紧密相关(Wu et al.，1996)。主食竹开花使以竹子为生的大熊猫面临周期性的灾难。竹子开花缺食致使大熊猫老、弱、病、幼个体死亡，成体因营养不足而繁殖率下降或幼体生长发育不良。这种周期性的灾难，是促使大熊猫种群退化和灭绝的主要原因之一(秦自生，1985)。20 世纪 70～80 年代，岷山山系和邛崃山系的缺苞箭竹(*Fargesia denudata*)和冷箭竹(*Ba-shania fangiana*)等主食竹大面积开花死亡。邛崃山系冷箭竹开花面积达 60%～95%，重灾区冷箭竹开花面积达 95%。竹子开花后岷山 138 只大熊猫(占岷山大熊猫种群数量的 12.5%)、邛崃山 144 只(占邛崃山大熊猫种群数量的 17.3%)因缺食而死亡，全国大熊猫种群数量的 11.5%因主食竹开花缺食而死亡(李承彪，1997)。竹林大面积开花枯死，严重威胁大熊猫的生存和繁衍，大熊猫分布区急剧减少(胡锦矗，1990)。

5.4.4 修复工程项目建设方案

四川省林业总公司根据《芦山地震灾后大熊猫栖息地修复技术指南》相关技术要求和天全县大熊猫栖息地损毁情况，将天全县大熊猫损毁栖息地划分为容易恢复和较容易恢复两种类型，根据震后栖息地损毁情况、海拔、坡向，应用生境修复、生境恢复、生境保育三种栖息地修复技术进行修复(图 5-2)。

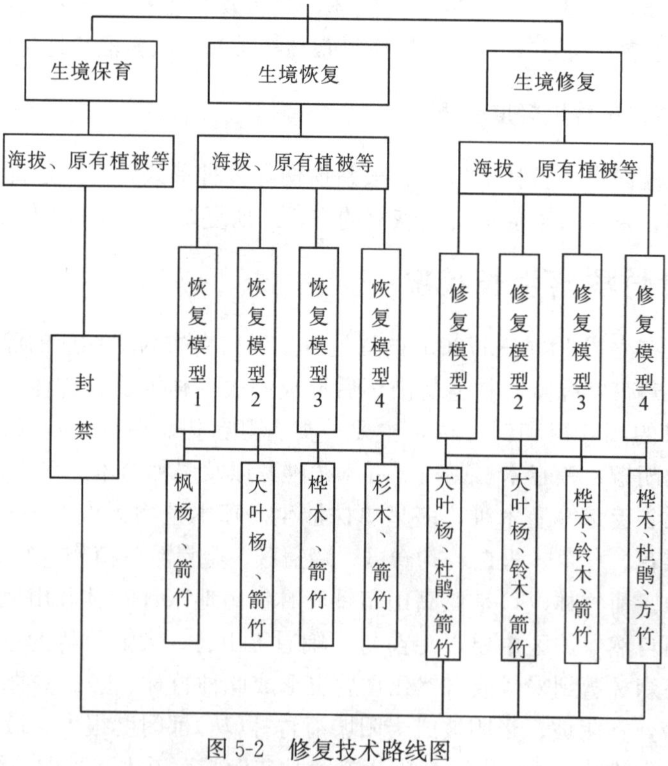

图 5-2 修复技术路线图

1. 立地类型的划分

小班立地类型划分参考《四川省森林立地类型表》(1990 年)立地区划与立地分类系统进行。

1)立地分类系统

四川省森林立地分类系统共划分为六级。

立地区域
立地区
立地亚区
立地类型小区
立地类型组
立地类型

2)立地分类依据

立地类型划分要依据立地基底、立地形态特征、立地表层特征和生物气候条件等因素。划分的主导因子包括地形、地貌、海拔、坡位、坡向、坡度、土壤等。因子分级标准参考《四川省森林立地类型表》(1990 年)和《芦山地震灾后大熊猫栖息地修复技术》。

3)立地类型划分结果

对天全县灾后大熊猫栖息地修复区域立地类型的划分结果表明：立地区域为东部季风立地区域，立地区为邛崃山系立地区，立地亚区为邛崃山系东坡立地亚区，立地类型小区为容易(较容易)恢复地立地小区，立地类型组为中山带立地类型组，根据天全县栖息地植被状况对严重、中度受损林地共划分 8 个立地类型，各立地类型见表 5-2。

2. 植被恢复模型

根据《芦山地震灾后大熊猫栖息地修复技术》生境修复标准，以立地类型为基础(表 5-2)，根据植被恢复小班的具体位置(所处功能区)、地形、土壤、震灾损毁程度等因子，主要依据天全县植被的三种类型(针阔混交林带、阔叶林带、河谷带)为主要建群种，结合树(竹、草)种生物学、生态学特性、社会经济状况和天全县地震受灾地块的震毁程度，本次植被恢复类型分为生境修复、生境恢复、生境保育 3 种，针对 3 种植被恢复类型共设计 9 种恢复技术，见图 5-2，各恢复类型面积见表 5-3。其中：轻微受损林地设计 1 个植被恢复模型(生境保育)，中度受损林地设计 4 个植被恢复模型(生境恢复)，严重受损林地设计 4 个植被恢复模型(生境修复)。

表 5-2　天全县大熊猫栖息修复地立地类型表

立地区	邛崃山系							
立地亚区	邛崃山系东坡立地类型							
立地类型小区	容易(较容易)恢复地立地小区							
立地类型组	中山带立地类型组							
立地类型号	1	2	3	4	5	6	7	8
地形	海拔 1890～2400m，东南坡、南坡	海拔 1750～2200m，东北坡、东南坡	海拔 1410～1700m，西南坡	海拔 1400～1700m，东坡、东北坡	海拔 1590～2275m，东南坡	海拔 1800～2100m，东南坡	海拔 1800～2450m，东南坡、北坡	海拔 1400～2420m，东坡
土壤	壤土，山地黄壤，土层较厚，pH6～7	壤土，山地黄壤，土层较厚，pH6～7	壤土，山地黄壤，土层较厚，pH6～7	壤土，山地黄壤，土层较厚，pH6～7	壤土，山地黄壤，土层较厚，pH6～7	壤土，山地黄壤，土层较厚，pH6～7	壤土，山地黄壤，土层较厚，pH6～7	壤土，山地黄壤，土层较厚，pH6～7
植被	大叶杨、麻柳、桦木、槭树、胡秃子、箭竹	石栎、槭树、柃木、山核桃、石栎、箭竹	木姜子、黑壳楠、铃木、杜鹃、方竹、白夹竹	楠木、丝栗、枫杨、柃木、荚迷、木姜子	珙桐、枫杨、楠木、黄莲刺、枫杨、槭树、丝栗、柃木、乌泡、箭竹	山核桃、石栎	桦木、槭树、杜鹃、悬勾子、蔷薇	黄瓜子、灯台、铃木、悬钩子、木姜子、杜鹃、珙桐、箭竹、方竹

表 5-3　恢复类型面积统计表　单位：hm^2

措施	单位	面积	小班数
修复	二郎山	32.60	5
	经营所	17.00	1
	白沙河	27.07	5
	小计	76.67	11
恢复	二郎山	48.80	4
	经营所	96.20	6
	白沙河	46.67	3
	小计	191.67	13
保育	二郎山	613.27	31
	经营所	1263.73	71
	白沙河	1257.13	70
	小计	3134.13	172
合计		3402.47	196

5.4.5　植被恢复技术措施

1. 生境修复技术措施

根据对天全县大熊猫栖息地调查结果，对严重受损的林地和受损的宜林地且具备造林条件的林地进行生境修复。

根据大熊猫栖息地灾后受损状况、修复目的和适地适树(竹)生物学特性，确定生境修复造林树(竹)种和初植密度。树种为箭竹、方竹、大叶杨、桦木、铃木和杜鹃，生境修复设计如表 5-4。

表 5-4　生境修复树(竹)种设计表

立地类型号	修复类型号	人工植苗									混交比例	混交方式	整地方式
		主造树种			混交植物 1			混交植物 2					
		树种名称	初植密度/[株(kg)/hm^2]	株行距/(m×m)	树种名称	初植密度/[株(kg)/hm^2]	株行距/(m×m)	树种名称	初植密度/[株(kg)/hm^2]	株行距/(m×m)			
1	1	箭竹	350	4.0×5.0	大叶杨	100	4.0×5.0	铃木	50	4.0×5.0	7∶2∶1	带状	穴状
2	2	箭竹	350	4.0×5.0	大叶杨	100	4.0×5.0	杜鹃	50	4.0×5.0	7∶2∶1	带状	穴状
3	3	方竹	350	4.0×5.0	桦木	100	4.0×5.0	铃木	50	4.0×5.0	7∶2∶1	带状	穴状
3	3	龙竹	350	4.0×5.0	桦木	100	4.0×5.0	杜鹃	50	4.0×5.0	7∶2∶1	带状	穴状

规划修复二郎山森林经营所、二郎山企业集团总公司、白沙河林业集团公司严重受损林地 76.67hm^2。天全县生境修复建设内容及规模统计见表 5-5。

表 5-5　天全县严重震损林地生境修复建设内容及规模统计表　单位：亩

权属单位	修复面积			
	合计	修复类型 1	修复类型 2	修复类型 3
合计	76.67	20.08	12.52	17.00
二郎山企业集团总公司	32.60	20.08	12.52	
二郎山森林经营所	17.00			17.00
白沙河林业集团总公司	27.07			

2. 生境恢复技术措施

根据对天全县大熊猫栖息地调查结果，对中度受损的林地和受损的宜林地且具备造林条件的林地进行生境恢复。

根据大熊猫栖息地灾后受损状况、恢复目的和适地适树(竹)生物学特性，确定生境修复造林树(竹)种和初植密度。树种为箭竹、桦木(*Betula platyphylla*)、大叶杨、杉木、枫杨，生境恢复设计如表 5-6。

表 5-6　生境恢复树(竹)种设计表　单位：株(kg)/hm²

立地类型号	恢复类型号	人工植苗				混交方式	整地方式
		主造树种		混交植物			
		树种名称	初植密度	树种名称	初植密度		
1	1	箭竹	350	桦木	100	带状	穴状
2	2	箭竹	350	大叶杨	100	带状	穴状
3	3	箭竹	350	杉木	100	带状	穴状
3	3	箭竹	350	枫杨	100	带状	穴状

规划恢复二郎山森林经营所、二郎山企业集团总公司、白沙河林业集团公司中度受损林地 191.67hm²。天全县生境恢复建设内容及规模统计见表 5-7。

表 5-7　天全县中度震损林地生境恢复建设内容及规模统计表　单位：亩

权属单位	恢复面积				
	合计	恢复类型 1	恢复类型 2	恢复类型 3	恢复类型 4
合计	191.67	60.56	12.10	72.34	46.67
二郎山企业集团总公司	48.80	36.70	12.10		
二郎山森林经营所	96.20	23.86		72.34	
白沙河林业集团总公司	46.67				46.67

3. 生境保育措施

根据对天全县大熊猫栖息地调查，封山育林对象主要为林下大熊猫主食竹分布较多的一般受损大熊猫栖息地。

根据天全县大熊猫栖息地的气候特点、树种和植被类型，在现地调查的基础上，确定封山育林后植被恢复为乔灌型。

考虑到天全县大熊猫栖息地的特殊性，有些地块虽然植被覆盖度比较高，但地震导致林下残存大小石块、树枝、倒木等杂物，会影响大熊猫的日常活动与迁移，故管护为清理林下杂物措施，以改善大熊猫栖息地环境。

规划恢复二郎山森林经营所、二郎山企业集团总公司、白沙河林业集团公司一般受损林地 3134.13hm²。天全县生境恢复建设内容及规模统计见表 5-8。

表 5-8　天全县轻微震损林地生境修复建设内容及规模统计表　　单位：亩

权属单位	合计	保育面积		
		二郎山企业集团总公司	二郎山森林经营所	白沙河林业集团总公司
面积	3134.13	613.27	1263.73	1257.13

育林方式：管护。根据封禁范围大小和人、畜危害程度，考虑到保护区的特殊性，设置管护机构和专职或兼职护林员，每 80hm² 封禁区内设置一名巡护人员，在管护困难的封育区可在山口、沟口及交通要塞设哨卡，加强封育区管护。

本着“三分造七分管”的原则，落实植被恢复地块保护管理措施，设计以人工巡护为主，对封禁区进行日常巡山护林，确保区内植被不受损害，并及时监测报告火情和林业有害生物。

5.4.6　效果调查与评价

1. 样地布设与调查方法

图 5-3　固定样方位置图

根据建设方案，在选中样地布设固定样方。为保证大熊猫栖息地修复效果，在天全县大熊猫栖息地修复区域内设计固定样地 20 个，其中：(经营所)生境修复区 2 个，(白沙河)生境修复区 2 个，生境保育区 16 个。样地大小为 20m×20m。具体位置见图 5-3：

大熊猫可食竹样方调查表填表说明：

(1)植物样方编号：填写可食竹样方所在植物样方的编号；

(2)竹子样方编号：填写该竹子样方的编号，编号方式为“植物样方编号－B 序号”。如“03－B2”表示第 3 个植物样方内的第 2 个可食竹样方的编号；

(3)竹种：填写该可食竹样方内竹种的名称；

(4)面积：填写可食竹样方的面积；

(5)竿数：填写可食竹样方内所有露出地面的竹茎的数量，分笋、一年生竿、一年以上生竿、死亡竹、开花竹五种类型填写。分类标准如下：

笋：完全被箨(笋壳)覆盖；

一年生竿：笋长大后，尚存留有较多的箨(笋壳)的竹竿；

一年以上生竿：指生长时间超过一年的竹竿；

死亡竹：指已经死亡的竹竿；

开花竹：指有花序或种子存在，但尚未干枯的竹竿；

(6)死亡原因：填写竹子样方内已死亡可食竹的死亡原因，从开花死亡、人为干扰、其他中选择其一，以打“√”表示；

(7)成竹基径：填写样方内 10 株一年生以上竿基径的实测值。测量方法为，用游标卡尺测量竹竿露出地面的第二个节的基部直径；

(8)成竹株高：填写样方内 10 株一年生以上竿平均高度实测值；

(9)实生苗：填写样方内竹子实生苗(竹子开花后，由种子萌发形成的竹苗)的总数、平均高度和最大年龄：

平均高度：填写样方内实生苗平均高度的估计值；

最大年龄：填写样方内实生苗的最多节数；

(10)大熊猫取食情况：填写大熊猫取食可食竹的情况。从取食竹茎、取食竹叶和取食竹笋中单选或者多选，打“√”表示；

(11)病害：填写样方内竹株的病害情况。如 50%以上的竹株感染病害，则在“有”栏打“√”；如竹株感染病害比率低于 50%，则在“无”栏打“√”；

(12)虫害：填写样方内竹株的虫害情况。如 50%以上的竹株感染虫害，则在“有”栏打“√”；如竹株感染虫害比率低于 50%，则在“无”栏打“√”；

(13)其他动物取食：填写样方内除大熊猫外其他动物取食可食竹的情况，在“有”“无”栏打“√”表示，并填写取食动物的中文名(表 5-9)和(表 5-10)。

表 5-9　大熊猫主食竹样方调查表

主食竹占 20m×20m **样方的总盖度**：%

植物样方编号　—V______—					
竹子样方号　—V______—　—B___			竹　种：		面积/m^2：m×m
竿　数	笋	一年生竿	一年以上生竿	死亡竹	开花竹

续表

死亡原因	开花死亡□			人为干扰□			其他□			
成竹基径/mm										
成竹株高/cm										
实生苗	苗数		平均高度/cm			最大年龄/年				
大熊猫取食情况	取食竹茎□		取食竹叶□			取食竹笋□				
病害：有□　无□	虫害：有□ 无□			其他动物取食：有□　无□　动物名称						
竹子样方号　—V______—　—B___				竹　种：				面积/m²：m×m		
竿　数	笋		一年生竿	一年以上生竿		死亡竹		开花竹		
死亡原因	开花死亡□			人为干扰□			其他□			
成竹基径/mm										
成竹株高/cm										
实生苗	苗数		平均高度/cm			最大年龄/年				
大熊猫取食情况	取食竹茎□		取食竹叶□			取食竹笋□				
病害：有□　无□	虫害：有□ 无□			其他动物取食：有□　无□　动物名称						
竹子样方号　—V______—　—B___				竹　种：				面积/m²：m×m		
竿　数	笋		一年生竿	一年以上生竿		死亡竹		开花竹		
死亡原因	开花死亡□			人为干扰□			其他□			
成竹基径/mm										
成竹株高/cm										
实生苗	苗数		平均高度/cm			最大年龄/年				
大熊猫取食情况	取食竹茎□		取食竹叶□			取食竹笋□				
病害：有□　无□	虫害：有□ 无□			其他动物取食：有□　无□　动物名称						

表 5-10　竹属植物生物量调查记录表

样方编号________　填表人________　填表日期________　天气________

经纬度________　海拔________　大/小地名________

编号	株高/cm	基径/cm	竹龄/a	备注	编号	株高/cm	基径/cm	竹龄/a	备注
1					31				
2					32				
3					33				
4					34				
5					35				
6					36				
7					37				
8					38				

续表

9					39				
10					40				
11					41				
12					42				
13					43				
14					44				
15					45				
16					46				
17					47				
18					48				
19					49				
20					50				
21					51				
22					52				
23					53				
24					54				
25					55				
26					56				
27					57				
28					58				
29					59				
30					60				

计算：平均株高__________cm；平均基径__________cm

基径和株高测量方法：在各样地内，逐一地测定基径、株高并记录，每测一株需进行编号，避免漏测。基径 D 的测定是采用游标卡尺为工具，以 mm 为计量单位；株高 H 的测定是采用测杆或者测绳为工具，在测高时一定要以测量者能看到植株顶端为条件，尽量减少误差，以 cm 为计量单位。

标准竹的选取：在所设样方中根据竹子年龄把竹子分为 3 级，每个阶级选取 2 株最接近该级平均基径和平均株高的植株作为标准竹，每个样方中标准竹的选取数量为 6 株，将其按杆、枝、叶分别测定每一株的鲜重，并分类放入样品袋中，做好标准竹取样标签。

标准竹取样标签

标准竹编号：(__________)	海拔 H：__________
经度 E：__________°	纬度 N：__________°
鲜重 G：__________	备注：__________

内业分析状况分析：

(1)可食竹密度：根据样方内每种竹子竹竿的数量，求出一定范围内该种竹子单位面积内的竹竿数量，反映竹子的生长状况；

(2)可食竹自然更新状况：用笋、一年生竿和一年以上生竿、开花竹和死亡竹的竿数比例反映；

(3)可食竹开花和恢复状况：用样方内开花竹和枯死竹与未开花竹的竿数之比反映竹子开花情况，用样方内竹子实生苗的数量和生长时间反映开花后竹林的恢复状况；

(4)可食竹病害虫害状况：用样方内感染病虫害竹子的种类和频度数据反映；

(5)可食竹利用程度：用调查中记录的竹子被取食的频度反映。

2. 工作要求

样方调查前，调查人员应首先熟悉调查小区及周边区域的地形、植被等情况，确定调查样方的设定位置。

调查出发时间原则上不得晚于8：30，并尽可能根据气候条件提前。

调查人员在野外获取的数据应保证真实性、完整性。

调查过程中，调查人员应填写竹属植物生物量调查记录表，并把记录点标注在地形图上。

3. 监测评价结果

监测结果表明，恢复效果良好，达到了设计目标(略)。

5.5 反思

本项目总体设计较为合理，恢复效果好，但受经费等条件影响，存在后期监测项目偏少的问题，尚有改进空间。

第6章　四川小寨子沟大熊猫栖息地修复案例

6.1　内容提要

本案例针对大熊猫栖息地质量评价、栖息地修复树草种选择、大熊猫等保护动物栖息地恢复模式等方面开展系统研究，构建大熊猫栖息地修复技术体系，并以立地类型为基础，提出了8种地震灾后大熊猫栖息地植被恢复模式，建立了示范基地，显著提高了区域栖息地植被恢复效果。

6.2　引言

四川小寨子沟国家级自然保护区所处地理位置极为重要，不仅物种丰富，且物种的珍稀、特有、孑遗性明显，生态系统类型多样，是我国和全球生物多样性富集的区域，属全球生物多样性核心地区之一，被列为“A”级优先保护区，具有我国和全球生物多样性保护的重要价值。保护区山高坡陡、河谷狭窄、山峦叠翠、地形复杂、生境多样，再加上地震灾后易形成滑坡、泥石流等自然灾害，植被恢复困难。特大地震灾后的植被恢复作为一个世界难题，国内外皆没有现成的经验可以借鉴。随着生态建设的持续推进，全省生态状况明显好转，同时积累了一些应对生态退化的经验，但是面对汶川地震这样急剧的、大规模的生态破坏，生态修复工作仍然缺乏强有力的科技支撑体系，亟需从栖息地质量评价、栖息地修复树草种选择、恢复模式(配置模式)、大熊猫主食竹的恢复技术、大熊猫等保护动物栖息地恢复模式等方面开展系统研究，全面构建大熊猫栖息地修复技术体系，为区域栖息地修复提供技术支持。

6.3　相关背景介绍

6.3.1　保护区概况

四川小寨子沟自然保护区于1979年成立，2013年被批准为国家级自然保护区，位于四川省北川县西北，地理坐标为东经103°45′～104°26′，北纬31°50′～32°16′，总面积44384.7hm^2，以珙桐、大熊猫、金丝猴及其栖息地为主要保护对象，属野生动物类型自然保护区。

保护区现有大熊猫栖息地面积40445hm^2，大熊猫58只，是岷山山系面积较大、生态系统类型多样、保存完好的保护区之一，也是国内大熊猫数量多、栖息地较大的保护区之一。保护区不仅是大熊猫的重要栖息地，还是岷山山系具有代表性的森林生态系统，而且是涪江支流湔江源头的主要水源涵养地和天然生态屏障。保护区与茂县宝顶沟、松潘白羊相接，白羊接平武雪宝顶保护区。这 4 个保护区内的大熊猫种群组成岷山山系的主要种群(205 只)，占岷山山系大熊猫总数的 28.95%，为全国连片最大种群，结构稳定，种群呈扩大趋势，保护价值极高。因此小寨子沟保护区的建设无论是在保护大熊猫及其栖息地上，还是在改善区域生态系统质量上均具有重大的现实和历史意义。

岷山山系的大部分地区由于人类社会经济活动影响历史久远、人口密度大等原因，原有森林生态系统类型受到较大破坏，只在小寨子沟等为数不多的深山峻岭之中，尚有极其珍贵的原生林和次生林存在。保护区包括岷山山系主要的天然林和人工林类型，该森林生态系统不仅构成了小寨子沟自然生态系统的主体，同时也为物种多样性和遗传多样性的存在提供了最佳依托。保护区的保护和发展，对于维护区域生态系统稳定、提供地区经济社会持续发展动力至关重要。

小寨子沟保护区以保护大熊猫为主的野生动植物及其赖以生存的森林生态系统为宗旨，是集生态保护、科研、宣传、教育、培训、生态旅游和可持续利用为一体的自然保护区，其主要保护对象包括：

1. 大熊猫、金丝猴等珍稀野生动物及其栖息地

保护区有大熊猫栖息地 40445hm^2，大熊猫 58 只，还分布有金丝猴、扭角羚、林麝、马麝等珍稀野生动物。由于栖息地分布集中，植被生长更新良好，为多种野生动物提供了良好的生存繁衍条件，保护意义重大。

2. 森林生态系统

保护区几乎包括了岷山山系的所有天然林类型，植被垂直分布带谱是岷山山系的典型代表。完整而典型的植被类型构成了小寨子沟自然生态系统主体，为物种多样性和遗传多样性提供了广阔的存在空间，特别是为大熊猫等珍稀动物提供了生存栖息环境，良好的森林生态系统状态决定了保护区独特的保护地位和价值。

3. 丰富的生物种类

根据第一次科考报告调查结果，区内有低等植物大型真菌 39 科 77 属 124 种，高等植物有苔藓植物 47 科 92 属 153 种，蕨类植物 28 科 58 属 147 种，裸子植物 7 科 14 属 26 种，被子植物 130 科 607 属 1532 种，脊椎动物 5 纲 27 目 96 科 465 种。

4. 重要水源地

保护区充沛的降水和强大的涵养水源、保持水土效能，为当地及其周围提供了生态屏障和丰富的洁净水源，保证了本地区人民生产生活质量。

6.3.2　地震灾后保护区大熊猫栖息地和植被受损情况

1. 大熊猫栖息地受损情况

森林及植被严重受损面积为 1400hm^2，其植被类型主要以阔叶林为主，其次是针叶林和灌草丛，同时大熊猫栖息地损失 400hm^2，分布有缺苞箭竹和青川箭竹；与保护区接壤的尚午、茶湾、安绵、正河、白水、黑水、花桥、明头村集体林受损的野生动植物栖息地 500hm^2，其中大熊猫栖息地 200hm^2；此外地震还造成保护区植被轻度受损 9000hm^2。

2. 大熊猫走廊带受损情况

凌冰沟由于社区长期对森林的过度利用和前期森工采伐，加之“5·12”大地震导致的垮塌、滑坡，致使大熊猫栖息地质量下降、面积收缩，造成了白水沟和黑水沟之间的大熊猫种群交流的屏障。

3. 大熊猫栖息地土壤受损情况

“5·12”四川汶川大地震使受灾区山体大面积垮塌，森林植被毁损严重，诱发的水土流失十分严重，造成了大量落石、崩塌、滑坡、泥石流、堰塞湖新生水土流失等灾害，使生态环境更加脆弱，并严重地威胁着震区群众的生命财产安全。地震对土壤的扰动宏观上形成滑坡、泥石流、崩塌和坡面侵蚀等危害，微观上造成土壤团粒结构破坏，保水、保肥能力下降等。

6.3.3 地震灾后保护区大熊猫栖息地修复存在的主要问题

“5·12”汶川特大地震对保护区内的生态系统带来了严重的破坏，大量表植被遭到破坏，大熊猫野外栖息地受到严重影响，崩塌、滑坡、泥石流等次生灾害还将在震后较长一段时间内存在，这些将对以大熊猫为代表的珍稀野生动物带来严重影响。总的来说，地震灾后保护区生物多样性保护及大熊猫栖息地修复主要存在以下问题：

1. 保护区生物多样性本底资源不清

保护区所处地理位置极为重要，不仅物种丰富，且物种的珍稀、特有、孑遗性明显，生态系统类型多样，是我国和全球生物多样性富集的区域，属全球生物多样性核心地区之一，被列为“A”级优先保护区，具有我国和全球生物多样性保护的重要价值。2001年，西华师范大学对小寨子沟保护区开展了第一次科学考察工作，第一次科考限于当时保护区恶劣的交通条件和资源调查技术的影响，尽管对保护区的生物多样性本底资源有了初步了解，但对保护区的资源状况尚不十分清晰。近年来随着计算机技术的迅速更新，尤其是地理信息系统的广泛应用，对保护区本底资源调查有了新的要求和内涵，这就要求对保护区再次开展运用最新技术和最新装备的系统本底资源调查，提供精确的、多种形式的调查成果。此外，“5·12”汶川特大地震对保护区内的生态系统带来了严重的破坏，为了准确掌握“5·12”汶川特大地震后小寨子沟国家级自然保护区的生物多样性资源现状，明确保护区保护目标，为实施保护计划、制定保护措施及开展科学研究、生态旅游、外事合作等提供基础资料和发展方向，亟需再次开展保护区的生物多样性本底资源调查。

2. 保护区以大熊猫以外的珍稀濒危动植物为对象研究开展较为零星

小寨子沟国家级自然保护区以保护大熊猫为主的野生动植物及其赖以生存的森林生态系统为宗旨，前期以卧龙为代表的保护区组织相关科研机构针对大熊猫开展了大量研究，保护区内还分布有金丝猴、珙桐、红豆杉等珍稀濒危野生动植物，目前针对除大熊猫以外的珍稀濒危动植物研究开展较为零星，加之地震对这些珍稀濒危动植物的种群分布及栖息地造成了巨大影响，亟需开展除大熊猫以外的珍稀濒危动植物研究，系统掌握保护区内主要珍稀濒危动植物的资源分布状况、种群特点和濒危机制等，为保护区的生物多样性保护提供理论支撑。

3. 地震灾后大熊猫栖息地修复困难且国内外无成熟经验可供借鉴

保护区是四川盆地向青藏高原过渡的高山峡谷地带，地处横断山脉东缘的龙门山系中段，地势由西北向东南倾斜，以高、中山为主，山高坡陡、河谷狭窄、山峦叠翠、地形复杂、生境多样，再加上地震灾后易形成滑坡、泥石流等自然灾害，植被恢复困难。特大地震灾后的植被恢复作为一个世界性难题，国内外皆没有现成的经验可以借鉴，尽管我省是自然灾害多发区，随着生态建设的持续推进，全省生态状况明显好转，同时积累了一些应对生态退化的经验，但是面对汶川地震这样急剧的、大规模的生态破坏，生态修复工作仍然缺乏强有力的科技支撑体系，亟需从栖息地质量评价、栖息地修复树草种选择、恢复模式(配置模式)、大熊猫主食竹的恢复技术、大熊猫等保护动物栖息地恢复模式等方面开展系统研究，全面构建大熊猫栖息地修复技术体系，为区域栖息地修复提供技术支持。

6.3.4　项目由来

“5·12”汶川地震致使北川林业基础设施严重损毁，损失林地 43700hm^2，森林覆盖率由 56.3%下降到 41.1%，下降了 15.2 个百分点，森林生态系统与生物多样性遭受破坏，直接经济损失达 20 余亿元。按照绵府办函〔2010〕328 号文件和实际实施情况，北川林业重建项目包括“政权建设”和“生态修复”2 个大类，33 个小项，总投资 42016 万元，其中中央基金 33261 万元，主要包括森林植被恢复、大熊猫等保护及栖息地恢复、保护区基础设施恢复、森林防火及病虫害防治基础设施恢复、林区道路修复、林木种苗工程、森林及基层管理体系恢复等内容。四川省林科院与绵阳师范学院等专业人员开展该项研究工作。

6.4 主要内容

6.4.1 技术路线

案例技术路线见图 6-1。

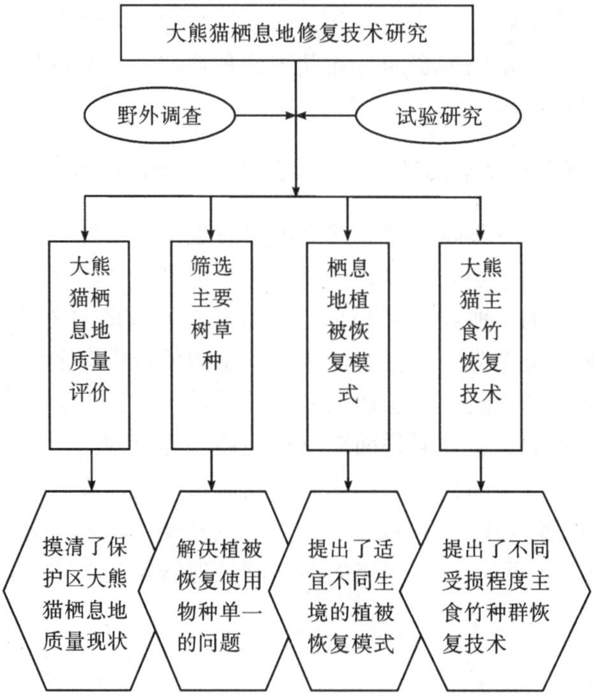

图 6-1 大熊猫栖息地修复技术路线图

6.4.2 大熊猫栖息地质量评价

1. 质量评价方法

1)调查方法

在大熊猫栖息地，每 1000hm^2 或 2000hm^{2}最少布设一条样线。调查时沿样线由低向高行进，直至植被分布的上限。在样线上布设若干个 20m×20m 的样方，进行植物群落样方调查。

采用普查的方法对栖息地进行调查，调查主要围绕非生物因子(大熊猫栖息地面积、通道情况、地形、海拔、坡向、坡度和水系密度)和生物因子主食竹自身因子(主食竹种类、数量、密度、高度、盖度及分布)。

通过资料查询和访问，掌握大熊猫的大致分布区。调查中以其粪便为调查对象，并引入负指数函数 $g(x)=\lambda e-\lambda x$ 对粪堆数进行截割，分别计算各距离内的分布概率 S_i；并求出截割后的频数值 f_i，最后，利用其日排便量作为换算系数，即可估计出调查种类的实体密度，乘以栖息地面积就可以得出调查地区种群资源量。

2)建立评价指标体系

大熊猫生境质量评价指标体系从自然环境(包括非生物环境、生物环境)和社会坏境两个方面提出反映大熊猫生境空间状态和时间状态的大熊猫生境质量评价指标体系，见表6-1。

目前提出的大熊猫生境质量评价指标体系是通过分析大熊猫对各种类别的生境的利用频度而提出的。即通过利用频度，确定哪些类别是适宜大熊猫的，哪些是不适宜的，以及适宜的程度如何，进而将大熊猫的生境按照不同的适宜度进行划分。以生境的适宜性(不适宜、次适宜、适宜、最适宜)做为大熊猫生境质量的划分等级。

表6-1　大熊猫生境质量评价指标体系

类型	控制影响因子	影响因子
自然环境	非生物环境因子	面积适宜性与发展趋势；通道面积、质量和发展趋势；坡位；海拔；坡向；坡度；水系密度；距水源距离
	生物环境因子	各生态系统类型景观的连贯性、各生态系统类型景观破碎程度和速度、生境的稳定性和发展趋势；森林的破碎化和连接度；森林类型；森林结构和织成；森林起源；森林分布：乔木层平均高度和林分郁闭度；灌木层组成、平均高度和盖度；主食竹类型和数量、密度、高度、盖度和分布；主食竹基径、幼竹比例；主食竹生长状况；苔鲜层厚度
社会环境	社会经济状况因子	生境等级和规模；空间连接度、分布形状、通达性、分布的距离、空间分布的相对区位及趋势
	干扰因子	人为干扰种类、强度和密度及趋势，如人口数量、人均耕地面积、人类居住最高海拔、公路通车里程、人类活动距离生境的距离

对应指标量化及权重采用专家打分与实际调查数据计算生成相结合的方法。

2. 质量评价结果

评价结果(图6-2)显示，保护区总面积44384.7hm^2，在人类活动的影响下，小寨子沟自然保护区适宜大熊猫生存的面积有38674.3hm^2。其中最适宜生境面积3322.4hm^2，占保护区面积的7.49%；较适宜生境面积27143.2hm^2，占保护区面积的61.15%；适宜生境面积8208.7hm^2，占保护区面积的18.49%；不适宜生境面积5710.4hm^2，占保护区面积的12.87%。

6.4.3　树草种选择

北川是“5·12”地震的极重灾区，地震对北川保护区大熊猫栖息地生态系统造成了严重破坏，地震及山体滑坡、泥石流等次生灾害，致使栖息地植被遭到严重破环，大熊猫栖息地植被恢复工作迫在眉睫，但由于大熊猫特殊的栖息地生境，植被恢复树草种单一，植被恢复不成体系，针对这一问题，研究小组共组织10次，合计198人次到四川小寨子沟自然保护区和四川片口自然保护区进行实地调查，初步总结筛选出4大类18种主要树草种。

1. 确定树草种选择原则

大熊猫栖息地植被恢复与重建的实质是受损森林生态系统的恢复，因此必须掌握栖息地的立地条件和恢复植物的生物生态学特性，才能合理选择树草种，达到恢复大熊猫

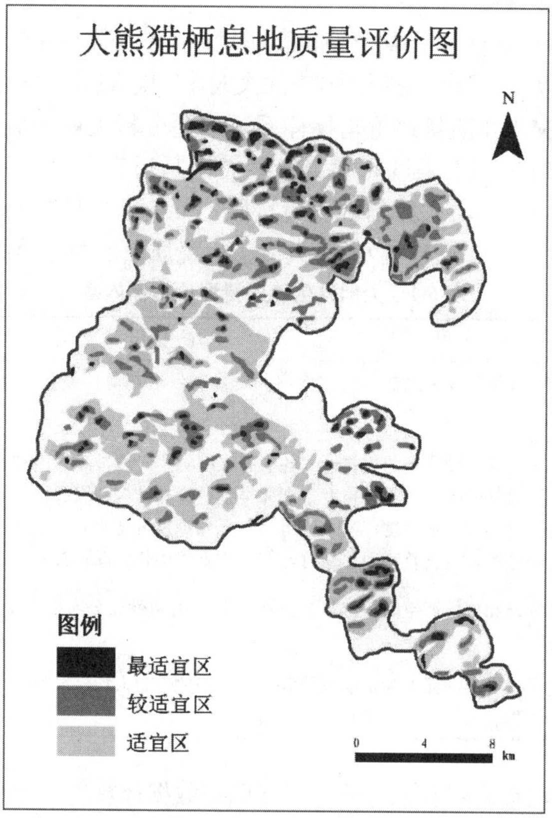

图 6-2　大熊猫栖息地质量评价图

栖息地植被的目的。因此北川大熊猫栖息地恢复需坚持以下原则：

1)自然修复为主，人工修复为辅

地震森林资源保护与植被恢复相结合，在栖息地植被恢复中以不破坏现有生态环境为前提，并最大限度地恢复因地震造成的森林植被。

2)保护区大熊猫栖息地的特殊性

北川大熊猫自然保护区是依法设立的保护大熊猫等珍稀动物及其栖息地的特殊区域。因此在林种的选择设计上，应定为特种用途林，不能是经济林和商品林，且栖息地的恢复结果，应接近大熊猫栖息地原生态的植被类型，能使大熊猫等珍稀动物适应和食用。

3)因地制宜，适地适树

根据受灾面积、受灾海拔、受灾程度等不同因素，因地制宜制定灾后森林生态恢复的方案和主要技术措施。坚持造林立地条件与树种的生物学和生态学特性的一致性，在充分考虑植被恢复所选用树(竹、灌木、草)种的生物学特性、生态学特性、适生的海拔范围等因素的前提下合理确定树草种名录。

4)不引进外来物种

外来物种侵入适宜生长的新地区后，其种群会迅速繁殖，并逐渐成为当地新的“优势种”，严重破坏当地的生态安全。乡土树种对当地土壤和气候的适应性强、易成活、苗源多、价廉。因此，保护区植被恢复树草种选择应以乡土树种为主，即应该在北川范围内的原有植物种中进行选择。

5)统筹规划，科学重建

充分认识生态修复与重建的长期性与艰巨性。既要立足当前，采取自然恢复和人工促进恢复相结合的方式，尽快修复受损栖息地，又要着眼可持续发展，积极分析自然保护区大熊猫栖息地生物多样性的动态变化。

6)可操作性

北川大熊猫保护区地处北川偏远山区乡镇，地形地貌复杂，山高坡陡谷深，通往保护区各实施小班的交通非常困难，部分区域往往要走路3～4天才能到达。应从实际出发综合分析受损森林特点，结合现有的科技发展水平和小班情况，科学合理地进行植被恢复树草种选择和恢复模型建立，尤其是应当注意工程的可操作性。

2. 栖息地恢复树草种选择方法

由于栖息地恢复重建面积大、时间紧、任务重，在恢复树草种植物选择方面刻不容缓，因此选择方法主要是根据各受损栖息地的具体位置、地形、海拔、土壤、震灾损毁程度、原有植被以及恢复季节、气候等因子，结合已有学术成果和行业规范指导文件，充分考虑植物生物学、生态学特性、主要保护物种习性、种苗来源、栽培技术和本县社会经济状况等因素进行选择。

3. 栖息地恢复树草种选择建议

北川县保护区大熊猫栖息地立地条件属于岷山山系立地区一盆地西缘山地立地亚区一高山带立地类型组、中山带中上段立地类型组、中山带中段立地类型组、中山带中下段立地类型组。坚持上述树草种选择原则和选择方法，初步筛选4大类18种植物作为北川保护区大熊猫栖息地植被恢复的主要树草种。具体如下：

(1)乔木类：岷江冷杉(*Abies fargesii*)、红桦(*Betula albo-sinensis*)、白桦(*Betula platyphylla*)、青冈栎(*Cyclobalanopsis glauca*)、川滇高山栎(*Quercus aquifolioides*)、枹栎(*Quercus serrata*)、大叶杨(*Populus lasiocarpa*)、野核桃(*Juglans cathayensis*)、紫玉兰(*Magnolia liliflora*)。

(2)灌木类：岷江杜鹃(*Rhododendron hunnewellianum*)、黄花杜鹃(*Rhododendron lutescens*)。

(3)草本类：蹄盖蕨(*Athyrium filixfemina*)、早熟禾(*Poa annua*)。

(4)大熊猫主食竹：团竹(*Fargesia obliqua*)、青川箭竹(*F. rufa*)、华西箭竹(*Fargesia nitida*)、缺苞箭竹(*Fargesia denudata*)、白夹竹(*Phyllostachys bissetii*)。

大熊猫栖息地恢复植物的选择，必须以特种用途林和原有植被群落植物为主。初步筛选4大类18种植物作为北川保护区大熊猫栖息地植被恢复的主要树草种。其中乔木类9种，灌木类2种，草本类2种，大熊猫主食竹5种。

6.4.4 植被恢复模式

保护区大熊猫栖息地植被恢复是一项综合性的系统工程，既涉及到生态、经济、社会等诸多方面，也涉及物种筛选、植物群落结构配置、土壤修复等多个技术环节，是一项极其复杂的生态恢复工程。大熊猫栖息地恢复的核心是恢复大熊猫适宜生境和恢复保护区的生态功能。

通过采用野外调查的方法对小寨子沟国家级自然保护区立地类型进行划分，在此基础上，结合上述对大熊猫栖息地植被恢复主要树草种选择、植被恢复配置模式的研究结果，提出适合保护区大熊猫栖息地植被恢复的恢复模式，从而进一步恢复大熊猫栖息地，为大熊猫繁衍提供优良的生境。科学保护和管理大熊猫及其栖息地有着重大的应用价值，而且对深入研究大熊猫等保护动物的种群、群落生态特征也有重要的理论意义。

1. 植被恢复立地类型划分

依据《四川省森林立地类型表》，保护区所在地为盆周西部山地森林立地亚区，根据样地地震损毁程度及地貌、部位、坡向、土壤、坡度、原生植被等因子来划分林地立地类型，主要划分了以下几种立地类型，为植被恢复模式研究提供基础。

1)山地黄壤立地类型组

(1)缓斜陡坡中厚层立地类型。缓斜陡坡中厚层立地类型主要在中山带下段、海拔1000～1800m的区域，其土壤主要为山地黄壤，平均土层厚度在30cm以上。

(2)陡坡中厚层土立地类型。陡坡中厚层土立地类型主要在中山带下段、海拔1000～1800m的区域，其土壤主要为山地黄壤，平均土层厚度在30cm以上。

2)山地黄棕壤立地类型组

(1)缓斜坡中厚层土立地类型。缓斜陡坡中厚层立地类型主要在中山带中段、海拔1800～2400m的区域，其土壤主要为山地黄棕壤，平均土层厚度在30cm以上。

(2)陡坡中厚层土立地类型。陡坡中厚层土立地类型主要在中山带中段、海拔1800～2400m的区域，其土壤主要为山地黄棕壤，平均土层厚度在30cm以上。

(3)陡坡薄层土立地类型。陡坡薄层土立地类型主要在中山带中段、海拔1800～2400m的区域，其土壤主要为山地黄棕壤，平均土层厚度在30cm以下。

3)山地暗黄棕壤立地类型组

(1)缓斜坡中厚层土立地类型。缓斜陡坡中厚层立地类型主要在中山带上段、海拔2400～3500m的区域，其土壤主要为山地暗黄棕壤，平均土层厚度在30cm以上。

(2)陡坡中厚层土立地类型。陡坡中厚层土立地类型主要在中山带上段、海拔2400～3500m的区域，其土壤主要为山地暗黄棕壤，平均土层厚度在30cm以上。

(3)陡坡薄层土立地类型。陡坡薄层土立地类型主要在中山带上段、海拔2400～3500m的区域，其土壤主要为山地暗黄棕壤，平均土层厚度在30cm以下。

表6-2 林地立地类型及植被特征表

立地类型小区	立地类型组	立地类型	立地类型编号	主要群落类型
中山带下段立地类型小区(海拔1000～1800m)	山地黄壤立地类型组	缓斜陡坡中厚层立地类型	1	桤木林、野核桃林、杉木林、凹叶厚朴林、日本落叶松等人工林
		陡坡中厚层土立地类型	2	细叶青冈林、曼青冈林大翅色木槭混交林

续表

立地类型小区	立地类型组	立地类型	立地类型编号	主要群落类型
中山带中段立地类型小区（海拔 1800～2400m）	山地黄棕壤立地类型组	缓斜坡中厚层土立地类型	3	巴东栎常绿落叶阔叶混交林、红桦混交林、大叶杨林、华西枫杨混交林、领春木林等
		陡坡中厚层土立地类型	4	巴东栎常绿落叶阔叶混交林、领春木林、木姜子混交林等
		陡坡薄厚层土立地类型	5	木姜子混交林、杂灌木等
中山带上段立地类型小区（海拔 2400～3500m）	山地暗黄棕壤立地类型组	缓斜坡中厚层土立地类型	6	团竹林、云杉林、冷杉林等
		陡坡中厚层土立地类型	7	团竹林、云杉林、冷杉林等
		陡坡薄厚层土立地类型	8	峨眉蔷薇、西南花楸等灌丛

综上，将小寨子沟保护区林地立地类型划分成了 3 种立地类型组，8 种立地类型。每种立地类型分布的主要群落类型如表 6-2 所示，中山带下段立地类型小区缓斜陡坡中厚层立地类型(立地类型 1)以桤木林、野核桃林、杉木林等人工林为主；立地类型 2 以曼青冈、大翅色木槭等混交林为主；立地类型 3 以巴东栎、红桦、大叶杨常绿落叶阔叶等混交林为主；立地类型 4 以巴东栎、领春木、木姜子常绿落叶阔叶等混交林为主；立地类型 5 以杂灌为主；立地类型 6 和 7 以团竹灌丛、冷杉林、云杉林等为主；立地类型 8 以峨眉蔷薇、西南花楸等灌丛为主。

2. 大熊猫栖息地植被恢复模式

地震灾后产生的崩塌、滑坡、泥石流等导致保护区大熊猫栖息地植被和大熊主食竹遭到严重破坏，大熊猫的生存遭到严重威胁，因此大熊猫栖息地植被恢复工作的开展迫在眉睫。

根据立地类型的划分结果和每种立地类型、群落类型，结合上述对小寨子沟保护区大熊猫栖息地植被恢复主要树草种选择研究结果和大熊猫栖息地植被恢复植物配置模式研究结果，提出适用于保护区大熊猫栖息地植被恢复的 3 大类植被恢复类型，8 种恢复模式，为地震灾后大熊猫栖息地植被的快速恢复提供了技术支持。

1)中山带下段(海拔 1000～1800m)植被恢复类型

模式 1：速生树种混交植苗模式

适用立地类型：主要用于保护区低海拔段山坡下部地势平缓地段，即立地类型 1。

模式特征：该立地类型处于保护区的缓冲区，大部分靠近保护区的边界区域，与周边乡村相接，受外界人为活动等因素干扰大。此区段植被恢复时，主要以快速恢复地表植被为主。主要种植速生植物，通过营造速生混交林，达到快速恢复保护区缓冲区外围的植被的目的。

技术要点：

(1)树种选择：根据立地条件、该海拔段在保护区的重要性和该海拔段主要的植被类型，主要选择了生长速度较快的杉木、野核桃、凹叶厚朴等植物。

(2)苗木栽植：根据当地的气候特点、项目要求及造林地块的小生境，造林时间选择在春秋两季(2～4月，9～11月)进行，一般采用裸根苗造林；栽植方式采用单植方式，株行距为1.5m×1.5m～2.0m×2.0m，栽植密度为4000株/hm^2；种植穴规格为50cm×50cm×40cm；栽植前对种苗进行泥浆浸根、修枝、断梢等苗木处理；栽植根据树种生物学特性适当深栽、培土雍蔸、栽紧压实；栽植完成后清除剩余物、轻耙松土、平整地表。

(3)配置模式：通过营造速生的杉木和凹叶厚朴混交林(搭配比例一般为6∶4)、杉木和野核桃树种保持水土(搭配比例一般为9∶1)，达到快速恢复保护区缓冲区外围植被的目的。

(4)管护：落实植被恢复地块保护管理措施，设计以人工巡护为主，由保护区管理处的巡护人员或聘用当地有责任心的村民，对新造林地进行日常巡山护林，确保新造林苗木不受损害，并及时监测报告火情和病虫害。造林后立即封山护林，连续补植3年，每年雨季来临时，松土、除草、施肥(化肥、农家肥均可)。

模式2：常绿与落叶树种混交植苗模式

适用立地类型：根据立地类型划分结果和植被的分布特征，该模式主要适用于保护区低海拔段山坡下部地势较陡的常绿落叶阔叶混交林地段，即立地类型2。

模式特征：该立地类型虽处于保护区的缓冲区，但由于地势较陡，人为干扰较小，以恢复原生植被群落类型为目的。

技术要点：

(1)树种选择：根据栖息地的立地条件和植被特征，主要选取了大翅色木槭、大叶杨、糙皮桦等乡土落叶树种和曼青冈、细叶青冈等乡土常绿树种。

(2)苗木栽植：根据当地的气候特点、项目要求及造林地块的小生境，造林时间选择在春秋两季(2～4，9～11月)进行，一般采用裸根苗造林；栽植方式采用单植方式，株行距为2.0m×2.0m～3.0m×3.0m，栽植密度为3500株/hm^2；种植穴规格为50cm×50cm×60cm；栽植前对种苗进行泥浆浸根、修枝、断梢等苗木处理；栽植根据树种生物学特性适当深栽，“三埋两踩一提苗”，苗正根舒，适当深栽、压实；栽植完成后清除剩余物、轻耙松土、平整地表。

(3)配置模式：配置模式主要为曼青冈(细叶青冈)+糙皮桦(大叶杨)，组成比例一般为6∶4。在此立地类型中，曼青冈或细叶青冈是最主要的建群树种，因而乔木层主要选择这两个树种作为常绿树种，其他伴生树种主要为落叶阔叶树种，如糙皮桦、大叶杨、木姜子、野核桃等。

(4)管护：落实植被恢复地块保护管理措施，设计以人工巡护为主，由保护区管理处的巡护人员或聘用当地有威望的、责任心强的村民，对新造林地进行日常巡山护林，确保新造林苗木不受损害，并及时监测报告火情和病虫害。在管护的同时，对栽植成活率低于 80％的斑块在次年进行补植，连续补植 3 年。

2)中山带中段(海拔 1800～2400m)植被恢复类型

模式 3：常绿与落叶树种混交植苗＋植竹模式

适用立地类型：根据立地类型划分结果和植被的分布特征，该模式主要适用于保护区中山带中段缓斜坡中厚层土立地类型，即立地类型 3。

模式特征：该立地类型大都位于保护区实验区和核心区，大部分处于区内靠近中心的区域，受人为活动等外界因素干扰小，在此区域植被恢复时，以营造适宜大熊猫等野生动物栖息地生境为目标，通过栽植乔木树种的同时，还应栽植大熊猫的主食竹，最终达到大熊猫栖息地植被快速恢复的目的。

技术要点：

(1)树种选择：根据栖息地的立地条件和植被特征，主要选取了大叶杨、糙皮桦、红桦、白桦、领春木等乡土落叶树种，曼青冈、巴东栎等乡土常绿树种及青川箭竹、缺苞箭竹等大熊猫主食竹类。

(2)苗木栽植：根据当地的气候特点、项目要求及造林地块的小生境，造林时间选择在春秋两季(2～4 月，9～11 月)进行，常绿和阔叶树种一般采用裸根苗造林；常绿和落叶树种的栽植方式采用单植方式，株行距为 2.0m×2.0m～3.0m×3.0m，栽植密度为 3500 株/hm^2，种植穴规格为 50cm×50cm×60cm；青川箭竹和缺苞箭竹整地方式为穴状，整地规格为 40cm×40cm×30cm，栽植株行距为 4.0m×4.0m，初植密度分别为 625 株/hm^2，栽竹时应挂浆，母竹与地面呈 45°～60°，竹梢方向朝上坡方向，注意保护竹节中的水分，配置方式主要是选择水土保持效果较好、稳定性好、空间利用充分的品字型配置；栽植前对种苗进行泥浆浸根、修枝、断梢等苗木处理；栽植根据树种生物学特性适当深栽，“三埋两踩一提苗”，苗正根舒，适当深栽、压实；栽植完成后清除剩余物、轻耙松土、平整地表。

(3)配置模式：配置模式主要为巴东栎(曼青冈)＋红桦(大叶杨)＋青川箭竹(缺苞箭竹)，组成比例一般为 5∶3∶2。在此立地类型中，曼青冈、巴东栎是最主要的建群树种，因而乔木层主要选择这两个树种作为常绿树种，其他伴生树种主要为落叶阔叶树种，如糙皮桦、大叶杨、红桦等，在灌木层，主要营造大熊猫等野生动物的主食如青川箭竹、缺苞箭竹等。通过常绿树种和阔叶树种的搭配，乔灌结合，不仅达到植被恢复的目的，而且营造了适宜大熊猫等野生动物栖息地生境。

(4)管护：落实植被恢复地块保护管理措施，设计以人工巡护为主，由保护区管理处的巡护人员或聘用当地有威望的，责任心强的村民，对新造林地进行日常巡山护林，确保新造林苗木不受损害，并及时监测报告火情和病虫害。在管护的同时，对栽植成活率低于 80％的植被恢复斑块在次年进行补植，连续补植 3 年。竹灌丛每年进行 2 次行补植砍灌，时间为 4～5 月、8～9 月。

模式 4：多阔叶树种点播模式

适用立地类型：根据立地类型划分结果和植被的分布特征，该模式主要适用于保护区中山带中段陡坡中厚层土立地类型，即立地类型 4。

模式特征：该立地类型大都位于保护区实验区和核心区，大部分处于区内靠近中心的区域，由于地势较陡，立地条件恶劣、地震损毁程度轻，不方便于栽植苗木，此区域植被恢复时，应以营造适宜大熊猫等野生动物栖息地生境为目标，通过点播乡土乔木树种，最终达到大熊猫栖息地原生植被快速恢复的目的。

技术要点：

(1)点播种子及用种量确定：根据适地适种的原则，采用常绿树种和阔叶树种搭配的植被恢复模式。落叶树种选用大叶泡，常绿树种选用巴东栎，备用落叶阔叶树种为桦木、木姜子、领春木等，备用常绿阔叶树种为润楠、青冈栎等。种子用量根据种子的千粒重、种子净度、生活力、常温下的发芽率来确定，巴东栎树种 50～70 kg/hm^2，大叶泡树种 30.0kg/hm^2，播种前将种子进行催芽处理。

(2)点播技术：点播采用穴状整地，点播时间在春秋两季(2～4 月，9～11 月)进行。在点播前，根据树种子特性进行浸种、拌种，种子与肥料、土壤拌匀；在点播后，种子须覆土，覆土厚 0.5～1.0cm，稍加压实。

(3)后期管护：幼林抚育连续 5 年，每年 1 次，在 8～9 月进行间苗、补植、除草。补播对象为局部成效较差的小班，后期管护设置标牌、全部封禁，并进行巡护、护林防火、病虫鼠害防治措施。

3)中山带上段(海拔 2400～3500m)植被恢复类型

模式 5：纯林间伐＋补植阔叶树种＋植竹模式

适用立地类型：根据立地类型划分结果和植被的分布特征，该模式主要适用于保护区中山带上段平缓中厚层土立地类型，即立地类型 5。

模式特征：该立地类型大都位于保护区的核心区，人为干扰极少，生长着大量密度过高的冷杉、高山柳纯林，阻止了大熊猫食用竹的生长，大熊猫活动范围越来越小，为使大熊猫活动范围增大，对影响大熊猫活动区域内植被单一的纯林进行新间伐，种植乡土阔叶树种，灌木层补植大熊猫主食竹类，最终达到大熊猫栖息地植被快速恢复的目的。

技术要点：

(1)树种选择：根据栖息地的立地条件和植被特征，主要选取了糙皮桦、红桦、白桦、巴东栎等乡土树种，及青川箭竹、缺苞箭竹、团竹等大熊猫主食竹类。

(2)苗木栽植：根据造林技术规程，当地的气候特点、项目要求及造林地块的小生境，造林时间选择在春秋两季(2～4 月，9～11 月)进行，乔木树种株行距为 4.0×4.0m，补植密度分别为 625 株/hm^2，配置方式均为品字型配置，整地方式为穴状整地，整地规格为 50cm×50cm×40cm；青川箭竹、缺苞箭和竹团竹整地方式为穴状，整地规格为 40cm×40cm×30cm，栽植株行距为 4.0m×4.0m，青川箭竹、缺苞箭栽植密度分别为 625 株/hm^2，团竹为 1000 株/hm^2，栽竹时应挂浆，母竹与地面呈 45°～60°，竹梢方向朝上坡方向，注意保护竹节中的水份；配置方式主要是选择水土保持效果较好、稳定性好、空间利用充分的品字型配置；栽植前对种苗进行泥浆浸根、修枝、断梢等苗木处理；栽植根据树种生物学特性适当深栽，“三埋两踩一提苗”，苗正根舒，适当深栽、压实；栽植完成后清除剩余物、轻耙松土、平整地表。

(3)管护：落实植被恢复地块保护管理措施，设计以人工巡护为主，由保护区管理处的巡护人员或聘用当地有威望的、责任心强的村民，对新造林地进行日常巡山护林，确保新造林苗木不受损害，并及时监测报告火情和病虫害。在管护的同时，对栽植成活率达不到合格标准的地块，应及时进行再补植，连续补植 3 年。

模式 6：植竹模式

适用立地类型：根据立地类型划分结果和植被的分布特征，该模式主要适用于保护区中山带上段平缓中厚层土立地类型，坡度在 25°以下受损生态系统地段，即立地类型 6。

竹种选择：根据适地适树适种的原则，主要选用了在该区域分布较多的团竹、缺苞箭竹、华西箭竹等大熊猫主食竹类。

密度及配置方式：根据造林技术规程、立地条件、造林目的，株行距为 4.0×4.0m，栽植密度由于竹种丛生和散生方式不同而不同，青川箭竹、缺苞箭竹、华西箭竹、白夹竹为 625 株/hm^2；团竹为 1000 株/hm^2。配置方式主要是选择水土保持效果较好、稳定性好、空间利用充分的品字型配置。

植苗技术要求：

(1)整地。整地方式为穴状，缺苞箭竹、青川箭竹整地规格为 40cm×40cm×30cm。整地时，将表土与底土分开堆放；回填时，先回表土，再回底(心)土。整地时间在种植前的 0～4 个月进行。

(2)造林时间。根据当地的气候特点、项目要求及造林地块的小生境，造林时间选择在春秋两季(2～4 月，9～11 月)进行。

(3)造林技术要求。栽竹时应挂浆，母竹与地面呈 45°～60°，竹梢方向朝上坡方向，注意保护竹节中的水份。

管护措施：本着“三分造七分管”的原则，落实植被恢复地块保护管理措施，设计以人工巡护为主，由保护区管理处的巡护人员或聘用当地有威望的、责任心强的村民，对新造林地进行日常巡山护林，确保新造林苗木不受损害，并及时监测报告火情和病虫害。幼林抚育连续 3 年，每年 2 次，在 4～5 月、8～9 月进行补植砍灌。

模式 7：多种常绿针叶树种点播模式

适用立地类型：根据立地类型划分结果和植被的分布特征，该模式主要适用于保护区中山带上段陡坡中厚层土立地类型，即立地类型 7。

模式特征：该立地类型大都位于核心区，由于地势较陡，立地条件恶劣、地震损毁程度轻，不方便于栽植苗木，此区域植被恢复时，以营造适宜大熊猫等野生动物栖息地的原生植被类型为目标，通过点播乡土乔木树种，最终达到大熊猫栖息地原生植被快速恢复的目的。

技术要点：

(1)点播种子及用种量确定：根据适地适种的原则，采用多种针叶树种搭配。常用树种为该区域分布较多的云杉、冷杉，备用树种选用铁杉，种子用量根据种子的千粒重、种子净度、生活力、常温下的发芽率来确定，云杉播种量为 180～260kg/hm^2、冷杉 150～200kg/hm^2。

(2)点播技术：点播采用穴状整地，点播时间在春秋两季(2～4 月，9～11 月)进行。在点播前，根据树种子特性进行浸种、拌种，种子与肥料、土壤拌匀；在点播后，种子须覆土，方法为覆土厚 0.5～1.0cm，稍加压实。

(3)后期管护技术：幼林抚育连续 5 年，每年 1 次，在 8～9 月进行间苗、补植、除草。补播对象为局部成效较差的小班，后期管护设置标牌、全部封禁，防幼苗猝倒病，幼苗出土期，每周喷洒0.5%～1%的波尔多液预防，发病期可用0.5%～1%的硫酸亚铁防治。防立木腐朽病，改善林地卫生条件，将林地病腐木及时清除。防蚜虫，于有露水的早晨，喷施0.1%乐果水剂防治。

模式8：封山育林模式

适用立地类型：根据立地类型划分结果，该模式主要适用于保护区中山带上段陡坡中厚层土立地类型。适宜封山育林模式的对象包括，有天然下种或萌蘖能力的疏林地、无立木林地、宜林地、灌丛地以及不便于进行工程施工的区域，即立地类型8。

模式特征：该立地类型大都位于核心区，由于地势较陡，立地条件非常恶劣、地震损毁程度轻，植被基本完好无损，此区域植被进行恢复时，应以保护好原有植被类型为主，促进大熊猫栖息地原生植被快速恢复的目的。

封育类型：乔灌型和灌木型两种。

封育方式：根据封育地立地条件和保护区的实际需要，同时考虑封育成效，封育方式为全封。

封育年限：5年。

封禁措施：参照GB/T 15163—2004相关规定，采取固定人员长期巡护，设置相对固定、醒目的标示标牌，注明封禁方式、封禁期限、注意事项等，禁止各种人为干扰和牲畜进出。已达封禁期限并实现封禁目标的及时解封；对已达封禁期限但未实现封禁目标的继续进行封禁管护。

6.5　案例启示

通过对保护区立地类型的划分，根据筛选出的植物种、提出的植物群落结构配置模式，提炼出3大类植被恢复类型，8种植被恢复模式，分别是速生树种混交植苗模式、常绿与落叶树种混交植苗模式、常绿与落叶树种混交植苗＋植竹模式、多阔叶树种点播模式、纯林间伐＋补植阔叶树种＋植竹模式、植竹模式、多种常绿针叶树种点播模式、封山育林模式。不仅有效促进了保护区大熊猫栖息地植被的恢复，也解决了大熊猫食物短缺的问题。

第三篇

矿山生态修复

第7章　矿山生态修复原理与技术

矿山环境问题是指矿业活动作用于地质环境所产生的环境污染和生态破坏。矿山生态修复的主要任务，是在目前的技术和经济水平条件下，将开发导致的主要环境问题，通过科学、系统的生态修复工程和长期的生态抚育措施，使被破坏的、受损的矿山环境功能逐步恢复，使生态环境自身持续良性发展，逐步形成自我维持的生态平衡体系。矿山的主要生态修复对象包括：露天采矿场地、地下开采的采动影响区、排土场、选矿尾矿库、堆浸场、输送管线填埋区、道路、各工业场地等。因为矿产资源的不同，其废弃矿山的治理关键也不相同。煤矿废弃地的环境问题为采矿区、塌陷区、煤矸石堆等，其治理关键是对采矿区的治理和对煤矸石堆的处理；有色金属矿山如铜矿、铅锌矿，其治理除了矿坑的治理，还要对废弃渣堆进行化学处理，防止废渣堆等通过雨水的淋漓作用污染附近的土壤和地下水；废弃采石场则主要进行矿区土壤的改良、边坡的治理以及植被的恢复。

7.1　矿山生态修复时序和内容

7.1.1　生态修复的时序

矿山生态修复的时期，传统的是在开采完成后再进行修复。随着复垦工作的深入和对矿业开发历程的理解，正确的复垦和生态修复活动，应伴随矿山全部开发过程，实施全程动态恢复。也就是生态恢复工作，应贯穿在矿山建设期、运营期和关闭期，以及后延的生态抚育期的全部开发过程。伴随生产时序，实施及时的复垦工程，恢复措施，使被破坏的工业场地得到科学的、及时的恢复。

7.1.2　生态修复的内容

矿区不同的开发阶段，蕴含着不同的生态修复重点内容。在矿山基本建设阶段，矿山生态环境修复的主要对象，是矿山开拓阶段形成的道路、边坡、受影响的场地，内容包括表土的剥离、贮存和保护，场地恢复的规划设计，植被品种的选择及小区试验、设计，恢复工程材料的筛选和获取。在矿山运营阶段，应按开发建设时序，在运营期长达10～30年的范围内，可按工程进展划分时间段，不同的时间段有不同的复垦生态恢复任务、对象。在尾矿库、排土场、堆浸场、露天采矿场地，已经最终完成的堆筑作业的边坡、台阶、平台或局部场地，应是此阶段的及时、动态安排复垦工程的重点。在大面积完成顶部平台、沉积滩、台阶、道路等场地，应集中安排复垦工程，生态恢复措施。在接近开采完成或闭矿阶段，应重点完成各类场地的生态恢复工程，补充修复不能保证正常活动的场地。对于建有永久建筑的场地和设施，应评估其质量、依据需要决定保留或拆除，对即将关闭的矿区，保留的设施为当地所用，不能遗留，污染场地。拆除的建筑物和设施，清理后根据最终的利用去向，实施复垦或利用，合理安排、物尽其用。贯穿在各阶段中的一项不可缺少的任务，是对已经完成复垦生态恢复的场地和区域，实施持续几年的生态抚育和跟踪，确保恢复修复的质量，实现生态修复可持续、自我维持的良性循环机制。经过人工强化的复垦工程，生态修复等措施，经过几年、十几年的生态循环和演替，矿区生态系统一定可以逐渐朝着开采前的生态环境发展。

7.2　矿区生态修复对象

7.2.1　采矿区生态修复

露天矿采场开采后，多形成坡度陡的岩石边坡，以及宽度不大的台阶。凹陷露天坑底部，常有积水，应因地制宜地开展采区以台阶为主的复垦工程，覆盖300～500mm的表土，种植以草灌为主的乡土品种，有条件的边坡可喷植植被层，合理安排复垦区的保水和排水。对周边的植林防护林带和露天采区的景观，进行总体设计和实施。

7.2.2　排土场复垦

排土场复垦技术，包含单一废石堆场的复垦技术。作为金属废弃堆场的排土场，常为酸性排土场，这类堆场生态复垦的特殊性，在于硫化矿物的废石，酸度常在pH 1～2或更低，常规技术复垦植被难以正常生长。因此，需要处置酸性污染后再建立植被。近十多年来，国内外对此类堆场的治理做过大量的实验研究，示范工程发展也很快，出现了从源头治理工程，以及堆存后的治理工程的两种不同的治理程序和效果。其中，源头治理措施，主要是通过对废弃物产酸特性、产酸潜势研究，提出防止措施和实施酸性控制工程，以及气候生态恢复工程。堆存后的治理工程，重在场地酸性的去除，建立人工植被层。国内畅行的是后者。主要原因是难以实现酸性物排放和治理时序的科学结合，故在废弃堆体形成后，很多只能按处理生长基质酸性设计恢复生态工程。从源头研究产酸机制、采用控制产酸过程、防止酸性产生措施的研究，本领域的研究在国内尚未有成熟的技术和规模工程化治理。

7.2.3　废石边坡复垦

国内对石质边坡实施生态防护始于20世纪80年代中期，90年代后期得到了迅速发展。由于石质边坡的特殊立地条件，土质边坡植被护坡常用的技术，如液压、固相喷播技术、挖沟植草技术、植生带技术及三维网绿化等技术并不适用。厚层基质喷附技术，已经成为我国坡面防护及植被恢复工程的一种常用技术，在全国各地得到普及推广。厚层基质喷附技术，是将人工配制的植物生育基质与植物种子、防侵蚀材料等混合在一起，采用专用设备(喷射机)，通过高压空气将其喷射出去，附着在边坡表面的一种植被建植方法。技术优点：一是能在坡面上形成较厚的植物生长发育所需的有机质层(7～15cm)；二是使植物种子有比较自然的发芽过程，保证喷撒的种子有较高的发芽率和存活率；三是喷播速度快；四是适用范围广；五是有效防止水土流失，植被覆盖度达到85%。目前，喷播技术广泛地应用于公路、铁路以及部分废弃采石场边坡，技术相对成熟。而喷播技术应用到采矿废石堆场的研究还未见报道。将实用的喷播技术引进到采矿废石堆场边坡生态恢复，对全面实施矿山废弃地的生态恢复，将起到推动作用。

7.2.4　尾矿库复垦

尾矿库植被恢复的技术难点是尾砂粒径粗、没有土壤的团粒结构，内聚力极低、持水能力差、营养成分低下，甚至存在不同程度的有毒有害成分，植被品种赖以生存的微生物几近为零，风蚀严重，昼夜温差大，尾砂极端温度可达 50℃以上等。在查明、确定矿山废弃的废石、尾矿、废渣堆场等污染物处置完成后，可进行矿山各类废弃堆场的复垦和生态恢复工程，完成最终堆场稳定化和生态化处置。在本领域先进、成熟的技术，是尾矿库有土复垦的生态恢复技术和无土复垦生态恢复技术。该技术是针对有色金属矿山尾矿的专业技术，具有针对性，符合所在地自然特点、场地及边坡稳定性好、复垦后场地稳定符合安全要求，植被覆盖度高，在缺乏土壤的地区可实施无土覆盖复垦生态恢复工程。相对一般复垦技术相比，该复垦技术成本低、综合复垦工程质量为前沿水平。该技术成功实现了尾矿库边坡上不需要覆土直接建立植被层，实现边坡稳定，水土流失控制达到 90%以上，为缺乏土源的地区提供了行之有效的植被稳定边坡的复垦生态恢复技术，推广潜力巨大。

7.3　矿区主要生态修复技术

7.3.1　土壤改良

1. 客土覆盖

由于水土流失以及风力侵蚀的影响，废弃地土壤理化性质也发生了相应变化，其土壤层厚度有所降低，甚至部分位置已经没有土层覆盖。整个矿山废弃地内，包括边坡土层、矿坑土壤层及运矿道路等的土壤流失现象普遍存在，要进行植被恢复，首先必须恢复土壤层。

在恢复废弃地相关区域的土壤层时，可以采用客土覆盖的方式，简单来说，就是在附近挖土，之后再将之运至需要恢复的位置，然后再把挖掘所得的土壤均匀地铺在相关位置。如此，便可以为这片区域的植被恢复工作提供一项重要的先决条件。

2. 基质改良

除了水土流失方面所造成的相应影响外，该种废弃地还会遭遇重金属污染，从而使土壤层遭到破坏，在这种情况下，植物几乎无法在相关区域生存。所以，若要对相关区域开展植被恢复工作，就必须改良土壤基质，使其得到恢复，或达到更好状态。方法如下：

(1)回填表土。如果土壤基质的污染程度较轻，在改良的时候，可以为其覆盖表土层；否则，就应当把原有土壤基质都换掉。运用这种方法，可以令土壤泥沙比例发生相应变化，从而使土壤更好更肥沃。

(2)化学改良。其所涉及对象以酸碱性土壤为主。如果是针对酸性土层，就需要对其进行中和，使其转化成中性，在掺合剂上通常选择石灰；如果是针对碱性土层，也同样需要进行中和，在掺合剂上通常选择硫酸、石膏等。此法的优点很多，比如成本低，效果好且快等。

如果土壤基质中包含的污染成分不止一种，应当分别采用相应的化学改良剂，这类物质通常是有机化合物，不过生产成本不高，因为所用原料可以由工厂废弃物制成，运用该类物质之后，便能产生一层表面防护膜，从而可以避免水土流失情况的出现，还可以使土壤免受冲刷。这类物质类型多样，其中的酸性中和剂等能够使土壤中包含的重金属等物质发生中和作用，从而使污染情况得到改善，而且，这类物质也包含了营养成分，可以使土壤基质得到极大改善。

(3)生物改良。即通过微生物(如菌株)来完成相应的工作。环保性较好，而且也不会造成较多副作用。如果选择菌株进行改良，便可以发挥降解作用，从而促使污染成分尽可能发生降解。

(4)植物改良。包括以下两种：第一种，通过超积累植物来完成相关工作，其所适用的土壤是已受到了某些物质的污染，而其中所包含的污染成分会逐渐被根系吸收，从而使土壤层中包含的污染成分慢慢减少，最后也有可能全部消失；第二种，通过草本植物来完成相关工作，比如豆科植物，它们所适用的土壤是正处于被污染状态，它们通常能发挥固氮作用，从而能够增加土壤中包含的氮元素，而且，它们的茎叶等部位能够发挥堆肥的作用，根系还能够发挥胶结等功能，对土壤的理化性质有很好的改善作用。

7.3.2 边坡治理

1. 边坡形成

边坡的坡度通常处于40°～70°；其中不仅包括了碎石，而且包括了石块，并且都能够达到坚硬的程度；此外，其表面还有一层土层(厚度不大)，土层表面还会滚下少量碎石。如果发生暴雨等自然灾害，边坡便可能出现泥石流等情况，所以其治理工作非常重要。

人们在采石场开展采石工作的过程中，通常选择垂直开采的方式，这样可以缩减劳动力成本。在运用这种方式之后，相关部位便会转变为一种垂直石壁(角度80°～90°)，这是一种危岩体，因为其表面基本不存在土壤，而是非常坚硬的大小石块。

2. 边坡治理原则

通常来讲，在边坡治理工作之中，需要依据某些原则，而这些原则是相关人士在总结过去所开展的相关工作之后得出的。具体如下：

(1)各种滑坡体在各方面都存在差异，比如地形情况、工程与水文地质情况等，所以，应当运用相应的治理方案，实行相应的治理措施；

(2)如果在安全方面有充分保障，应当优先选择先进技术并且经济的方案，而且满足合理性要求；

(3)在治理过程中，应遵循生态保护的原则，不可使之前存在的植被受到破坏；

(4)设置相应的变形检测系统，且满足合理性要求，以及及时了解相应的变形动态，从而满足安全性与可靠性方面的相关要求。

3. 边坡治理的工程措施

在传统边坡治理工作之中，人们通常选择工程防护的方式，比如设置排水沟、加固支挡等。如果坡面存在局部失稳情况，或是存在易崩塌等情况，通常选择土工网等构建的框格来完成相关工作；如果存在深层失稳的情况，或是存在易滑坡等情况，通常选择钢筋砼等构建的框架来完成相关工作，同时再通过锚杆等完成加固工作。

对于废弃采石场，其中所分布的各种边坡可以依据所包含的主要成分进行划分，具体如下：

第一类，主要成分是泥土。在下雨下雪的时候，很容易出现各种事故，比如泥石流等，而且很容易出现水土流失情况。在治理时，要采用以下方法：

首先，运用植物护坡的方法。在此需要注意，所用植物要求具备发达根部，如此可以发挥与锚杆相似的功能，而且还可以发挥固定功能；此外，还需要具备强大的适应能力，否则难以在相关区域存活，反而增加治理成本。其次，实行支挡措施。通常设置排水沟，如果需要治理的对象位于地质活动频繁位置，还应设置石砌围堰。

第二类，主要成分是泥土与碎石(比例相当)。也很容易出现泥石流等危险事故。在治理时，要实行以下措施：

首先，设置排水沟。其次，设置土钉墙，以锚杆、锚板等制成，能够维护加固相关部位。最后，设置三维植被网，以热塑树脂制成，在边坡表面安装，并在其表面铺设草种与基质，如此既可以发挥固土作用，又可以避免水土流失情况的出现。

第三类，主要成分是坚硬石块。坡度大都高于70°，不适宜植物生长，所以一般通过工程支挡方式来治理，比如设置钢筋框架进行对边坡加固等。

7.3.3　植被恢复

1. 植物种类选择目标

目标如下：确定适宜在相关区域生长的植物，而且要具备比较好的抗逆性能，以确保恢复工程达到令人满意的程度，并且生成人工植物群落，以实现改善相关区域生态环境的效果。

2. 植物种类选择原则

植物种类选择遵循以下基本原则：

(1)满足相关区域的立地条件，比如土壤质地、坡向等；

(2)选择生长迅速、根系深及冠幅扩展较快的植物；

(3)适应能力很好，可以顽强地生长于存在贫瘠干旱等地区，而且能够很好地抵御病虫害；

(4)有较好的利用价值。

3. 植物配置

植物群落的稳定性及恢复成本在很大程度上受植物品种不同的的配置方式影响，因此，要依据立地条件、植物品种的特性及恢复目的，科学合理进行配置。遵循生态且经济的方法对矿山废弃地进行植被恢复，建立和周边生态环境相协调的目标群落。

植物群落是一个有规律的组合，由一定的植物种类结合构成。要发挥植被的最大生态功能就要使用生态学原理构建稳定而和谐的植物群落，其重点在于植物的配置。植物的配置需按照以下原则：

(1)要把水土保持作用放在首位，同时营造生态景观效果；

(2)应遵循因地制宜，合理配置乔木、灌木、藤本以及草本植物，构建复合型生态群落体系；

(3)按照生态位原则、坚持生物多样性，对植物进行优化配置；

(4)遵从外来植物和乡土植物相结合的原则。

4. 植被恢复技术

在我国，该技术已达到较成熟的程度。对于废弃采石场而言，它是恢复治理工作之中的重点，还有其他多种方法，如阶梯法、客土喷播、PMS 植生基材喷射法等。

矿区有多种立地类型，比如矿坑回填地、弃渣废石堆、边坡等。每种类型都应当选择合适的植被栽植技术。

1)边坡植被恢复技术简述

运用该技术时，需要经过较复杂的程序与流程，而且工程量较大。可按坡度分为：

第一，对 40°以下缓坡主要采用燕巢法。简单来说，就是设立燕窝状预制件，还可以构建此形状的种植穴，之后向其中填充肥料等，以营造一个利于植物生长的良好环境，见图 7-1。

第二，对 40°～70°边坡，通常选择基材分层喷射法，简单来说，就是设立金属网，也可以设立土工格栅，依次向其中喷射混凝土层、种子与碎木屑等(图 7-2)。

第三，对 70°～90°边坡，通常选择植生槽培土植生法，同时结合筑台拉网复绿法。简单来说，就是按相关位置的特点设置植生槽，也可以设置飘台，之后向其中铺土层，便可以栽种合适的植物，如灌木、藤本植物等(图 7-3)。

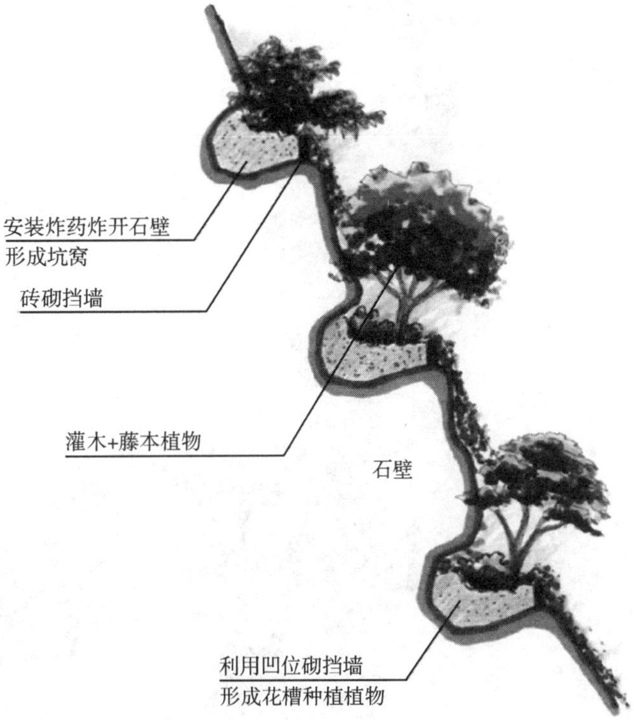

图 7-1　燕巢法坡面示意图

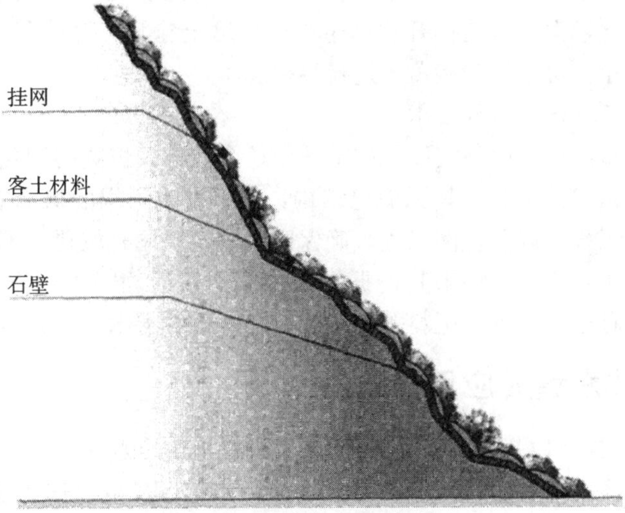

图 7-2　植生基材喷射法

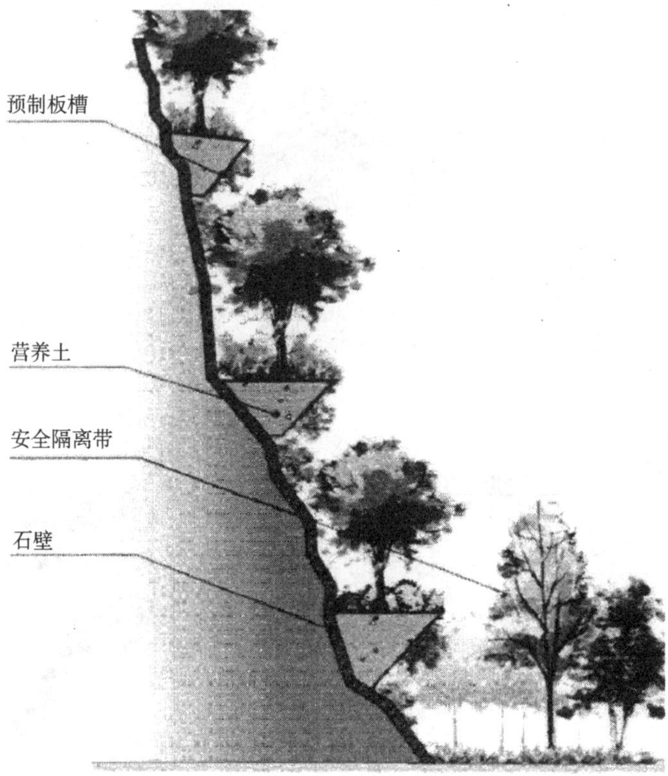

图 7-3 植生槽培土植生法

2)矿坑凹地植被恢复技术

在这种立地类型中，有凹凸不平的矿坑底部。一些矿坑底部上仍有矿坑，即坑中坑。

如果其面积比较大，可选择开凿植生坑进行培土施肥，种植乔木、灌木及草本等植物；如果面积较小，可选择直接覆土进行种植。

3)废石堆弃渣的植被恢复技术

这种立地类型需要占用一定面积的土地，还会使相关位置的理化性质发生极大变化，而且也极有可能引起污染。因其无稳定结构，所以发生坍塌的概率非常高。在治理过程中，应实行平整工程，以及挂网工程，确保废石固定于原有位置，不会向下滚落。

在实行平整工程之后，如果其占据较大面积，在治理时可以选择基材喷射种植法，即向其表面喷射种子、土壤、肥料等混合物，且栽种乔灌木等在其边缘位置上。

7.3.4 3S 技术集成应用

根据应用需要，将 GPS、RS 和 GIS 技术有机地组合起来，使其功能更加强大。RS 和 GIS 集成：GIS 的重要信息来源来源于遥感数据，GIS 可以作为遥感图像解译的辅助工具。作为图像处理工具的 GIS，对遥感图像进行几何纠正及辐射纠正、图像分类及感兴趣区域的选取；遥感数据作为 GIS 的重要信息来源，可以对线和其他地物要素进行提取，生成 DEM 数据，以及土地利用变化和地图更新。3S 技术主要应用于与空间数据相关的行业领域，随着数字地球数字城市概念的提出，日益受到重视。GPS 获得单点三维或四维数据，RS 主要获得区域大面积的图像数据，它们作为 GIS 的数据源，为 GIS 提供必要的空间决策分析数据，GIS 作为处理这些空间数据的平台，对其进行转换、分析、查询、显示等操作，帮助决策者进行决策。

针对矿山废弃地的生态修复可以运用 3S 技术，矿山的开发引起土地利用的变化，利用历年的遥感数据，对研究区范围提取，再通过 GIS 平台对提取范围的遥感影像进行解译，得到不同时期所选区域土地利用变化的现状图。

第 8 章　香泉乡青岗树采石场生态修复案例

8.1　内容提要

矿产资源的开发和利用为我国经济快速发展和城镇化建设做出了很大贡献，但同时也带来了一系列不可避免的环境问题，如：土地资源和生物资源的破坏、水土流失、空气污染、水污染等，导致生态严重破坏，甚至引发泥石流、滑坡、崩塌等地质灾害，是一个十分严重且日益受到重视的生态环境问题，矿山(矿场)开发废弃地生态环境修复已成为人们关注的热词。本案例以四川北川香泉乡采石场废弃地为例，分析了该废弃地土壤养分与土地利用现状，划分了立地类型，筛选了适宜矿区生长的植物，实施了生态修复工程。

8.2　引言

矿产资源的开发为我国改革开放后期的发展起到了重要作用，但在这繁荣的背后却涉及到一系列的环境污染事件，如：在下大暴雨时，往往会发生滑坡和泥石流，久而久之就会使矿区周围的地区受到牵连，其影响范围不仅仅是位于矿产开发的一小部分区域，之后伴随着土地沙化和盐碱化等问题，对地区百姓的生存和发展产生不利影响。目前，有不少媒体报道，在矿产不规范开采后，造成地区居民饮用水困难，庄稼无法耕作的事件，一旦相关的环境污染产生，在矿场所在的山区进行修复就显得格外重要。因此，在当前可持续发展的时代前提下要大力倡导环境保护，最小限度地减少对环境的破坏，加强对生态环境的治理和保护，在矿产开发过程中要做到边开发边保护，做好地上、地下的环境维护，构建新的生态系统，为地区百姓的生存和发展提供基本保障。

矿区的生态修复已成为我国生态环境建设的重要组成部分，通过对废弃矿区的生态修复，能够有效的改善生态环境；在生态修复的同时，也可以对废旧矿厂所在地进行必要的土地整理，对此部分土地进行重新利用，可以进行耕作或者林场培育，增加当地居民收入，改善人居环境条件；更为重要的是通过合理规划实施代替产业发展，解决矿山的关停给当地经济造成的负面影响，从而实现黑白经济向绿色经济的转变。通过矿区的生态修复工作，配合我国社会主义新农村建设，促进绿色 GDP 的增长，实现循环经济，构建和谐社会。

绵阳市北川羌族自治县主要的矿产有煤、硫铁矿、岩金、砂金、饰面用板岩、水泥用灰岩、饰面用灰岩、冶金用白云岩、重晶石、冶金用石英岩、砖瓦用页岩等。截至目前有现成矿山 60 多个，这些矿山往往存在着规模小、污染大和对生态环境保护力度小的现象，在不断开采的过程中，产生了诸多生态问题，如：地表景观破坏、占用土地资源、植被环境破坏、生物多样性降低、水土流失、土壤质量下降、扬尘污染大气等。

8.3　相关背景介绍

8.3.1　北川香泉乡矿区概况

北川香泉——正在悄然崛起的中国米黄石之乡，大理石资源丰富、储量多、品质好。可供开采的大理岩资源约 1 亿吨，多数矿场为大中型矿床，以浅米黄色及浅啡色泽为主。主要以荒料、大板、薄板石材、复合板和钙粉为发展方向。中国石材工业协会领导及专家多次深入北川实地，总体评价是：北川米黄石材矿山集中储量多，目前国内还没有地区可以和北川米黄石相媲美，矿层厚，质地好，可以满足现代石材业使用大型设备开采荒料的需要，北川米黄品种经过细分后可以与主流的进口米黄石材对上号。而且其品质和色泽是我国已发现最好的米黄大理石，资源储量、开采条件、开采量是目前我国唯一能替代优质进口米黄石材的品种。2010 年，中国石材协会授予北川“中国米黄大理石之乡”。未来，北川将以香泉石材工业集中区为核心，打造区域性石材产业区、建材加工区和交易中心。对北川香泉乡矿山的调查具有典型性。

通过对北川香泉乡矿山的具体调查，得到了香泉乡矿产资源开发利用的现状，详细情况如下图 8-1 和表 8-1。

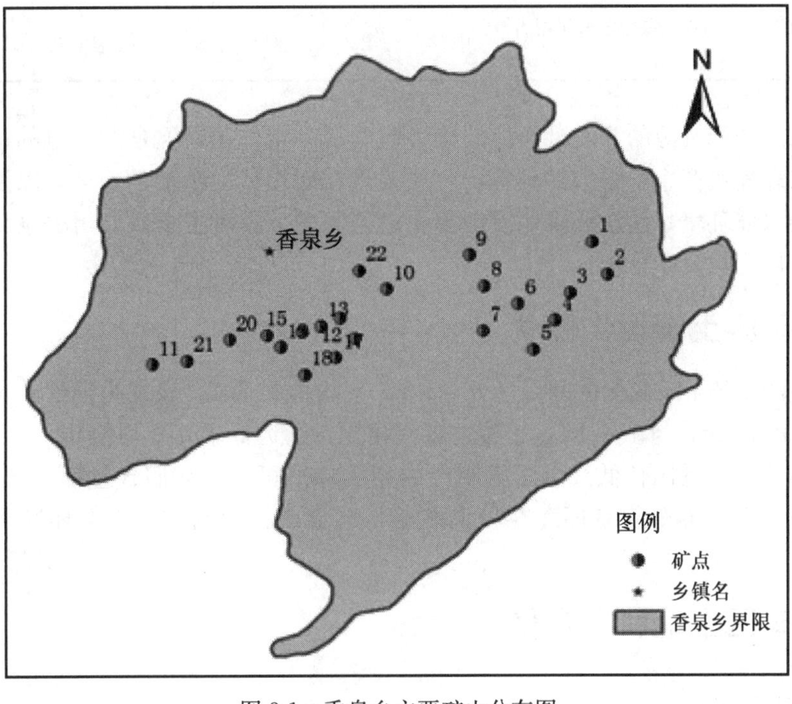

图 8-1　香泉乡主要矿山分布图

表 8-1 北川香泉乡主要矿山开发利用现状表

序号	矿点名称	规模	序号	矿点名称	规模
1	北川香泉乡黄江村火石槽水泥用石灰岩	小型	12	北川香泉乡云林村一社石灰石矿	小型
2	绵阳香阁娜大理石有限公司罗家嘴石灰石矿	小型	13	北川香泉乡云林村青岗树石灰石矿	小型
3	北川香泉乡矿产建材有限公司燕子岩石灰石矿	小型	14	北川香泉乡云林村毛垭石灰石矿	小型
4	北川香泉乡黄江村刑家井石灰石矿	小型	15	北川香泉乡云林村柑子坪石灰石矿	小型
5	北川香泉乡黄江村三社圆包山水泥用石灰石矿	小型	16	北川香泉乡云林村孙家垭－江油市香水乡镇江村何家湾石灰石矿	小型
6	北川香泉乡燕子岩西石灰石矿	小型	17	北川香泉乡水洞村王家洞水泥用灰岩矿	小型
7	北川吴星矿产开发有限公司北川香泉乡黄江村龙门洞石	小型	18	北川香泉乡水洞村石灰岩矿	小型
8	北川通口镇黎明村香泉乡黄江村蔡麻坑石灰石矿	小型	19	北川巴源矿业发展有限公司园宝山石灰石矿	小型
9	北川羌族自治县通口镇黎明村蔡麻坑石灰石矿白岩湾	小型	20	北川巴源矿业发展有限公司牛角井一土基寺石灰石矿	中型
10	北川香泉乡一江油香水石灰石矿	中型	21	北川香泉乡云林村土基寺石灰石矿	小型
11	北川香泉乡云林村蜘蛛岩水泥用石岩矿	中型	22	北川香泉乡黄江村一社石灰石矿	小型

虽然北川矿产资源的开发对当地的经济起到了一定作用，但是在一定的程度上对香泉乡的生态环境也产生了很大的破坏，主要表现在对山体、植被的破坏，以及土地用量改变，污染水体环境，甚至形成地质灾害隐患等问题。本章主要以北川香泉乡云林村青岗树石灰石矿为例具体分析。

8.3.2 矿区土壤理化性状

矿区中的土壤 pH 变化区间是 4.9～5.1，平均值为 5.0，表现为酸性；土壤含水量平均是 15.98 g/kg，与矿外 H 点土壤含水率相比，远远低于其平均值 35.49g/kg。矿区样本的土壤养分含量比较低，由国家制定的相关标准可知，它们含量都是低于 5 级的，和矿区周边的土壤养分含量还存在较大差距，这会成为影响矿区生态环境重建的不利因素。

8.3.3 矿区土地利用变化

1. 数据来源及处理

本文所选区域的遥感影像来源于 Google Earth 历史影像(无偏移)，主要分为三个时期(2005 年、2010 年、2015 年)，借助 ArcGIS10.2 软件以及 Google Earth 等对校正后的遥感影像进行人机交互目视解译。获得了 2005 年、2010 年以及 2015 年青岗树矿区周边的土地利用现状图(图 8-2、图 8-3、图 8-4)。在进行分类时，根据选择区域的矿山开采情况，把选择的土地使用情况分成了林地 、居民用地、交通用地等。

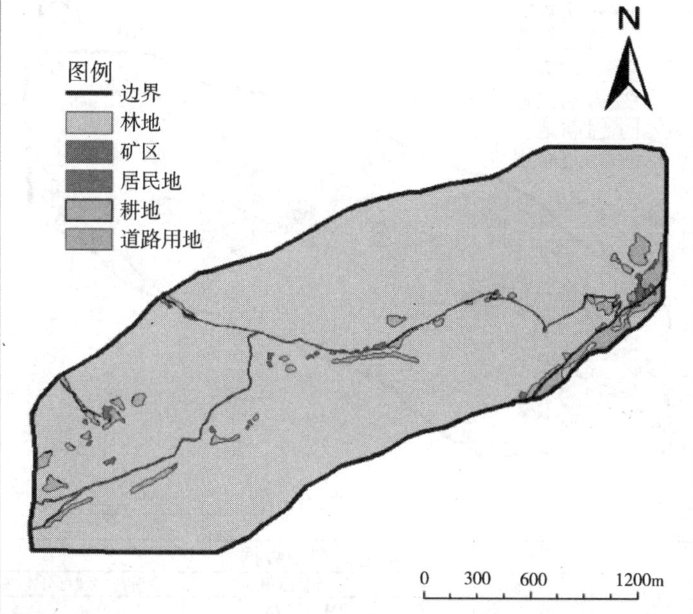

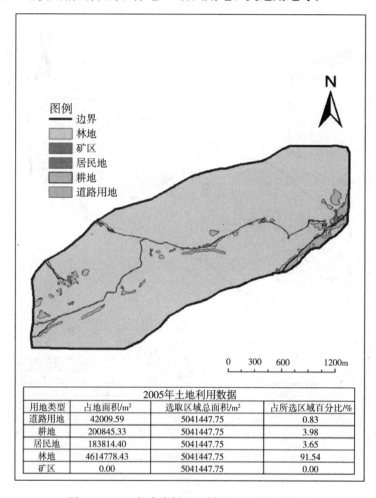

2005年土地利用数据			
用地类型	占地面积/m²	选取区域总面积/m²	占所选区域百分比/%
道路用地	42009.59	5041447.75	0.83
耕地	200845.33	5041447.75	3.98
居民地	183814.40	5041447.75	3.65
林地	4614778.43	5041447.75	91.54
矿区	0.00	5041447.75	0.00

图 8-2　2005 年青岗树矿区周围土地利用现状图

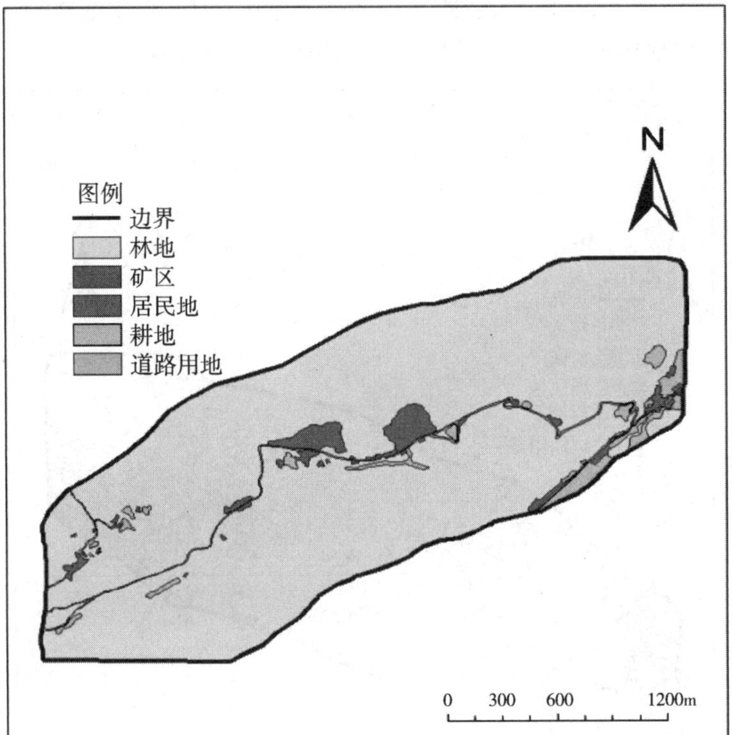

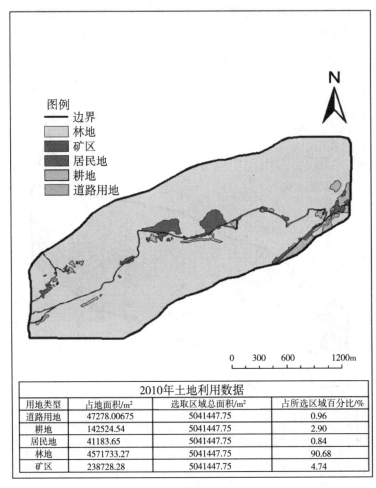

2010年土地利用数据			
用地类型	占地面积/m²	选取区域总面积/m²	占所选区域百分比/%
道路用地	47278.00675	5041447.75	0.96
耕地	142524.54	5041447.75	2.90
居民地	41183.65	5041447.75	0.84
林地	4571733.27	5041447.75	90.68
矿区	238728.28	5041447.75	4.74

图 8-3　2010 年青岗树矿区周围土地利用现状图

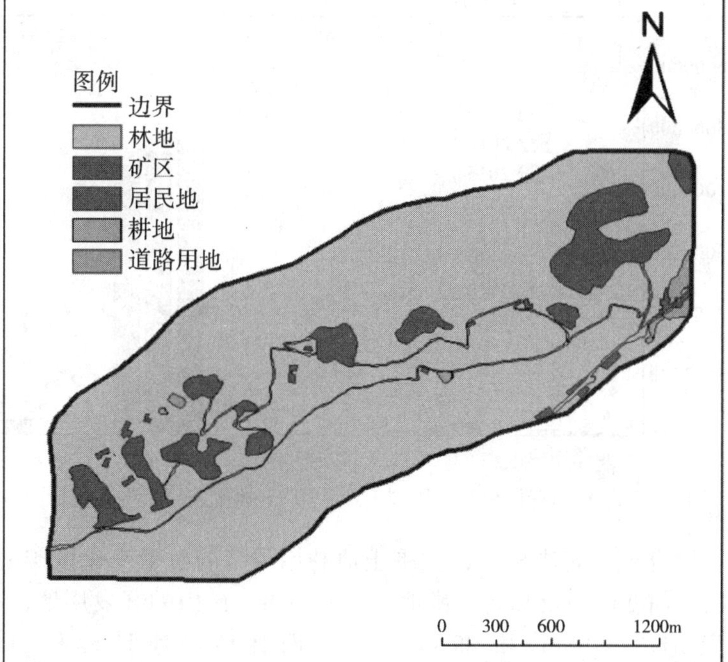

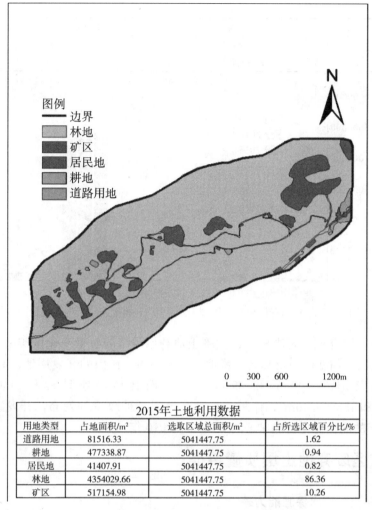

2015年土地利用数据			
用地类型	占地面积/m²	选取区域总面积/m²	占所选区域百分比/%
道路用地	81516.33	5041447.75	1.62
耕地	477338.87	5041447.75	0.94
居民地	41407.91	5041447.75	0.82
林地	4354029.66	5041447.75	86.36
矿区	517154.98	5041447.75	10.26

图 8-4 2015 年青岗树矿区周围土地利用现状图

2. 土地利用变化分析

土地利用/覆盖的变化包含了各种土地类型的面积、质量等方面的改变。面积变化一般体现在各种土地类型的总量中，利用探究不同土地利用类型总量的改变，能够有效的掌握土地利用结构的改变情况。

利用 ArcGIS10.2 软件，对青岗树矿区周围三个时期的土地利用变化进行了数据统计分析，得出表 8-2 和图 8-5。

表 8-2 青岗树矿区周围 10 年土地利用变化 单位：m^2

	2005 年	2010 年	2015 年	2005～2015 年变化	年变化率/%
道路用地	42009.59	47278.01	81516.33	39506.74	9.40
耕地	200845.33	142524.54	47338.87	－153506.46	－7.46
居民地	24469.35	41183.65	41407.91	16938.56	6.92
林地	4774123.48	4571733.27	4354029.66	－420093.82	－0.88

续表

	2005 年	2010 年	2015 年	2005～2015 年变化	年变化率/%
矿区	0.00	238728.28	517154.98	517154.98	23.33
总面积	5041447.75	5041447.75	5041447.75		

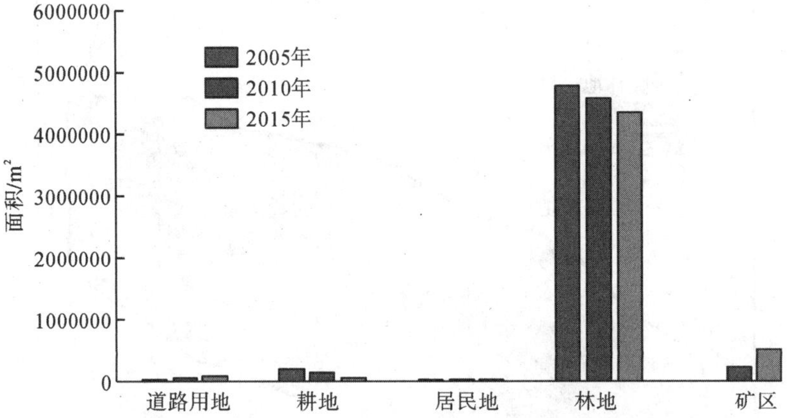

图 8-5　10 年间青岗树矿区周围土地利用/土地覆盖面积变化统计图

结果表明：10 年间，青岗树矿区周围土地利用类型的数量变化以矿山的开发用地、道路建设用地的大幅度增加及林地、耕地的锐减为主。矿山的开发用地、道路建设用地增长量分别为 517154.98m² 和 39506.74m²，而林地与耕地面积的消减也达到 420093.82m² 和 153506.46m²，伴随着最近几年间各种政策的发布，开发速度的提升，2010～2015 年的面积变化情况显著高于 2005～2010 年。

8.3.4　矿区废弃地土壤质量特征

1. 物理结构不良，持水保肥能力差

青岗树矿山废弃地土壤物理结构不合理的具体表现是基质太过疏松或牢固。首先青岗树矿山在进行开采的过程中，表层土壤基本被清理，在开采后遗留的大都是矿渣和心土，并且因为汽车以及一些重型采矿设备的来回滚压，让外面的土质十分坚硬；并且采矿过程中出现的废弃物粒径一般是几百到上千毫米，在短时间内进行风化破碎比较困难，空隙较多、保水能力几近于零，并且由于表土被不断地扰动，原本的结构被破坏，因此土壤结构比较散乱。这种太过坚硬或者松散的结构会导致矿区土壤保水保肥水平降低，最终植物很难进行正常生长。

2. pH

大部分植物适宜在中性土壤中进行生长。若是土壤的 pH 处于 7～8.5 时，就表现出强碱的特性，严重时能够让植物枯萎死亡，而若是 pH 低于 4，就会表现出强酸的特性，对植物正常生长有非常大的抑制。通过对青岗树矿区土壤进行采样研究，得出其 pH 值一般处于 4.9～5.1，平均值为 5.0，土壤表现出弱酸性，比较适宜酸性土壤植物的生长发育。

3. 极端贫瘠或养分不均衡

植物的日常生长需要各种元素的配合，而N、P、K这些元素则是植物最需要的几种矿质养分，缺乏任意一个都会让植物无法正常生长。青岗树矿区中的土壤养分比较低，由国家制定的相关标准可知，它们含量都是低于5级的，和矿区周边的土壤养分含量还存在较大差距，这会成为影响矿区生态环境重建的不利条件。

4. 干旱或生理干旱严重

青岗树矿山废弃地因为土壤物理结构不好、保水能力几近于零，而且地表植被破坏严重，进而导致基质的含水量非常少，干旱情况一直存在。此外，一些废弃的土石、含矿量较低的矿石等，因固结能力低，并且表层没有植被保护，基质松散，容易变化，风蚀、水蚀等情况经常出现，土层构造也不稳，表面温差大，导致青岗树矿山废弃地生态环境越发恶劣。

8.3.5 矿山废弃地对生态环境的影响

矿山开采是损害自然环境以及消耗有限资源的一种低端行业。随着青岗树矿产资源的不断开发，尽管促进了当地经济的发展进步，但导致的环境破坏问题越加严重。具体体现在土地资源不合理利用、破坏生态平衡、大气环境污染等方面。

1. 占用土地资源

首先是废弃物不合理占用土地，青岗树矿山在进行开采时，出现了非常多的废土废石以及尾矿等废弃物，而这些废弃物的堆放对原来具有一定生产力的土地产生了影响，形成了以废弃物堆积为主的裸露地。其次是挖损地，青岗树矿山开采时是露天开采，在进行开采的过程中，要先把矿上的覆盖层进行剥离，所以地面植物和土层全部损坏。在矿层采集完成后，挖掘场地会出现坑坑洼洼的地表、随处可见的岩石等情况。

2. 污染自然环境，造成生态失调

(1)大气污染，青岗树采石场使用的是柴油发电机，会产生非常多的二氧化氮和二氧化硫进而造成空气污染；采矿过程中产生悬浮颗粒物，不仅影响空气质量，而且对矿山施工人员和周边地区民众的健康构成了威胁；另外矿石在道路运输上出现扬尘，对道路附近的居民造成危害。

(2)地面景观破坏，青岗树矿山进行露天开采，采矿之后留下的新岩面，一般和环境有较大的区别，景观破坏的现象特别明显。出现了非常多的废石与废土，即使开采后有部分废石进行回填，但在井巷工程建设以及开采前还是有非常多的废石不能被充分有效地利用，废石和废土随意堆放会对景观带来十分不利的影响。

(3)植被环境损坏，由于矿山开采过程中的一些特定需求，需要对原先的地形地貌进行不同程度的改变，这无疑会对地表景观带来不同程度的影响。露天开采需要进行植被剥离，废石、尾矿、工业设施以及拉土汽车等的占用和碾压。青岗树矿山未开采之前属于林地，而在开采后因为环境遭到了严重的破坏，导致出现了一个与周边环境完全不一样的景观。因为矿区植被的严重损害以及地表形态的巨大变化，最后使得青岗树矿山生态环境恶劣，导致土地废弃、水土流失，最终导致景观的环境服务功能降低。

(4)生物多样性不断降低，因为采矿需要对植被实施清理、去除表层土壤，所以严重损坏了青岗树矿区中的生态环境，一些被当做物种源的大型植被变成了残遗斑块，影响被当做跳板的林地斑块的功能体现，对生物迁徙产生了阻隔影响。乡土植物群受到了很大破坏，植被开始迅速发生逆向的演替。这些情况都使得物种的数量与质量不断下降，导致野生物种不断减少，生物多样性减弱。

3. 地质灾害

矿山在进行开采时，地面和边坡的挖掘使得山体与斜坡的稳定性降低，采矿废石废土随意堆放导致人工滑坡出现，不合理剥离过程致使边帮滑坡，并且一些采矿行为使得滑坡与泥石流的出现几率增大。

8.4 主体内容

8.4.1 技术路线

本案例中，绵阳师范学院师生拟通过 3S 技术对北川矿区废弃地景观现状及生态环境效应进行分析，采用恢复生态学及生态工程理论与技术方法，探究矿区土地复垦及生态重建实现策略，为推动龙门山北段山地区矿山废弃地生态环境建设提供理论、技术和实践上的参考依据。其技术路线如图 8-6 所示。

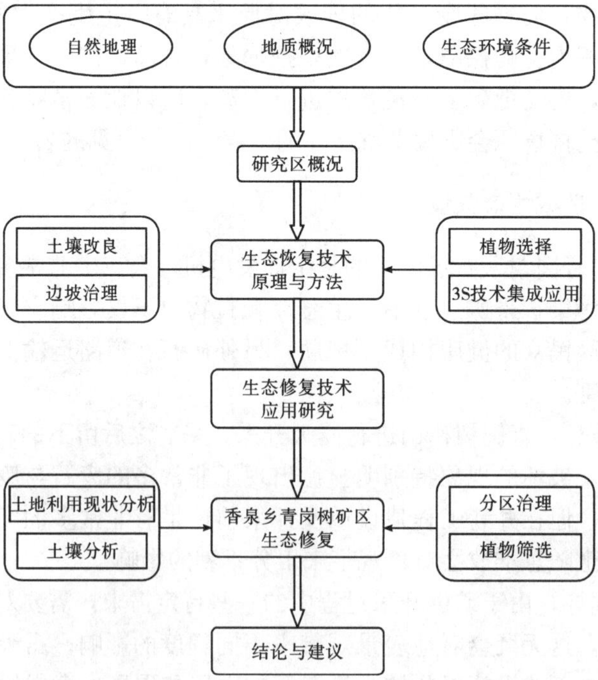

图 8-6　技术路线图

8.4.2　青岗树矿山废弃地生态修复设计

1. 矿区生态恢复治理分区

1)分区原则

分区原则是根据矿山开采已有或者潜在的地质环境问题、矿产资源开发设计、以及危害性、分布特征和矿山地质环境影响评估结果进行相应划分。

2)分区方法

矿山的治理恢复分区以及地质环境保护参考《矿山地质环境保护与治理恢复方案编制规范》，分区级别有重点、次重点，以及一般防治区。再根据矿山地质环境现状评估以及矿山地质环境影响程度可以分为三个层次，分别是严重、较严重及较轻。

根据对青岗树矿山的评估结果，将其分为重点防治区(Ⅰ区)、次重点防治区(Ⅱ区)以及一般防治区(Ⅲ区)。

3)分区结果

由上文的分区方式，该矿区的恢复治理工作可分为三个区，分区图如下图 8-7。

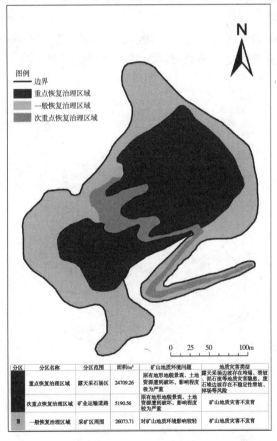

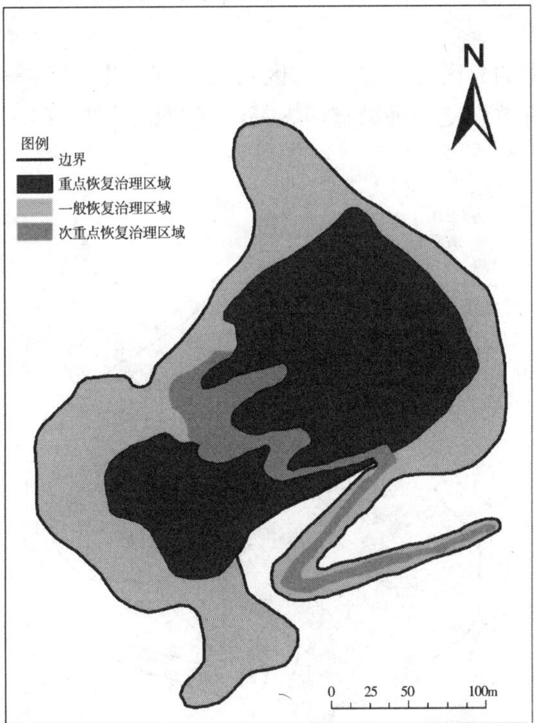

分区	分区名称	分区范围	面积/m²	矿山地质环境问题	地质灾害类型
	重点恢复治理区域	露天采石场区	24709.26	原有地形地貌景观、土地资源遭到破坏，影响程度极为严重	露天采场边坡存在垮塌、滑坡、泥石流等地质灾害隐患，废石堆边坡存在不稳定性滑坡、掉场等风险
	次重点恢复治理区域	矿业运输道路	5190.56	原有地形地貌景观、土地资源遭到破坏，影响程度较为严重	矿山地质灾害不发育
Ⅲ	一般恢复治理区域	采矿区周围	26073.71	对矿山地质环境影响较轻	矿山地质灾害不发育

图 8-7　北川香泉乡青岗树矿山恢复治理区域分区图

(1)重点恢复治理区(Ⅰ区)指的是占地 24706.26m² 的露天采场以及废石堆 。露天采场的开采破坏了地区原来的地表植被和地形地貌景观，给当地的地质环境带来了严重的不利影响；而且存在崩塌、滑坡等地质灾害隐患，存在恢复治理难、危险性高的特点；废石堆也严重破坏了原来的土地植被以及地形地貌，造成了不稳定边坡的地质灾害隐患，并且治理难、危险性较大；矿山开采活动不会对含水层造成较大的影响。

该区是该矿山的重点防治区。进行重点防治的工程有修截废弃采石场边坡的水沟、植被恢复以及削坡工程；弃渣废石堆坡脚的修挡墙、植被恢复以及整体覆土。

(2)次重点恢复治理区(Ⅱ区)：范围包括运矿道路及道路周围区域，总面积约 5190.56m²。地形地貌景观破坏以及占压土地植被资源为主要问题，而且比较严重地影响了矿山地质环境。地质灾害不发育、对含水层的影响较轻。

该区是次重点防治区。主要防治工程包括：对矿区道路周围区域进行土地整理；矿区道路的植被恢复等。

(3)一般恢复治理区(Ⅲ区)：范围包括Ⅰ、Ⅱ区以外的占地 26073.71m²分区。该区矿业活动不会对地质环境造成较大的影响，所以划为该矿山的一般防治区来保护。

2. 治理方法

在对该区进行现状分析调查和评估时，发现地质灾害不发育，植被资源严重被破坏，存在不稳定边坡等问题。

对采石场恢复治理的分区为：重点(Ⅰ区)、次重点(Ⅱ区)、一般(Ⅲ区)恢复治理区。并且有针对性地采取有效恢复治理措施，恢复治理图见下图 8-8。

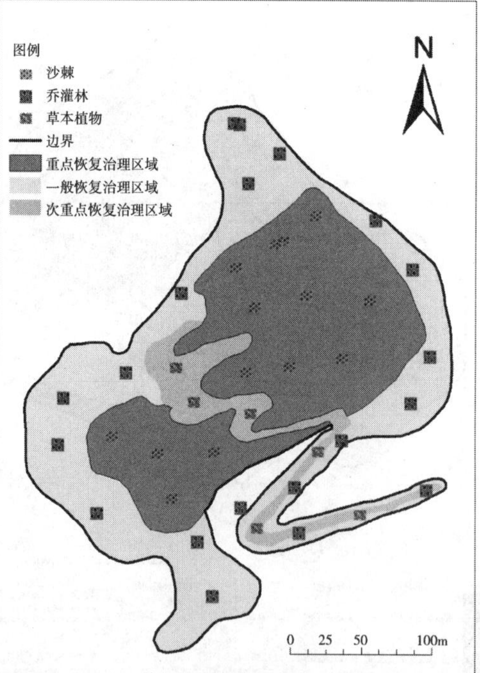

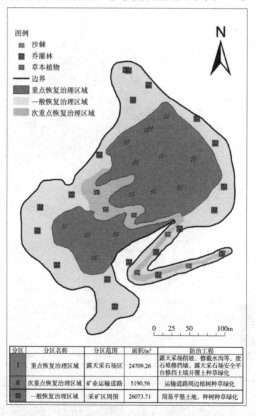

分区	分区名称	分区范围	面积/m²	防治工程
Ⅰ	重点恢复治理区域	露天采石场区	24709.26	露天采场削坡、修截水沟等，废石堆修挡墙，露天采石场安全平台修挡土墙并覆土种草绿化
Ⅱ	次重点恢复治理区域	矿业运输道路	5190.56	运输道路周边植树种草绿化
Ⅲ	一般恢复治理区域	采矿区周围	26073.71	简易平整土地，种树种草绿化

图 8-8　北川香泉乡青岗树矿山恢复治理图

1)重点恢复治理区(Ⅰ区)的恢复治理

重点恢复治理区(Ⅰ区)，简称Ⅰ区，包括采石场矿坑，边坡以及废石堆。区域内边坡坡度适中，虽然存在地质灾害隐患，但是崩坍，滑坡等地质灾害不发育，植被破坏程度很大，覆盖率非常低；地表土壤有很严重的水土流失现象，土壤中有机物和养分几乎全部流失，造成严重的土壤沙化现象。如图 8-9～图 8-11 所示。

图 8-9　边坡碎石一角

图 8-10　矿坑一角

图 8-11　废石堆一角

青岗树矿区植被恢复共选取十一种植物，其中乔木有：侧柏、刺槐、核桃和黄连木；灌木(竹类)包括：沙棘、楠竹和野蔷薇；草本植物包括：香根草和狼尾草；藤本植物包括：爬山虎和常春藤。

(1)边坡植被恢复考虑到边坡覆土层薄、工程量大等特点，所以选用灌木(竹类)、草本植物以及藤本植物组合。

区内边坡坡度在30°～45°，多以土石混合为主，所以选用燕巢法来恢复植被。燕巢法有植被恢复效果显著且工程量小的特点。由于区内边坡由土石构成，可以在坡面开挖燕巢状坑，再覆盖由草本植物种子、土壤、肥料等混合均匀的植生基材，草本植物种子为狼尾草和香根草。选用楠竹以及沙棘栽植到植生坑里；藤本植物选用爬山虎种植在坡面表层土壤。创造出草本植物、边坡灌木以及藤本植物三者相结合的植被恢复方式。种植完成后需浇水养护。

楠竹、沙棘的根系能够起到护坡作用，并且有茂盛且聚拢的枝叶能够抵抗风沙侵蚀；爬山虎能够攀附在坡面和挡土墙墙面，起到绿化作用，给香根草和狼尾草提供有力的生长环境；草本植物有紧贴土壤层的特点，能够很好地避免水土流失。

(2)矿坑植被恢复需要先进行覆土，之后可以结合灌木、乔木、藤本和草本植物来进行植被恢复，乔木种植要保证株行距2m的种植方式。灌木可以穿插种植在乔木植株之间；草本植物可以混合腐殖质和草籽播撒在土壤表层；藤本植物可以以0.5m的株距种植在坑壁边缘。

乔木选用刺槐以及侧柏，它们能够构成高层的矿坑植物群落；选用野蔷薇和沙棘等灌木作为中层，可以有效保护乔木株距间的空地和土壤；狼尾草和香根草播撒和生长能够成为矿坑植物群落的覆土植被；选用常春藤和爬山虎等藤本植物来保护坑壁，同时茎叶还可以对坑壁起到绿化作用。

(3)废石堆植被恢复必须要先进行覆土以及外缘整治保稳才能进行植被恢复。针对废石堆可以采用草本藤本植物、灌木以及乔木相结合的方式。对废石堆进行覆土之后使用规格为0.3m×0.3m×0.3m的灌木穴种植，灌木的株距行距是1.2m×1.2m；草本植物可以在覆土时播撒种子；藤本植物可以种植在灌木的空当里；乔木种植以株距1.5m种植在废石堆边缘。种植完成后需浇水养护。

灌木选用野蔷薇和沙棘，它们能够互补构成高层植物群落植被，其根系能够有效地保证土壤的养分和水分，改善覆土理化性质；草本植物选用狼尾草草籽以及香根草草籽播种；藤本植物选用常春藤，能够很好地弥补野蔷薇和沙棘植株的空地；乔木则采用侧柏，在废石堆边缘均匀种植，能够很好地起到挡墙作用，保证废石堆的稳定性。

充分考虑到矿坑，边坡以及废石堆的特征，分别有针对性地进行植被恢复措施。

2)次重点恢复治理区(Ⅱ区)的恢复治理

次重点恢复治理区(Ⅱ区)，简称Ⅱ区，主要是矿区道路以及道路周边占地大约为5190.56m^{2}的区域。由于该区地质灾害不发育，所以不会严重影响地形地貌，但是对植被资源以及土壤层带来严重破坏。

因为重型卡车经常碾压矿区道路，所以给土壤层造成了严重的破坏，尤其是土壤的理化性质，如图8-12所示。

矿区道路的植被恢复

矿区道路地表土壤遭到很大程度的破坏，进行植被恢复的范围包括道路两侧坑洼地和平整道路。

在对矿区道路进行平整之后再恢复植被，采用灌木、乔木以及藤本草本植物相结合的方式。乔木采用穴坑规格为80cm×80cm×80cm种植，并且要求株距行距为1.5m×

1.5m；灌木采用穴坑的规格为50cm×50cm×50cm，种植在乔木的植株之间；草本植物播撒种植；藤本植物种植于矿区道路边缘，株距0.5m，种植完成后需浇水养护。

乔木选用侧柏和刺槐，侧柏树叶和刺槐树的根系发达，固氮能力强，构建植物群落的高层植被；灌木选用野蔷薇以及沙棘，它们有聚拢茂密的枝叶，能够吸附中层植被上面的扬尘，而且聚拢的枝叶可以起到防风挡土的作用；野蔷薇能够用其茂密的枝叶结合沙棘一起防尘防风；用狼尾草和香根草作为草本植物，边缘区域种植藤本植物能够绿化边缘，和香根草等一起构成植物群落底层植被。

矿区道路以及道路周边的地形地貌比较容易恢复，它们在技术上有共同点。

图8-12　矿区道路一角

3)一般恢复治理区(Ⅲ区)的恢复治理

一般恢复治理区(Ⅲ区)，即Ⅲ区，是除了Ⅰ、Ⅱ区之外的恢复治理区，基本上由各种边缘地带组成，比如废石堆坡脚和周围地面、矿坑坑壁和地面连接处等面积较分散的区域。该区域只要进行简单的土地平整即可进行植被恢复工作。

Ⅲ区基本上是边缘区域，整个治理地区面积大，可以不用覆土直接进行恢复。

Ⅲ区可以采用草本、藤本、灌木，以及草本和灌木等模式进行植被恢复。灌木规格为50cm×50cm×50cm穴植，可以参考边缘面积制定合理的株距行距；草本植物进行基质播撒混合种植；藤本植物均匀种植于边缘地带外围。种植完成后需浇水养护。

灌木可以单一或者混合种植，选用沙棘和野蔷薇，它们茂密的枝叶能够对土壤起到覆盖作用，成为植物群落里的高层植被；香根草和狼尾草是最适宜选用的草本植物，它们的种籽能够混合基质播种，填补低层空间；作为藤本植物的常春藤可以保护区域外围土壤。

3. 矿区废弃地土地复垦

1)复垦方案

(1)土地复垦对象和范围。由于原矿区土壤较少、可耕性差，按照矿区绿色生态区进行规划对青岗树矿山进行复垦，采矿结束后土地将恢复成林地，需复垦土地面积共55970.53m^2，其中重点恢复治理区复垦面积24706.26m^2，次重点恢复治理区复垦面积5190.56m^2，一般恢复治理区复垦面积26073.71m^2。具体复垦情况见表8-3。

表 8-3　矿区复垦情况表

复垦区域	待复垦面积/m^2	厚度/m	土方量/m^3	复垦后地类
重点恢复治理区	24706.26	0.30	7411.88	林地
次重点恢复治理区	5190.56	0.30	1557.17	林地
一般恢复治理区	26073.71	0.30	7822.11	林地

(2)土地复垦设计类型。按照研究区周围生态系统的特征，矿山恢复为林地，与周围的自然生态景观更加协调一致，使水土保持与恢复生态更好地结合，按林业生态区进行规划对矿山进行复垦。

2)复垦措施

(1)工程技术措施。通过人工措施，使退化的生态系统恢复达到正常运行状态，按照自然规律进行演替。具体各项土地复垦工程及技术措施如下：

土地平整工程，复垦工作的主要工作内容之一就是对土地进行平整。矿山开采不可避免地使原有的土地形态发生改变，造成土地表层起伏不平，很难达到预期的土地利用方向。根据矿区实际的情况及土地复垦标准，本方案土地平整工程包括土壤剥离、平整土地、建构物拆除、硬化表土清除、翻耕土壤、覆土、土壤改良培肥等工程措施。

其他工程，因研究区主要以天然降水为主，可修建部分截水沟使天然降水汇入蓄水池。

(2)生物化学措施。生物复垦是利用生物措施，恢复土壤肥力及生物生产能力的活动，是实现本方案土地复垦目标的关键环节。主要对土壤进行改良，依据复垦区原先的功能，再考虑复垦区立地条件，本方案采取人工施肥及化学中和法改良土壤的理化性质。

①人工施肥：因修复后的土地用于林业生产，首要前提是恢复土壤的肥力和提高土壤的生产力。采取有效的施肥及管理措施，一般来说，土壤缺乏微生物，不能使含氮化合物转化为植物可利用的形态，氮素是土壤最为贫乏的元素之一，所以人工施用氮肥是一项有效的措施。施肥可以使土壤有机质含量不断提高，从而增加土壤微生物的数量，使养分循环得以进行。施以绿肥结合种植豆科植物是提高土壤氮素水平和肥力水平的最有效的生物措施。

②利用生物改土：植树造林，保持水土、涵养水源，调节雨量，减少水、旱灾害。对矿区复垦地常年维持一定比例的绿肥和豆科作物的种植面积，是用地养地、改良土壤理化性质的有效措施。

4. 研究区边坡治理

边坡治理通用施工技术路线如图 8-13 所示。

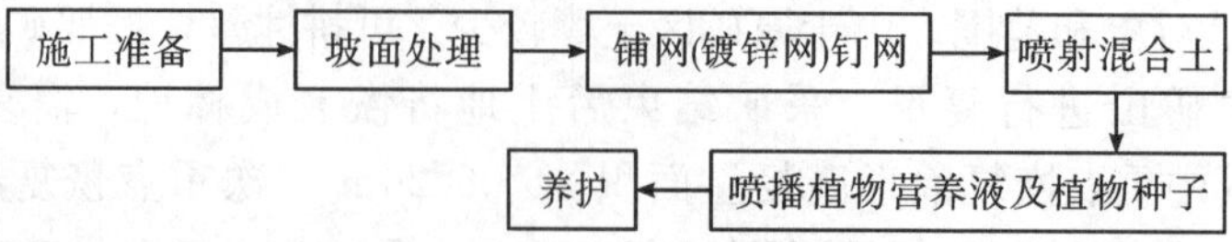

图 8-13　施工技术路线图

1)施工准备

施工前需对施工现场设置安全防护区及施工标志，施工现场附近禁止行人通过，同时严格按照安全操作规范要求，选择安全防护措施，搭脚手架施工或从山顶下悬绳索系安全带施工。现场施工人员配戴安全帽及必要劳保用具。

2)坡面处理

①清坡。人工对边坡进行清理，主要包括坡面的松散石块及杂物，尤其是突出的岩石，使坡面平整，解决落石隐患，修整坡面转角处及坡顶的棱角，并按弧形形状整理，对个别凹处和反坡，使用植生袋装土或腐殖土进行回填，相应做好标记。可设置嵌入坡体的D5cmPVC、孔深100厘米的排水管，解决坡面存在较大渗透水点的问题。岩石边坡的开挖不得陡于1∶0.75，岩面覆盖的土层不得陡于1∶1.2。

②坡顶截水沟设置。在山脊下坡面处进行开挖边坡，需要设置截水沟，其材料使用M7.5浆砌块石，块石的强度等级不得低于MU30，尽可能对两侧面进行平整。沟底砂浆的厚度不得低于30mm。

③鱼鳞坑设置。对于坡面较陡且岩体裂隙较多处，沟槽面积较大，客土喷播复绿治理困难，需要因地制宜进行鱼鳞坑种植，运用梅花形设置，坑深0.8m，面积0.8m×0.8m，间距为3m×3m。使用浆砌石砌筑围坑，接着回填种植土，厚度不低于0.5m。可在每个坑内加入1kg熟腐的菜籽饼肥做基肥和保水剂，之后覆土移栽小型乔灌木及藤本植物。

3)镀锌网铺设及固定

①铺网。按照孔为5cm×5cm的14#镀锌菱形铁丝网对坡面进行铺设，再根据具体需求对长度裁剪，坡顶需延伸1m以上，开沟并锚钉固定之后回填。先把坡顶固定好之后，就自上而下对坡面铺设，左右两片之间拼接的宽度不得低于10cm，铺设的网面需要离坡面有一定的距离，一般留4～6cm的间隙。

②订网。使用L型锚钉对坡面及搭接处进行固定，坡面铁丝网搭接处以间距1m布置一列，坡面锚钉以间排距1m按梅花形进行布置。锚钉按照直径10mm的钢筋制作，钻孔按垂直岩面或上倾角10°～15°钻入，锚入岩石的深度不低于30cm，最后对孔内注入1∶1水泥浆。

③覆土。在铺设网与岩面的空隙之间填入适合植物生长的种植土，但是覆土不可超过网面。

4)喷射混合土

将上述步骤完成之后，方可进行这一步。首先将植物纤维、微生物菌肥、保水剂、泥炭土、缓释复合肥、固结剂等混合材料按比例搅拌均匀，再将干料通过喷射泵和空压机送至坡面，将混合土与适量的水混合后通过喷射管口喷射在坡面的铁网上。喷射分两次进行，首先喷射不含种子的混合料，厚度4～5cm，待第一次喷射的混合土达到一定强度后，紧接着第二次喷射含有种子的混合材料，厚度不低于1～2cm，最后喷射混合材料平均厚度不低于6～7cm。

5)营养液及植物种子(或茎)喷播

把通过催芽处理后的种子放入过筛的腐殖土里，将黏结剂、缓释复合肥、纤维等混合均匀后，喷射在混合土层上，厚度1～2cm。

6)复绿后养护

①在养护期间，需保持坡面湿润至草种全满、齐苗；

②高温季节及雨季，使用覆盖遮阳网，待草生长到 4～5cm 的高度时，为了不阻碍植物的生长，揭开遮阳网；

③施工竣工一个月后，全面检查草本植物生长的情况，对于生长明显不均匀的部位应予以补播处理；

④养护过程中随时注意施肥、病虫害防治等，保持植物良好的生长状态。

5. 植被恢复

根据北川所处的地理位置，综合考虑矿区的立地条件，同时借鉴当地矿区生态修复治理成功的案例，调查本地植物的种类，初步的选择出用于生态恢复的 25 种植物。其中：乔木类为：刺槐、侧柏、黄连木、桤木、核桃、厚朴、漆树、杉木；灌木类为：野蔷薇、野山楂、酸枣、荆条、沙棘、楠竹、山胡椒；草本类为：沙打旺、野菊花、香根草、狼尾草、黑麦草；藤本类为：金银花、大血藤、爬山虎、常春藤、葛藤。再采用层次分析法筛选。

8.5　案例启示

8.5.1　总结

针对青岗树矿山废弃地土壤的理化性质，采用化学分析法对土壤的养分进行实验分析；运用 3S 技术集成原理对研究区土地利用状况进行综合分析；在植物选择上采用层次分析法对植物进行优化筛选，从而选出适宜矿区生长的植物；对青岗树矿山现状进行实地调查和分析，针对矿山破坏的不同程度进行分区治理。得到的主要结论如下：

(1)矿区中的土壤 pH 变化区间是 4.9～5.1，平均值 5.0，表现为酸性特征；土壤含水量平均值 15.98 g/kg，与矿外 H 点土壤含水率相比，远远低于其平均值 35.45g/kg。矿区样本的土壤养分含量均比较低，由国家制定的相关标准可知，它们含量均低于 5 级，和矿区周边的土壤养分含量还存在较大差距，这会成为影响矿区生态环境重建的不利因素。

(2)通过 Arc gis 软件进行测定得，从 2005～2015 年这一段时期，青岗树矿区周边的土地利用类型的数量变化以矿山的开发用地、道路建设用地的大幅度增加及林地、耕地的锐减为主。矿山的开发用地、道路建设用地增长量分别为 517154.98m^2 和 39506.74m^2，而林地与耕地面积的消减也达到 420093.82m^2 和 153506.46m^2，伴随近些年国家政策的不断发布，开发速度的提升，从 2010～2015 年的面积改变量远远超出 2005～2010 年这五年。

(3)对香泉乡青岗树矿区目前的情况实施调查，并通过恢复工程中的详细方案实施分区，即：Ⅰ区、Ⅱ区、Ⅲ区。并通过对这几个区的详细情况进行分析制定合适的植被恢复措施。

(4)植被恢复过程中的种类选择至关重要，本案例把可选植物分为草本、藤本、灌木以及乔木四种，并使用层次分析法实施筛选。把适应性、功能性以及经济性当做主要的准则因素，通过对比植物权重高低最终确定核桃、侧柏、刺槐、黄连木、沙棘、狼尾草、常春藤等11种植物用于青岗树矿山废弃地生态修复。

8.5.2 启示

因矿业废弃地生态修复的研究在国内起步较晚，而涉及学科领域广泛、影响因素众多，本案例虽然编制出废弃采石场恢复治理的技术路线，但由于时间、资金、个人能力等的限制，尚不能全面地对技术路线中的每个步骤进行深入研究和探讨。在对矿区土壤调查上仅对土壤的养分、含水率及酸碱性做了分析，土壤的其他指标没有涉及，不够全面，不够深入。在植物种类选择的方法上也仅仅是尝试性的研究，其科学性和适用性有待深入和透彻的研究。今后需要进一步深入研究的方向：

(1)采矿工艺与土地生态恢复的有机结合；

(2)矿山废弃地不同的利用方向。

矿山修复治理的最终目标是环境问题得到治理和生态环境得到恢复，植被恢复是其基础。植物种类的选择、植物种植模式的搭配等则是植被恢复的关键，以上两者需要进行更加深入、有效的研究，为矿山的生态修复治理奠定坚实的基础。

第9章　贵州青龙煤矿区土地复垦生态恢复工程

9.1　内容提要

本案例以西南丘陵区贵州黔西青龙煤矿为例，针对该区的自然条件、社会经济状况以及矿区土地破坏类型提出了矿区破坏土地的复垦措施。其中工程措施主要包括裂缝充填、土地平整、梯田工艺、排灌工程等；生物化学措施主要有植物筛选、种植技术、土壤培肥与改良等。

9.2　引言

目前，我国因矿产资源开发等生产建设活动造成的废弃土地约13亿hm^2，其中80%以上没有得到恢复利用。每年生产建设活动对土地造成新的破坏。由于大量土地被破坏后不能及时复垦利用，给社会、经济、生态等方面带来一系列问题，在一些地区产生了严重后果。土地复垦在补充耕地、调整农业结构、改善生态环境、促进集约节约用地方面具有重要意义。贵州省作为我国煤炭资源大省，如何在资源利用的同时保证土地的合理利用及生态环境的优化对其显得极为重要。目前多数学者只对煤矿区的破坏土地笼统地提出了一些复垦措施，而针对不同类型的矿区破坏土地复垦措施的分类研究较少。土地复垦措施的制定是土地复垦工程实施的前提和基础。本案例以西南丘陵地区贵州青龙煤矿的破坏土地为例，分析破坏土地的复垦措施，以期为西南丘陵井工煤矿区破坏土地的复垦工作提供参照。

9.3　相关背景介绍

9.3.1　矿区基本概况

青龙矿区位于贵州省中部的黔西县城以东约14km，东以乌江为界与修文县相邻，南以鸭池河、六广河为界紧靠清镇市、织金县，西邻大方县，北倚金沙县。地理坐标为东经106°03′26″～106°10′32″，北纬26°57′51″～26°59′32″，总面积21.79km^2。地理位置见图9-1。

图 9-1　青龙煤矿地理位置

矿区属高原低山丘陵地貌，主要地形为山峦斜坡，斜坡坡度为 10°～30°，海拔标高1250～1350m，相对高差一般为 100～150m。矿区属亚热带湿润季风气候类型区，多年平均相对湿度为 82%，每年平均日照时数为 1101.8～1780.2h，无霜期为 209～297d，春迟夏短，秋早冬长，水热同季，干湿异期，四季分明。

土壤母质主要为第四系黄土、花岗岩、花岗片麻岩、砂页岩的残积坡积物，其余为石英岩等残积坡积物。土壤主要为黄壤、山地黄棕壤、水稻土、石灰土。土壤富铝化作用表现强烈，发育层次明显，全剖面呈酸性和强酸性。

矿区自然植被类型有落叶、常绿阔叶或针叶混交林，丘岗多为次生灌木和松杉林，现原生植被已破坏殆尽。区内植被以天然次生林为主，人工林仅在周边地区零星分布，长势较好，林草覆盖率为 15.25%。

9.3.2　矿区土地破坏类型

青龙煤矿分一采区、二采区、三采区、四采区 4 个采区。本案例研究对象为一采区和二采区开采后的破坏土地，共计 776.23hm^2。青龙煤矿开采后对矿区土地的破坏，主要有地表沉陷破坏土地、排矸场压占土地及表土堆放场压占土地等三种类型，其相对位置见图 9-2。

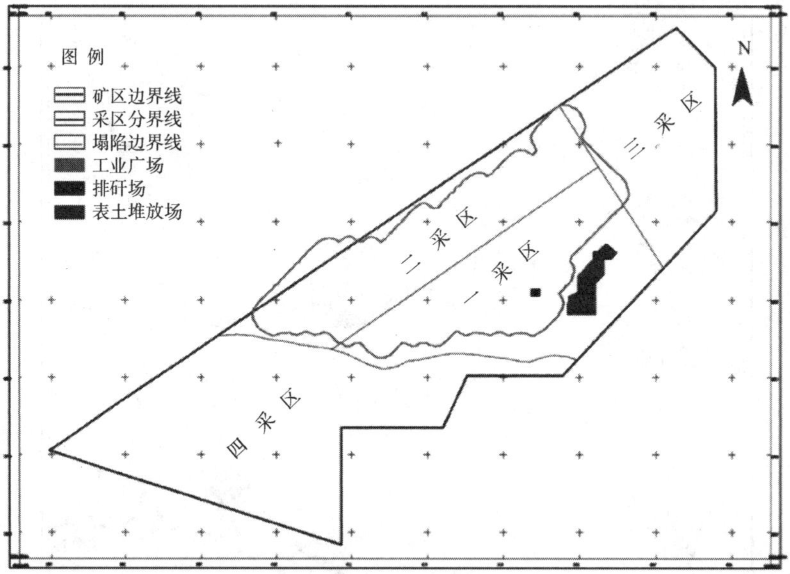

图 9-2　破坏土地相对位置示意图

(1)地表沉陷破坏土地：煤矿地下开采会不同程度地引起地面塌陷、地表裂缝等问题。青龙煤矿各煤层开采后，在工作面推进过程中地面产生裂缝，引起地面塌陷，裂缝面积为 155.37hm²、塌陷面积为 770.16hm²。塌陷土地中存在裂缝以及塌陷深度较大的地方，土地利用受到影响，严重的甚至无法利用，自然恢复困难，为了恢复土地的耕作及景观特性，需对其进行必要的复垦整治。

(2)排矸场压占土地：矿井在掘进、开采过程中排出的矸石固体废物，不仅堆积占地，而且还能自燃污染空气甚至引起火灾。青龙矿区排矸场为临时排矸场，占地面积为 4.07hm²。矸石被直接利用来填整工业场地、沟坑和铺筑路基，或者作为建筑材料，如生产矸石实心砖、空心砖、轻骨料空心小型砌块、用于井下防火柱浆材料等，另外部分矸石用于发电。因此矿区排矸场对土地的破坏主要是矸石充分利用后留下的损毁土地。

(3)表土堆放场压占土地：矿山开采和复垦过程常常改变原有土壤剖面的特征，使历经数十、数百甚至数千年形成的土壤受到破坏，现行的土地复垦工艺往往导致土层顺序的变化和上下土壤层的混合，从而使复垦土壤条件差，难以快速达到期望的生产力水平。因此，在复垦前先将排矸场和工业广场占用的耕地进行表土剥离。表土堆放场主要为工业广场及排矸场原地貌剥离表土，占地 2hm²。场址在工业场地西北部塌陷区域内，距离工业广场约 2km，占地 2hm²。

各类破坏土地面积统计见表 9-1。

表 9-1　各类破坏土地面积统计表

破坏区域		破坏面积/hm²	备注
塌陷区	塌陷	770.16	裂缝出现在塌陷区域范围内，不重复统计面积
	裂缝	155.37	
排矸场		4.07	—
表土场		2	—
合计		776.23	—

9.4　主体内容

青龙矿井开采造成土地破坏，引起一系列问题。一是土地利用受到影响，严重的甚至无法利用；二是生态和自然环境遭到严重破坏，导致水土流失、水源干枯、塌陷积涝等；三是工农之间在征地、拆迁、安置、补偿等问题上的矛盾可能会更加尖锐。而破坏土地自然恢复困难，为了解决这些问题，必须对破坏土地实施必要的复垦措施，主要包括工程技术措施和生物化学措施两方面。

9.4.1　工程技术措施

1. 塌陷地复垦措施

塌陷地复垦措施主要采用裂缝充填、土地平整、梯田工艺和排灌工程四种措施。

1)裂缝填充

青龙煤矿开采引起地表裂缝破坏程度为轻度和中度，没有出现重度裂缝。裂缝会改变地表的微地貌，影响土壤的性质。根据裂缝的宽度、深度、间距及所影响地类的不同，应该采取不同的措施。矿区耕地的裂缝充填可在土地平整时进行，这样可以避免土壤的重复扰动；而林草地的裂缝采用人工就近取土石直接充填，这种方法土方工程量小，土地类型和土壤的理化性质基本不变。整个工序的工艺流程见图 9-3。

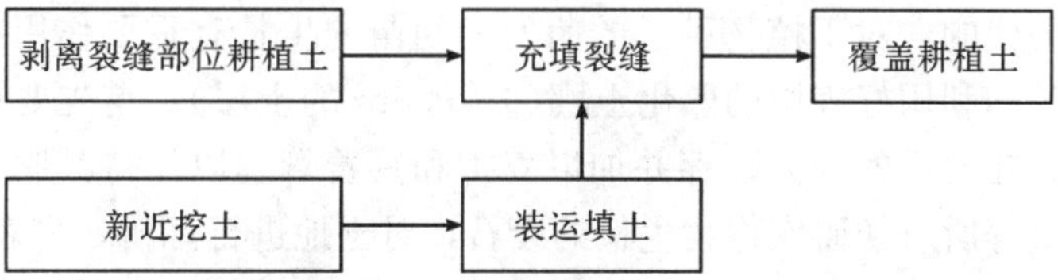

图 9-3　表土剥离工程流程图

2)土地平整

青龙煤矿进行多煤层或分层开采，因此进行复垦时沉陷土地分为已稳沉和未稳沉两类。未稳沉的沉陷地还处于变形期间，所以对其采用基本的工程措施使其平整，能够保证进行一定的农业生产或林草生长即可，待其稳定后再采取适当的复垦措施。

对于塌陷较浅的均沉型塌陷地，可以通过简单的土地平整措施重构土壤。为不破坏土壤层次，同时为保持重构土壤的肥力，在土地平整时应先把土壤表层 20～50cm 的土层剥离，然后进行土地平整，最后覆盖上表土。这种做法虽然增加了复垦成本，但土壤肥力基本保持不变。如果原土壤肥力较差，为了降低复垦成本可以直接进行塌陷地平整，不必剥离表土。

对于已稳定的、沉陷深度(裂缝深度)≤2m、本身坡度不大的地块，按照不同的机耕条件和灌排条件确定合适的标高和坡度，进行填挖平衡(由于这些地块的破坏程度不大，对农业生产、林草生长的影响有限，因此人工挖方取土)，使各地块的地面坡度保持在规定的标准范围内。

3)梯田工艺

青龙煤矿开采引起的塌陷较深的塌陷地称为混合型塌陷地。混合型塌陷地地表破坏较严重，起伏较大，采用简单的平整很难进行复垦，在此类地区可以就势修筑梯田，以达到重构土壤的目的。

对于已稳定的、沉陷深度较大、本身坡度起伏较大，甚至呈台阶状的坡耕地，可进行梯田设计。青龙煤矿区地形以丘陵为主，原有耕地大部分具有一定的坡度，采煤沉陷后可以使当地总的地形坡度变化趋于平缓，但部分地区由于裂缝带的存在，坡度也可能陡增。沉陷后地表坡度大于7°时，可以沿地形等高线根据高低起伏状况就势修建台田，形成梯田景观，并略向内倾以拦水保墒。同时要修筑适当的排水设施，防止水土流失，改善原有的农业生产布局。

4)排灌工程

排灌工程主要作为耕地的附属工程，根据矿区地域特点，为了充分利用当地天然降雨量，在适宜位置布置水窖，使雨水能顺利汇集。利用汇集的雨水为复垦后的旱地作物提供坐种保苗或应急灌溉用水，作物采用非充分灌溉，灌溉方式采用坐水种或点灌方式。集雨水窖采用地下开挖，底部为10 cm厚C20砼防渗，侧壁采用M10水泥砂浆防渗抹面，厚度为6cm，侧壁布置码眼，每15m设砼圈带一道。

2. 排矸场破坏地复垦

临时排矸场压占为冲沟内的河谷地段，考虑到矿区地处西南山地丘陵区，土层较薄、土源缺乏，而耕作层土壤和表层土壤是经过多年耕作和植物作用而形成的熟化土壤，是深层生土所不能替代的，对于植物种子的萌发和幼苗的生长有重要作用。因此在进行矸石堆放前，要保护和利用好表层的熟化土壤(0～0.5m的土层)。首先要把表层的熟化土壤尽可能地剥离，在合适的地方贮存并加以养护和妥善管理以保持其肥力；待矸石充分利用后，清除石块等所有妨碍农作物生长的废石，对土地进行翻耕，将表土覆盖其表面，为了便于耕作需要对土壤进行培肥。

3. 表土堆放场复垦

表土堆放场占地为农用地，且占地面积较小，在表土充分利用后，对其压占地进行土地翻耕、平整、适当的培肥后种植农作物。

9.4.2　生物化学措施

生物复垦是通过生物改良措施，改善土壤环境，恢复土壤肥力与生物生产能力的活动。针对矿区的破坏土地，拟采取的生物化学措施有植物筛选、种植技术、土壤培肥与改良三种。

1. 植物筛选

树种选择结合当地景观格局，做到以乡土树种为主，落叶树与常绿树种搭配，同时考虑景观性和防尘功能，根据矿区所在地气候、土壤、水土流失等特点，确定拟选树种主要有马尾松、柳杉；灌木为火棘；草种为茅针草。主要树种种植技术指标见表9-2。

表 9-2　主要树种种植技术指标

树种	整地方式	整地规格/m	株行距/m	造林季节	种植方式	苗木规格		
						苗龄	地径/cm	苗高/cm
柳杉	穴状	0.8×0.8×0.8	2×2	春、雨	植苗	1年生播种苗	0.25	>30
马尾松	穴状	0.8×0.8×0.8	2×2	春、雨	植苗	1年生播种苗	0.25	>30
火棘	穴状	0.3×0.3×0.3	0.3×0.3	春、雨	植苗	1年生播种苗	0.5	60

2. 种植技术

1)移栽技术

移栽的苗木较大，植株生长封陇地面快，对于能固氮的植物和有菌根菌的植物，移栽时可把苗圃地内的有益菌带到新垦地内，促使植株健壮生长。矿区复垦林地树种可适当地采用移栽技术，但外地购买来的苗木，不宜堆放，要迅速稼植，随栽随挖取，栽植时幼苗根部要蘸上泥浆以减少根部在干燥空气中的暴露时间，增加根部土壤含水量。栽植时要除去树苗周围的杂草，以免与树木争夺水分。购买苗木的地点最好选择与移栽地气候条件相近的地方，切忌把水地培育的苗木移栽到旱地，否则成活率将大大降低。

2)直播技术

直接播种与育苗移栽相比较，生命力强，根系扎入土层较深，地下根系的伸长经常高于地上的生长量。直播的林木易发生自然淘汰，天然地进行林分密度调节，形成抵御自然灾害能力强的株形，因此这类植物具有较大的抗逆性，所需的成本较移栽的低，而且不像移栽的植物移栽后要马上浇水。矿区复垦植被在费用较少情况下逐渐以直播代替移栽。

3)扦插技术

扦插的适宜环境是温暖湿润的气候，而矿区属亚热带温湿气候，冬无严寒，夏无酷暑，气候较温和，给扦插提供了有利条件。扦插有春插、秋插和夏插，落叶树以春季新芽未萌动以前扦插为好，常绿树以春末夏初或秋天扦插为好。

3. 土壤培肥与改良

1)人工施肥

对复垦后土地施用适当的有机、无机肥料以提高土壤中有机质含量，改良土壤的结构和理化性质，并作为绿肥法的启动方式，为进一步改良打好基础。

2)绿肥法

在矿区自然条件较差、土壤较贫瘠的土地上，最初几年内种植多年生或一年生豆科草本植物，然后将这些植物通过压青、秸秆还田、过腹还田等多种方式复田。在土壤微生物作用下，除释放大量养分外，还可转化成腐殖质，其根系腐烂后也有胶结和团聚作用，可以有效改善土壤理化性质。

3)有效利用污泥

对于矿区内污水处理过程中形成的污泥，在保证其安全性的前提下，采取堆肥发酵的方式，作为土壤改良与培肥的有机肥料。

9.5 案例启示

西南地区地处亚热带喀斯特区域中心，土壤成土慢、土层薄、土被不连续，生境干旱且对植物有严格的选择性，水土易流失，因此，该区破坏土地复垦在采取工程措施和生物措施时，应注意保护表土资源，利用天然水资源，在植被选择上以乡土植物为主，辅以水土保持措施。另外，西南丘陵井工煤矿区破坏土地复垦不仅要充分考虑项目区的土地破坏类型及自然经济社会状况，而且在实施复垦工程中还应注意三方面的问题：一是监测与复垦相结合。在复垦工程实施后，要加强复垦后的监测与管护，根据实际情况，及时调整复垦措施及复垦方向；二是安全问题。该区地形条件复杂，地质条件极不稳定，有些地块因地形条件制约，机械不能到场作业，靠人工操作，因此施工单位在项目实施时，要加强对工程施工的安全管理；三是公众参与问题。土地复垦作为矿区的一项综合工程，其涉及范围不仅仅局限于煤矿本身，因此要充分考虑所有相关部门及受益人的意见，在复垦过程中，实施与复垦受益人相关的工程时，如梯田工程、灌溉设施等，应与当地居民加强交流，使复垦工程更好地满足受益人的需要。

第四篇

高寒湿地生态修复

第 10 章 湿地生态修复原理、技术

10.1 概述

10.1.1 湿地及其面临的困境

湿地是分布于陆地生态系统和水域生态系统之间具有独特水文、土壤、植被与生物特征的生态系统。由于湿地具有丰富的生物要素和环境要素，从而为人类生产、生活提供了水资源、生物资源、能源(泥炭、海盐)、交通和旅游资源，是地球上最具生产力的生态系统之一。同时，湿地的物理、化学和生物组成部分交互作用，在调节气候、涵养水源、蓄洪防旱、净化水质、保护生物多样性等方面具有其他系统不可替代的环境功能和生态效益，被称为“地球之肾”。

2000 年左右，中国湿地面积约为 5699.89 万 hm^2，但是 2014 年的数据显示中国湿地面积为 5360.26 万 hm^2，减少 5.96%。湿地面积的减少，势必引起一系列的生态问题，例如，关键生态过程发生变化、生态系统功能改变、物种多样性丢失、生态系统服务价值下降、生态系统安全风险增加等，最终影响到区域内生态安全、社会稳定和经济发展。政府部门和科研人员对此作了许多努力，通过设立自然保护区、采用人工修复技术对湿地生态系统进行修复，取得了一些成果。但是，湿地作为一个特殊的生态系统，我们必须结合湿地生态系统的特点，遵循生态学原理和方法才能对湿地生态系统进行科学合理地修复。

10.1.2 湿地生态系统特点

湿地生态系统与其他生态系统相比，具有如下特点：

1. 脆弱性

水是建立和维持湿地类型的重要决定因子，水文流动是营养物质进入湿地的主要渠道，是湿地初级生产力的决定因素。因此，湿地对水资源具有很强的依赖性。由于水文状况易受自然及人为活动干扰，所以湿地生态系统也极易受到破坏，且破坏后难以恢复，表现出很强的脆弱性。

2. 过渡性

湿地同时具有陆生和水生生态系统的地带性分布特点，表现出水陆相兼的过渡性分布规律。

3. 结构和功能的独特性

湿地一般由湿生、沼泽和水生植物、动物和微生物等生物因子以及与其紧密相关的光照、水分、土壤等非生物因子构成。湿地水陆交界的边缘效应使湿地具有独特的资源优势和生态环境特征，为生物(动物、植物、微生物)群落提供了适宜的生境，具有较高的生产力和丰富多样的生物多样性。

4. 较强的自净和自我恢复能力

湿地能够起到控制土壤侵蚀、降解环境污染物的作用。湿地具有独特的吸附、降解和排除水中污染物、悬浮物、营养物的功能，能使潜在的污染物转化为资源。这一过程主要包括复杂界面的过滤过程和生存其间的多样性生物群落与其环境间的相互作用过程，既包括物理作用，也包括化学作用和生物作用。物理作用主要是湿地的过滤、沉积和吸附作用，化学作用主要是为吸附湿地孔隙中的有机微生物提供酸性环境，降解水中的重金属。生物作用包括两类，一类是微生物作用，另一类是大型植物作用。前者是湿地土壤和根际土壤中的微生物如细菌对污染物的降解作用，后者通过大型的植物如藻类在生长过程从污染水中汲取营养物质来完成。

5. 物种多样性丰富

湿地生态系统由于具有陆生和水生生态系统的地带性分布特点，因此物种多样性较丰富。植物一般由沉水植物、浮叶植物、挺水植物、水缘植物和喜湿植物组成；动物一般有鱼类、虾、蟹类、栖息在淤泥中的软体动物、生活在陆地上的水鸟等；微生物一般以厌氧型和耐氧型为主。目前，我国记录到湿地植物 2760 余种，其中湿地高等植物约 156 科、437 属、1380 多种。记录到的湿地动物 1500 种左右(不含昆虫、无脊椎动物)，其中水禽大约 250 种，包括亚洲 57 种濒危鸟中的 31 种，如丹顶鹤、黑颈鹤、遗鸥等。鱼类约 1040 种，其中淡水鱼 500 种左右，占世界淡水鱼总数的 80%以上。

10.2　湿地生态修复理论基础与技术

10.2.1　湿地生态修复的理论基础

湿地生态修复主要借助气象学、水文学、生物学、物理、化学等技术手段，应用生态学相关原理，实现对湿地生态系统的修复。涉及的生态学原理主要有个体生态原理、种群生态原理、群落生态原理、系统生态原理、景观生态原理。

1. 个体生态原理

1)修复应该考虑环境对生物的综合作用

(1)正确区分生态因子和生存因子：生态因子指的是环境中对生物生长发育产生影响的要素，包括气候、地形、土壤、生物和人为干扰等；生存因子指的是生态因子中生物生存不可缺少的因子；

(2)限制因子：在众多的生态因子中，任何接近或超过某种生物的耐受极限而阻止其生存、生长、繁殖或扩散的因子；

(3)利比希的“最小因子定律”：植物的生长取决于那些处于最少量状态的营养成分。条件：①严格的稳定状态，即物质和能量输入和输出处于平衡态；②因子的替代作用；

(4)谢尔福德的“耐受性定律”：任何生物都有一个耐受范围，存在一个生态上的最低点和最高点，即耐受性下限和上限；

(5)生态幅：每个物种对生态因子适应范围的大小。任何一种生物对不同生态因子的耐性范围不同；同种生物在不同的生活史阶段对生态因子的耐性范围不同；由于生态因子间的相互作用，当某一生态因子不是出于最适状态时，生物对其他生态因子的耐性范围将会缩小；对多个生态因子耐性范围都很宽的生物，其地理分布范围也很广；同一生物种的不同品种，长期生活在不同的生态环境下，其耐性范围会发生变化，产生生态型分化。

2)考虑生物对特定环境的适应

(1)区分趋同适应和趋异适应。趋同适应指的是不同物种在相似的大环境条件下，可能在生理、行为和形态等方面表现出相似性；趋异适应指的是在不同的环境条件下，同一个物种面对不同的生态压力和选择压力，在生理、行为和形态方面可能会有不同的调节，如个体大小的变化、体温的变化和取食节律的变化；

(2)区分表型适应和进化适应。前者描述的是有机体在个体水平上的变化，包括生理、行为、形态等方面，时间尺度相对较短，变化的特征是可逆的；而后者指的是多个世代的变化，时间尺度较长，有些特征是不可逆转的，是可遗传的。

(3)区分生态型和生活型。同种生物的不同个体群由于长期生存在不同的自然生态条件或认为培养条件下，发生趋异适应，并经过自然选择或者人工选择，形成的生态、形态和生理特性不同的基因类群，成为生态型；不同生物由于长期生存在相同的自然环境条件或人工培养条件下，发生趋同适应，并经过自然选择和人工选择，形成具有相似形态、生理、生态特性的物种类群，成为生活型。

3)最大限度实现生物对环境的生态效应

主要包括：①改善区域小气候；②吸收 CO_2、释放 O_2；③净化空气；④减弱噪音；⑤涵养水源、保持水土；⑥净化水体；⑦防风固沙。

2. 种群生态原理

1)采用人工措施调节种群增长

(1)指数增长模型(J 形增长)；

(2)逻辑斯蒂增长模型(S 形增长)。

2)将修复目标和手段与种群的生态对策相联系

(1)区分 R 对策和 K 对策。R 对策死亡率高、但能使种群迅速恢复，且具有高扩散能力，从而使其迅速离开逆境，有利于建立新的种群和形成新的物种；K 对策竞争能力强，数量稳定，大量死亡或导致生境退化的可能性小，但是种群数量下降后很难恢复。

(2)区分 CR、SR、CS 类型。CR：竞争杂草型，资源丰富，干扰程度中等；一般营养生长阶段长，植株较大；多分布在强度放牧的生境中；SR：胁迫忍耐杂草型，干扰程度中等；一年生小型草本植物或生长时间较短的多年生植物；常见于沙漠、极地和高山上；CS：胁迫忍耐竞争型，资源丰富、干扰较少；中等的生长速率，生物量季节性变化大，如木本植物等。

3)Meta 种群在生态修复中的应用

指在斑块生境中，生存空间具有一定距离，但彼此间通过扩散个体相互联系在一起的许多小种群或局部种群的集合。

4)利用种群调节理论指导生态修复

(1)种群的自然平衡与平衡密度。自然界中，由于种间的相互作用、相互制约，使绝大部分种群处于一个相对稳定的状态。例如，自然界中 99%的生物数量相对较稳定，仅有 1%左右的动植物会暴发成灾，成为有害生物。这种由于生态因子的作用使种群在生物群落中，与其他生物成比例地维持在某一特定密度水平上的现象称为种群的自然平衡，这个密度水平叫做平衡密度；

(2)种群的调节与调节因素。种群离开其平衡密度后又返回到这一平衡密度的过程称为调节。能使种群回到原有平衡密度的因素称为调节因素，主要是密度制约因子；

(3)种群的动态或波动。指种群无规则地或无平衡密度地变化；

(4)种群限制。指使种群数量减少到最小值或不至于出现过度上升的过程；

(5)选择性因子与突变性因子。Howards and Fiske (1911) 对舞毒蛾种群动态研究发现：引起舞毒蛾种群数量变化的因素有两类，一类是由于暴雨、低温、高温的作用，对舞毒蛾种群造成毁灭性的影响。这些作用因子由非生物因子组成，其特点为总是杀死一定比例的舞毒蛾个体，与种群密度无关，称为灾变性因子；另一类是由于舞毒蛾寄生性天敌生物作用，使舞毒蛾种群密度按比例变化，主要由生物因素引起，与种群密度相关，称为选择性因子。

(6)密度制约因子与非密度制约因子。前者指的是种群的死亡率随密度增加而增加，主要由生物因子引起，相当于上述选择性因子；后者是指种群的死亡率不随密度变化而变化，主要由气候因子引起，相当于上述灾难性因子。

5)针对种内和种间不同关系，配置不同的物种组合

(1)竞争：①竞争排斥原理：在一个稳定的环境内，两个以上受资源限制的，但具有相同资源利用方式的种，不能长期共存在一起，即完全的竞争者不能共存。由于竞争的结果，两个相似的物种不能占有相似的生态位，而是以某种方式彼此取代，使每一物种具有食性或其他生活方式上的特点，从而在生态位上发生分离的现象，这一假说称为高斯假说；②竞争的结果：生存需求条件的两个物种不能共存在一个空间。长期存在同一地区的两个物种，由于剧烈竞争，必然会出现栖息地、食物、活动时间或者其他特征上的生态位分化；③竞争模型分析；④竞争类型：干扰性竞争和利用性竞争。

(2)捕食：①捕食模型分析；②捕食食物链、牧食食物链、腐生食物链；③Top-down 效应和 Bottom-up 效应分析；

(3)共生：①共生的类型；②共生作用。

3. 群落生态原理

1)修复应该特别注意群落的结构

(1)群落的垂直结构：群落的分层结构越复杂，对环境利用越充分，提供的有机物质也越多，群落分层结构的复杂程度也是生态环境优劣的标志；

(2)群落的水平结构：主要指群落的镶嵌性。形成的原因是亲带的扩散分布、习性、环境异质性和种间的相互作用；

(3)群落的时间结构：主要表现为群落的季相和时相；

(4)群落交错区和边缘效应。群落交错区是指两个或者多个群落之间的过渡区域。群落交错区种的数目及一些物种的密度有增大的趋势即为边缘效应；

(5)影响群落结构的主要因素有：生物因素(竞争、捕食、共生)、干扰、空间异质性、岛屿等。

2)修复应该遵循群落演替理论

(1)群落的演替是指在群落发展变化过程中，由低级到高级、由简单到复杂、一个阶段接着一个阶段，一个群落代替另一个群落的自然演变现象。多数群落的演替有一定的方向性，但也有一些群落存在周期性的变化，即由一个类型转变为另一个类型，然后又回到原有的类型，称为周期性演替。

(2)群落演替类型。原生演替：在一个从来没有被植物覆盖的地面，或者是原来存在植被、但后来被彻底消灭了的地方进行的演替。如沙丘、火山岩、冰川泥上发生的演替；次生演替：指在原有植被虽已不存在，但原有土壤条件基本保留，甚至还留下了植物的种子或其他繁殖体(如能发芽的地下茎)的地方发生的演替，如火灾过后的草原，过量砍伐的森林，弃耕的农田上进行的演替。

(3)群落演替方向。进展演替：随着演替的进行，生物群落的结构和种类由简单到复杂；群落对环境的利用由不充分到充分；群落生产力由低逐步增高；群落逐渐发展为中生化；生物群落对外界环境的改造逐渐强烈。逆行演替的进程则与进展演替相反，它导致生物群落结构简单化；不能充分利用环境；生产力逐渐下降；不能充分利用地面；群落旱生化；对外界环境的改造轻微。

(4)控制群落演替的因素：生物因素，主要包括群落内物种的生命活动、植物繁殖体的迁移、散布和动物的活动性、种内和种间的关系、火烧、砍伐、开垦造成的生境片段化等；非生物因素主要有气候、土壤和地形地貌等。

4. 系统生态原理

1)生物与环境适应原理

生物在长期进化中形成了对某些生态因子的特定要求，只有满足生物对这些生态因子的特定要求，生物才能正常发育。在实践中，可根据资源条件选择与之相宜的优势物种，亦可根据既定生物种对资源条件的需求改善现存资源条件。

2)生物共生互利原理

对生活在同一环境中的生物，应尽量利用相互促进的种间关系，避免将具有负相互作用的生物种群安排在同一环境中。

3)充实生态位原理

对于生态系统中某一空缺的或者功能效应交叉的生态位，可通过人为辅助措施，添加新的物种，进而充实、强化生态位，提高资源利用效率，改善生态系统的结构和功能。

4)食物链构成原理

利用级联效应理论，合理组装系统的食物链营养关系，选择搭配不同的生物种群，使系统的物质和能量得到充分有效的利用。

5)生态平衡原理

生态平衡是指在一定时间内生态系统中的生物和环境之间、生物各个种群之间，通过能量流动、物质循环和信息传递，使相互之间达到高度适应、协调和统一的状态。也就是说当生态系统处于平衡状态时，系统内各组成成分之间保持一定的比例关系，能量、物质的输入与输出在较长时间内趋于相等，结构和功能处于相对稳定状态，在受到外来干扰时，能通过自我调节恢复到初始的稳定状态。在生态系统内部，生产者、消费者、分解者和非生物环境之间，在一定时间内保持能量与物质输入、输出动态的相对稳定状态。因此，在进行湿地生态修复过程中，特别要强调维持生态系统的平衡状态。

6)实现生态系统功能最大化原理

维持一个生态系统具有较高的生产力、高效的能量利用效率和物质循环效率、完整的信息交流状态是良好的生态功能的体现。因此，在进行湿地生态系统修复时要注意从物质生产、物质循环、能量流动和信息交流四个方面考虑，使其功能发挥到最优状态。

5. 景观生态原理

1)景观与景观格局

景观是由多个生态系统构成的异质性地域，或不同土地利用方式的镶嵌体。景观格局是构成景观的生态系统或土地利用覆被类型的形状比例和空间配置。它既是景观异质性的具体体现，又是各种生态过程在不同尺度上作用的结果。空间异质性是景观格局的基本特征。所谓空间异质性是指某种生态学变量在空间分布上的不均匀性及复杂程度。它是空间斑块性和空间梯度的综合反映。空间斑块性不仅包括由气象、水文、地貌、地质、土壤等组成的生境异质性，还包括由植被格局、繁殖格局、生物间相互作用、扩散过程等构成的生物斑块性。空间梯度则指沿某一方向景观特征变化的空间变化速率。景观格局的研究方法主要包括景观格局指数法、空间自相关法以及景观模型分析法。

2)生态过程

在景观镶嵌体中发生一系列的生态过程。这些过程既包括同一景观单元或生态系统内部的垂直过程，也包括在不同景观单元或生态系统间的水平过程。与景观格局不同，生态过程强调生态事件或现象发生发展的动态特征。生态过程包括生物过程与非生物过程。生物过程包括种群动态、种子或生物体的传播、捕食作用、群落演替、干扰传播等，而非生物过程包括水循环、物质循环、能量流动、干扰等。在较小的空间尺度上，实地观测和定点实验是生态过程研究的主要手段，如在小区与坡面尺度上进行的土壤水分与养分运移研究采用仪器定点测量土壤呼吸等。

3)景观格局与生态过程的关系原理

任何生态过程都以一定的景观空间为依托，景观对于生态过程而言具有宏观的控制作用，生态过程与景观空间在现实世界中相互交融，表现出非线性的耦合与反馈关系。

(1)景观格局对生态过程驱动模型。包括 SWM(Soil and Water Integrated Model)、THMB(Terrestrial Hydrology Model with Biogeochemistry)、ANSWERS(Areal Nonpoint Source Watershed Environment Response Simulation)模型等。SWM 模型模拟流域尺度上河岸带和湿地的水、营养物质流动和保持过程，植物地下水和营养物质转移河岸带和湿地对水文过程的影响；THMB 模型则用来定量模拟森林和草地对水文过程的影响；ANSWERS 模型通过模拟不同植被覆盖下径流和泥沙量分析植被对径流和产沙量的影响。这类模型的缺陷在于，格局变化通常通过情景假设方式来实现，由于未考虑景观格局变化的影响因素与变化趋势，不能用于推测未来的景观格局与生态过程变化。

(2)生态过程对景观格局反馈模型格局变化的影响因素众多。生态过程对景观格局的反馈漫长而难测，在建模上存在基础数据与机理欠缺的问题，如气象因子(降雨)、繁殖格局(如种子扩散)、干扰(如火烧、放牧等)过程对景观格局的影响。Jeltsch(1997)等应用空间显式模型，模拟了降水、火烧和放牧等对稀疏草原乔木分布的影响。发现降水是乔木变化的主要因素，乔木分布可当作生态过程的诊断标准。Schurr(2004)等研究表明植被格局的影响因子中种子扩散比根系竞争的作用更大。Belher(2002)等利用个体行为模型分析了热带森林格局的影响因子，结果表明种子传播距离和森林密度是主要影响因素。

(3)景观格局与生态过程耦合模型。耦合模型可以发挥不同专业模型模拟结果，互为补充验证，模拟精度也有所提高。Childress(1999)等借助模型集成工具 LMS(Land Management System)将 EDYS 模型(Ecological Dynamics Simulation Model)与水分模型 CASC2D－SED 耦合起来，将气候、土壤养分、营养物、植物生长、火烧、干扰和管理措施等与水文动态结合，达到了较高的模拟精度。Costanza(1997)等借助 PLM 模型将地形、水文、营养物、植被与土地利用联系在一起，生态过程模拟采用生态系统模型 Pat－GEM，实现了栅格化景观像元间物质循环的联系。

湿地的生态修复取决于湿地生态特征的变化。主要体现在湿地生态系统关键生态过程发生改变，具体包括湿地面积变化、湿地水文条件改变、湿地水质改变、外来物种入侵、湿地生物多样性减少、生态系统功能减弱、生态系统服务价值下降、生态系统安全风险增加等。对于一个区域内受损生态系统的修复，首先要确定引起关键生态过程变化的主导因子(这种因素有可能是人为的、也可能是自然引起的；或者是一因子、或者是几个因子相互作用共同引起的)，同时揭示哪些关键生态过程发生了改变。一旦找到影响区域内湿地生态系统退化的主导因子及其变化的关键生态过程，即可借助特定的生态学原理、针对不同退化方式选择科学合理的生态修复技术。

10.2.2　湿地生态系统修复的原则

1. 地域性原则

我国湿地分布广，涵盖了从寒温带到热带、从沿海到内陆、从平原到高原山区各种类型的湿地。因此应根据地理位置、气候特点、湿地类型、功能要求、经济基础等因素，制定适当的湿地生态恢复策略、指标体系和技术途径。

2. 符合生态学原理原则

生态学原理主要涉及环境对生物的综合作用、生物对特定环境的适应、生物对环境的生态效应、种群增长调节、种群的生态对策、种内与种间关系、群落结构与演替、生态位、食物链、生态平衡、生态系统功能及景观格局与关键生态过程、尺度效应、生物多样性原则等。生态学原则要求根据生态系统自身的演替规律，分步骤分阶段地进行恢复，并根据生态位和生物多样性原理构建生态系统结构和生物群落，使物质循环和能量转化处于最大利用和最优循环状态，达到水文、土壤、植被、生物同步和谐演替。

3. 最小风险和最大效益原则

国内外的实践证明，退化湿地系统的生态恢复是一项技术复杂、时间漫长、耗资巨大的工作。由于生态系统的复杂性和某些环境要素的突变性，加之人们对生态过程及其内部运行机制认识的局限性，人们往往不可能对生态恢复的结果以及最终生态演替的方向进行准确地估计和把握。因此，在某种意义上，退化生态系统的恢复具有一定的风险性。这就要求对被恢复对象进行系统综合地分析、论证，将风险降到最低。同时，还应尽力做到在最小风险、最小投资的情况下获得最大效益。在考虑生态效益的同时，还应考虑经济和社会效益，以实现生态、经济、社会效益最大化。

10.2.3 湿地生态系统修复的目标

湿地生态恢复的总体目标是采用适当的生物、生态及工程技术，逐步恢复退化湿地生态系统的结构和功能，最终达到湿地生态系统的自我维持状态。但对于不同退化湿地生态系统，其侧重点和要求有所不同。总体而言，湿地生态恢复的基本目标和要求如下：

(1)实现生态系统地表基底的稳定性。地表基底是生态系统发育和存在的载体，基底不稳定就不可能保证生态系统的演替与发展。这一点应引起足够重视，因为我国湿地所面临的主要威胁大都属于改变系统基底类型，这在很大程度上加剧了我国湿地的不可逆演替；

(2)恢复湿地良好的水文状况。一是恢复湿地的水文条件；二是通过污染控制，改善湿地的水环境质量；

(3)恢复植被和土壤，保证一定的植被覆盖率和土壤肥力。植被的选择要遵循生态学基本原理，尤其是物种适应、种内和种间关系以及生态系统平衡等；

(4)增加物种组成和物种多样性。重点考虑种间种内关系、生态位理论以及食物链理论等；

(5)实现生物群落的恢复。提高生态系统的生产力、能量利用效率、物质循环效率和自我维持、调节的能力；

(6)恢复湿地景观。注重景观格局的配置与关键生态过程之间的关系，提高系统稳定性和服务价值；

(7)实现区域社会、经济、环境的可持续发展。湿地生态系统的修复要求生态、经济、社会因素相平衡。因此，对生态修复工程除考虑其符合生态学基本原理外，还应考虑公众的要求和政策的合理性。

10.2.4　湿地生态修复方式

1. 被动修复

被动修复主要指受损湿地生态系统通过保护而自然修复的过程。是一种偏重于借助自然系统本身的自我维持和自我恢复能力的修复模式。比如，在湿地恢复初期，尽可能清除系统内的人为干扰(封山禁牧、消除并处理点源污染、禁止收割芦苇和渔猎湿地动物、拆除海岸围堰等)，并恢复湿地的水文状况，通过植被的更替逐步恢复湿地。

2. 主动修复

主动修复主要指通过生态技术或者生态工程对退化或消失的湿地进行修复和重建，再现干扰前的结构和功能，以及相关的物理、化学和生物学过程，使其发挥应有的作用的过程。主动修复除恢复湿地水文状况外，还需恢复湿地的基底和植被，甚至进行关键物种再引入，严重退化或湿地类型难以识别的待重建湿地就需要这种方法。在某些情况下，湿地及其结构和功能都必须在一个全新的场所创建出来。这种恢复途径包括改变地形轮廓，通过水流控制设施管理水位和水量，种植各种水生、湿生和中生植物，清除侵入性和非本土物种，以及根据具体物种生存需求添加合适的土壤。因为对规划、工程、园艺、建筑、人力、物力等方面的要求较高，所以该方法通常成本较高。但是，人为活动对湿地的影响可以通过交通设计、旅游设施设计等来控制，并且可以通过移植植株、清除外来物种、动物种群恢复等方式来缩短湿地恢复到理想状态所需要的时间。

10.2.5　湿地生态修复技术

1. 湿地生态修复技术

根据湿地的构成和生态系统特征，湿地的生态修复包括三个方面：湿地生境修复、湿地生物修复和湿地生态系统结构与功能修复。相应地，湿地的生态修复技术也概括为三大类，即湿地生境修复技术、湿地生物修复技术和湿地生态系统结构与功能修复技术。

1)湿地生境修复技术

湿地生境修复的目标是通过采取各类技术措施，提高生境的异质性和稳定性。湿地生境修复包括湿地基底修复、湿地水文状况修复和湿地土壤修复等。

(1)湿地的基底修复：通过采取工程措施，维护基底的稳定性，稳定湿地面积，并对湿地的地形、地貌进行改造。基底修复技术包括湿地及上游水土流失控制技术、湿地基底改造技术等。

(2)湿地水文状况修复：包括湿地水文条件的修复和湿地水环境质量的改善。水文条件的修复通常是通过筑坝(抬高水位)、修建引水渠等水利工程措施来实现；湿地水环境质量改善技术包括污水处理技术、水体富营养化控制技术等。需要强调的是由于水文过程的连续性，必须加强河流上游的生态建设，严格控制湿地水源的水质。

(3)湿地土壤修复：包括土壤污染控制技术、土壤肥力恢复技术等。

2)湿地生物修复技术

主要包括物种选育和培植技术、物种引入技术、物种保护技术、种群动态调控技术、种群行为控制技术、群落结构优化配置与组建技术、群落演替控制与修复技术、充实生态位技术、景观格局配置技术等。

(1)湿地植被修复技术。植被是湿地的特征之一，不同湿地类型有不同的植被特征，因此，不论哪种湿地类型，在选择植物种类时，必须考虑所选物种的地带性、耐淹性、耐盐性、耐寒性等特性。湿地植被修复技术主要包括物种选育、培植技术、群落结构优化配置与组建技术、群落演替控制与恢复技术等。具体的修复技术包括湿地植被恢复的土壤种子库技术、植物定植/回归技术(营养体移植法、草皮移植法和种子播种法)、植被适度干扰法等。

(2)大型底栖动物群落修复技术。大型底栖动物是湿地食物链上的重要环节，也是吸引鸟类的重要因素，尤其是涉禽。此外，双壳类动物通过过滤水的方式获取水中的食物，有助于提高水体透明度。目前在大型底栖动物群落恢复方面所采用的方法为：人工投放和控制捕捞强度。进行人工投放时，需要考虑所投放的底栖动物是否是当地的乡土物种、是否适应湿地的盐度和沉积物或基底条件以及是否会侵占其他物种的生态位。

(3)鱼类群落生态修复技术。在湿地恢复中，鱼类群落的动态可通过监测湿地水质来反映。水质越差，鱼类的多样性就越低，反之亦然。对于鱼类群落的恢复，所采用的方式有：投放鱼苗、建造人工鱼礁以及控制捕捞强度等。投放鱼苗是一种快速增加鱼类数量的方法，除了人工投放之外，最好的办法就是与附近水体(如海洋)保持水系通畅，在涨潮或调水的同时，自然纳入鱼苗，这种方法有助于湿地内恢复自然的鱼类群落。如果采用人工投放，则需要考虑所投放鱼类的食性，根据它们在食物链上的位置来决定投放的必要性，如在大型沉水植物或藻类过渡生长的水体内，可以投放食草性鱼类，而底栖杂食性鱼类则可以减少沉积物悬浮和内部营养负荷。

(4)鸟类生境修复技术。由于鸟类具有较强的移动性，湿地内鸟类的修复一般采取招引方式，即通过修复鸟类觅食、栖息和繁殖所需生境，并通过增设人工鸟巢等方式招引鸟类，从而达到修复目的。

3)湿地生态系统结构与功能修复技术

主要包括生态系统总体设计技术、生态系统构建与集成技术等。湿地生态修复技术的研究是湿地生态恢复研究的重点和难点。目前急需针对不同类型的退化湿地生态系统，对湿地生态修复的实用技术(如退化湿地生态系统恢复关键技术、湿地生态系统结构与功能的优化配置与重构及其调控技术、物种与生物多样性的恢复与维持技术等)进行研究。另外，在海南东寨湿地生态修复模式中，采用控污减排和禁伐的同时，充分利用该地区的红树林资源，发展与其相关的可持续经营模式。在辽河三角洲生态循环经济研究中，依据芦苇与鱼、虾、蟹的生物学、生态学和循环经济原理，提出在芦苇湿地养殖鱼、蟹等水产品，达到鱼蟹与芦苇互利互生、增产增收的模式。建立芦苇湿地生态经济循环模式，综合采取一水多用、一地多收的物种互惠共生技术以及无公害水产品生产技术，将改善环境、提升功能和持续发展有机结合。这些修复技术值得推广和采用。

2. 湿地生态修复方案要求及其制定步骤

1)湿地生态修复方案要求

湿地生态恢复工程通常是耗资巨大的复杂工程，如美国佛罗里达州大沼泽地重建项目，总投资为6.85亿美元。因此在确定湿地生态恢复方案之前，应对功能设计、操作程序、风险评价、指标体系、恢复技术等进行系统全面地研究和具体规划。Henry(2002)等对湿地生态恢复工程提出如下三点要求：

(1)加强对生态修复合理性的论证；

(2)确定精确适当的修复目标和修复成功与否的判断标准；

(3)监测修复前后生态系统的变化情况，并与参考生态系统进行比较。

2)湿地生态修复方案制订步骤

湿地生态修复方案制订步骤包括：

(1)确定修复对象及系统边界。充分利用景观生态学原理、生态系统生态学原理，科学合理地确定修复对象及划定系统边界；

(2)湿地生态系统退化的成因分析。识别退化主导因子、退化过程、退化类型、退化阶段和退化强度等；

(3)根据以上两点，确定生态修复的目标；

(4)生态修复技术的可行性分析及选择。根据湿地生态系统修复目标和原则选择适合本区域的生态修复技术；

(5)建立优化模型，进行生态规划，明确生态系统安全风险评价体系指标，提出具体的实施方案；

(6)生态－社会－经济－技术可行性分析。遵循生态－社会－经济效应最大化原则；

(7)实地实验、示范与技术推广。

10.3　若尔盖湿地生态修复技术与方法

10.3.1　基本概况

若尔盖高寒湿地处于青藏高原东部，介于西北干旱区、东部湿润区和高原气候区之间，具有明显的过渡区性质，是典型的生态脆弱区。以高原隆陷盆地为代表的沼泽湿地，是世界上最大的高寒泥炭湿地，蕴藏着大量的植物碳。

由于青藏高原对全球气候和环境变化的极端敏感性，若尔盖高原温度和降水格局发生了很大变化。连续40年的监测数据显示，若尔盖高原温度平均以每10年0.2℃的幅度增加，并且非生长季(冬秋季)的增温幅度明显大于生长季(春夏季)温度(图10-1)。降水主要表现在短期内降水强度增大，但总的降水量差异不大。温度增加可能导致呼吸作用增加，泥炭层分解速率潜在增加，由碳汇变为碳源。降水格局的变化，加上人为挖沟排水增加草场面积，使得若尔盖湿地面积明显减少(图10-2)，中生、偏旱生生境面积增加，有的地方甚至出现了沙化(图10-3)。因此，地上植被也由水生植物－湿生植物－中生植物－旱生植物－沙化植物演替，群落由沼泽化的眼子菜－藻类群落和木里苔草－异枝狸藻群落向中生的嵩草－杂草群落演替，最终演替到以旱生的白花枝子花－干生苔草为优势种的群落。如何在气候变化、人为干扰背景下对若尔盖湿地进行恢复和修复是现阶段生态环境工作者面临的严峻挑战。

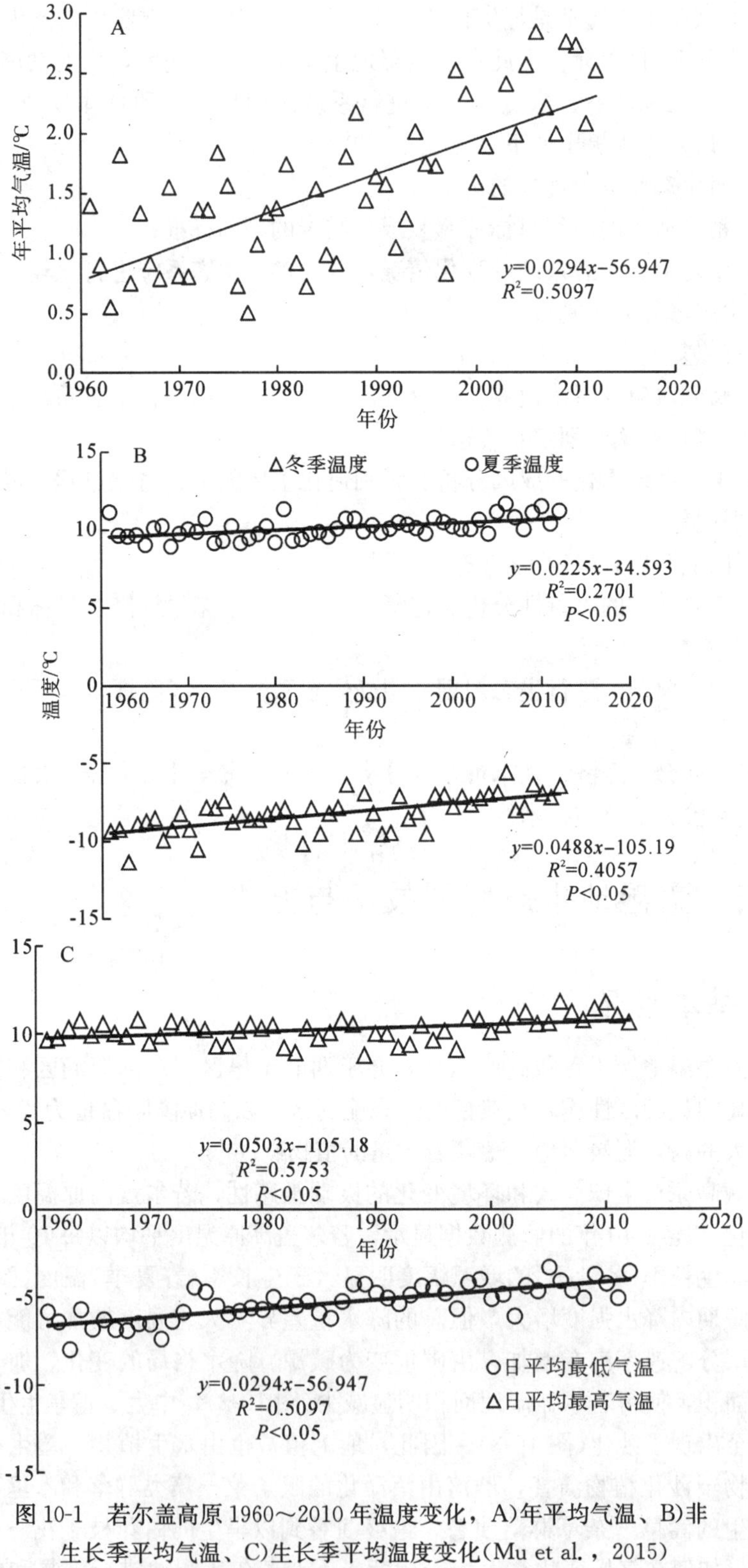

图 10-1　若尔盖高原 1960～2010 年温度变化，A)年平均气温、B)非生长季平均气温、C)生长季平均温度变化(Mu et al.，2015)

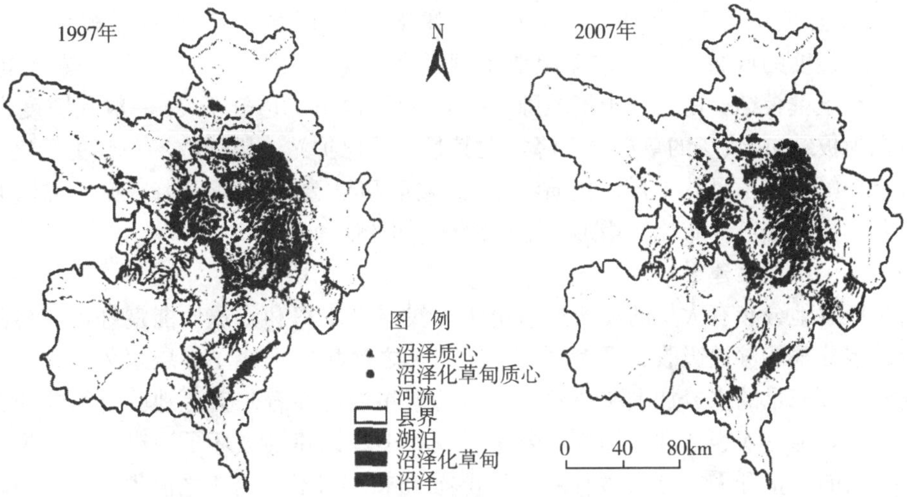

图 10-2　1997 年和 2007 年若尔盖高原沼泽湿地分布(陈志科和吕宪国，2010)

图 10-3　若尔盖湿地退化——裸露的沙化地

10.3.2　若尔盖湿地退化成因分析

1. 人为因素

1)挖沟排水，减少湿地面积

20 世纪六七十年代，为增加草场面积，当地政府曾经组织民众在若尔盖湿地开沟排水。在 1965～1973 年，共累计开沟 200km，涉及沼泽面积 14 万 hm^2，并且使 8 万 hm^2 的湿地沼泽变成半湿沼泽和干沼泽。90 年代在辖曼乡、黑河牧场等地挖掘 17 条沟壑，总长度 50.5km，涉及沼泽面积达 1.48 万 hm^2。结果使沼泽地中的 300 个牛轭湖干涸了 200 多个，沼泽面积萎缩了 6%。虽然政府和湿地自然保护区阻止了挖沟这种不合理行为，但一些沟渠仍然维持着排水的功能，将水从湿地中抽取出来。

2)过度放牧

若尔盖县理论载畜量185.5万头羊，1998年该区域内牲畜的超载量已经达到32.3%。高强度的放牧导致若尔盖湿地土壤肥力严重下降，水、肥、气、热严重失调。主要表现在土壤板结、龟裂，土壤孔隙度多在47%以下，透气不良(一般孔隙度在50%以下被视为板结)；牧场的草产量下降，尤其是辖曼保护站、黑河牧场一带更为突出，有些地方亩产鲜草量不足几十斤；优质牧草(披碱草和早熟禾)盖度下降，杂草尤其是偏旱生的杂草增加；灌丛分布比例增加；草场沙化严重(辖曼乡一带)。

3)公路、小城镇建设

若尔盖湿地分布有大量的泥炭层，由于泥炭层吸水率和渗透性能良好，使得降水后大部分的水分都能够被吸收、下渗到地下层。加之区域内形成了一层永久冻土层，地下水位比较高。充足的水分加上矿质营养丰富的泥炭层，使若尔盖湿地具有很高的初级生产力。但是，随着人类活动的加剧，公路建设和小城镇建设破坏了原有的泥炭层，尤其是对泥炭层的大量开采，导致潜育层大量裸露，永久冻土层也随之消失。一方面，地下水位下降；另一方面，泥炭层被破坏，水分渗透率下降，降水时地表形成径流，大量的雨水从地表流失，造成水土流失，同时潜在地增加了黄河下游河库区的承载量。最终导致永久性和暂时性积水区面积下降。

2. 自然因素

1)气候变化

(1)温度变化。图10-1表明，若尔盖湿地在过去的40年内，年平均温度以0.2℃的幅度在增加，且冬季增温幅度明显高于夏季，晚间温度增幅大于白天。一方面，温度增加潜在地加剧了土壤微生物的活动，泥炭层中有机质分解速率增加，碳汇变成了碳源；另一方面，温度增加，泥炭层氧化分解速率增加，形成腐殖质土，土壤中黏粒成分增多，土壤容重增大。与泥炭相比，不仅在吸水率上显著降低，水分渗透率降低，降雨后水分难以及时入渗和吸收，且在地表形成积水或径流。同时温度升高加剧了泥炭地的退化，原本密度较大的冻丘也逐渐减少，冻丘的高度和范围缩小，草丘垅坎也由封闭变成开放，原来可以由草丘垅坎长期屯积的水变成了地表径流。

(2)降水格局发生变化。主要表现在降水强度和时机上，总体来说，短期内降水强度增大，但总的降水量差异不大。但是，高强度的降水势必加大地表径流，尤其是在泥炭层被破坏的区域内地表径流尤其明显，并且形成许多冲蚀沟。冲蚀沟多起源于泉源出露点、上游沟渠、大的集水汇聚区和水土流失点，这些地方常年或临时性过水，伴随水蚀和重力蚀作用，逐渐形成固定的过水通道，高强度的降水导致沟渠逐渐加深拓宽。各冲蚀沟逐级形成沟渠网络，将降水形成的临时积水快速导向沟渠，向下游输送，破坏湿地的水分缓冲能力。另外，由于降水强度增加，冲蚀形成的排水沟也日益增多，并且排水沟的深度、宽度逐年增加，且不断向源头扩展(例如哈丘湖和花湖)，增加了永久积水区面积萎缩的风险。

(3)气候变化增加风速。冬春季节，由于若尔盖湿地受青藏高原冷气压和北方冷空气的影响，雨量减少，11月至翌年4月降水量仅为全年的10%～15%，空气干燥诱发强大的风力，其平均风速达3.6m/s，比夏季的1.4m/s增加了一倍多，且大于8级以上的大风日数近 30d，而大风直接加速了土壤和永久性积水区水分的蒸发。

2)生物因素

鼠类和旱獭缺乏天敌，大量繁殖，成为最主要的破坏湿地的生物因素。由于人为干扰，鼢鼠、田鼠和旱獭的天敌种群数量急剧下降，导致鼠类和旱獭种群数量快速上升。尤其在辖曼保护站和嫩洼乡等地会发现许多鼠类和旱獭的洞穴，这些洞穴遍布于地下和地表。一方面破坏了地表的泥炭层，另一方面对永久冻土层造成潜在的影响。

10.3.3　若尔盖湿地生态修复目标

(1)恢复湿地的水文条件，增加永久性湿地面积；

(2)保护泥炭层，尤其是对裸露泥炭层进行保护；

(3)在裸露泥炭层上人为补种植物，且根据种间种内关系、生态位理论以及食物链理论等，增加湿地植物物种多样性；

(4)实现生物群落的修复，提高生态系统的生产力、能量利用效率、物质循环效率和自我维持、调节能力；

(5)恢复湿地景观，注重景观格局的配置与关键生态过程之间的关系，提高系统稳定性和服务价值；

(6)实现区域社会、经济、环境的可持续发展。湿地生态系统的修复要求生态、经济、社会因素相平衡。因此，对生态修复工程除考虑其符合生态学基本原理外，还应考虑公众的要求和政策的合理性。

10.3.4　若尔盖湿地生态修复技术

1. 水文

1)永久积水区和暂时性积水区面积减少

(1)人工补水。21 世纪初，一些研究者提出通过人工补水增加日益萎缩的湿地面积。这一措施得到了湿地恢复工作者的热烈响应，并在若尔盖湿地国家级自然保护区、日干乔湿地保护区、尕海湿地国家级自然保护区、黄河首曲自然保护区进行了推广和试点。这一措施需要大量的人力、财力作为支撑，且在气候变化的背景下，蒸发量大于补给量，没有达到预期的效果。

(2)人工堵塞冲蚀沟。一些学者提出借用水文学的方法和理论，对冲蚀沟(尤其是永久性积水区)进行人为堵塞，减少地表径流，增加降水补给。

(3)筑坝拦截蓄水，增加湿地面积。

(4)在符合生态学原理基础之上，人为选择本土灌木种植在永久性或者暂时性积水区周围，形成防风林带。尤其要注意选择蒸腾速率较小的灌木，以免丧失过多水分。

(5)其他可能防止水分蒸发的措施。

2)地下水位下降

保护永久冻土层。由于若尔盖湿地常年温度较低，在地下形成了一个明显的永久冻土层。但是由于人为滥挖滥采，加上气候变化导致温度升高，部分地方的地下冻土层已经消失。一些学者建议采取一定措施保护冻土层，但是这种方法尚处在理论探索阶段。

2. 泥炭层保护技术

(1)严禁开采泥炭层。由政府出台严格措施，严禁对若尔盖湿地中的泥炭层进行滥采滥挖。

(2)在道路和小城镇建设中，采用草皮覆盖技术保护裸露泥炭层。若尔盖湿地泥炭土的表层形成一层草毡层，由于形成时间漫长、且形成条件的不可重复性，草毡层一旦破坏就难以恢复。因此，在工程建设结束时，采用草毡层覆盖技术对裸露泥炭层进行覆盖，从而达到地表植物群落正常更新、有效保护水土的目的。

(3)人工选择本土植物物种，遵循群落演替理论和生态位理论，在裸露泥炭层中补种植物，有效保护水土。有研究采用人工补种垂穗披碱草、老芒麦、高羊茅等物种，覆盖率可达到100%，且每亩产草量平均达到了650kg以上，增产60%左右，提高了湿地的初级生产力。

(4)加强治鼠、防鼠力度，保护泥炭层。目前主要利用化学防治和器械捕杀为主。考虑引入天敌，但是防止对其他鸟类或者动物引来过量的天敌，增加捕食风险。

3. 植被修复技术

1)物种选择

(1)选择原则。①选择本土物种、防止外来物种入侵；②应用种间和种内关系、生态位原理、群落演替理论来配置植物物种。例如，在选择配置物种时，特别注意狼毒花粉对其他物种花粉萌发的拮抗作用；③优先选择耐牧性较强的莎草科、禾本科、豆科植物；④多年生和一年生草本混合使用；⑤选择的物种要考虑对水分和温度的耐受性；⑥不同生态对策的物种组合在一起。

(2)若尔盖湿地常见的莎草科、禾本科、豆科植物物种。豆科物种主要有地八角、斜茎黄耆(直立四川黄耆)、密花黄耆、阿赖山黄耆、石生黄耆、紫云英、松潘黄耆、四川黄耆、青海黄耆、东俄洛黄耆、变色锦鸡儿、高山米口袋、异叶米口袋、中国岩黄耆、唐古特岩黄耆、锡金岩黄耆、草地香碗豆、美丽胡枝子、天蓝苜蓿、紫苜蓿、矩镰荚苜蓿、花苜蓿、草木犀(白香草木犀、黄花草木樨)、小花棘豆、甘肃棘豆、黄花棘豆、黑萼棘豆、镰荚棘豆、披针叶野决明、齿荚胡卢巴、胡卢巴、窄叶野碗豆、三齿萼野豌豆(大花野豌豆)、救荒野豌豆、蚕豆、广布野豌豆、歪头菜。禾本科物种主要有巨序剪股颖、丽江剪股颖、看麦娘、野燕麦、茵草、糙野青茅、忽小花野青茅(略野青茅)、沿沟草、发草、老芒麦、垂穗披碱草、麦賨草、短颖披碱草(垂穗鹅观草)、画眉草、黑穗画眉草、羊茅、紫羊茅、水甜茅、洽草、郦氏洽草、早熟禾、草地早熟禾、高原早熟禾、四川早熟禾、西藏早熟禾、硬质早熟禾、光稃早熟禾、异针茅、穗三毛、长穗三毛草。莎草科物种主要有华扁穗草、无脉薹草、乌拉薹草、木里薹草、膨柱薹草、云雾薹草、干生薹草、红棕薹草、窄果薹草、刚毛荸荠、牛毛毡、无刚毛荸荠、白毛羊胡子草、四川嵩草、大花嵩草、高山嵩草、短轴嵩草、矮生嵩草、嵩草、甘肃嵩草、线叶嵩草、喜马拉雅嵩草、西藏嵩草、细莞等。

2)播种

(1)基质：裸露的泥炭地、成都正光生态科技有限公司生产的湿地生态修复材料。

(2)用量：在泥炭层上直接种植。如果裸露的土地缺乏泥炭层，建议选取上述材料，用量 750kg/hm^2，主要作用是吸水固肥、恢复土壤生态功能、提高土壤肥力等。水分涵养能力达到了 1∶(6～9)，提高蓄水缓释功能。

(3)播种量：选择合适的播种量，考虑自疏和密度制约，每亩按 2kg 的种子用量进行播种。

(4)播期：选择湿地植物返青之前进行播种，一般选 4 月中下旬为宜。

(5)耕作措施：播前先用钉耙耙掉表层枯枝落叶及耙松表土，再撒施正光公司研制的湿地生态修复材料，每亩用量 50kg。将草种均匀混合后撒于地面，再人工覆土盖种。

3)监测

(1)围栏封育，用 7-110-40 型编织网＋刺丝围栏，高度 1.25m 进行围封。

(2)监测混播物种的密度、盖度、频度以及地上生物量，计算重要值，比较多样性指数的变化情况。

4. 动物修复技术

1)鱼类群落生态修复技术

在湿地恢复中，鱼类群落的动态可通过监测湿地水质来反映。水质越差，鱼类的多样性越低，反之亦然。对于鱼类群落的恢复，所采用的方式有：投放鱼苗、建造人工鱼礁以及控制捕捞强度。投放鱼苗是一种快速增加鱼类数量的方法。如果采用人工投放，则需要考虑所投放鱼类的食性，根据它们在食物链上的位置来决定投放的必要性，如在大型沉水植物或藻类过渡生长的水体内，可以投放食草性鱼类，而底栖杂食性鱼类则可以减少沉积物悬浮和内部营养负荷。若尔盖湿地鱼类种类多样性高，但主要以黄河鱼为主。

2)鸟类生境修复技术

由于鸟类具有较强的移动性，湿地内鸟类的修复一般采取招引方式，即通过修复鸟类觅食、栖息和繁殖所需生境，并通过增设人工鸟巢等方式招引鸟类，从而达到修复目的。

5. 生态系统健康风险评价与生态系统服务评估

监测修复后的若尔盖湿地生态系统中哪些关键生态过程发生了变化？这些变化对湿地生态系统功能有哪些影响？存在哪些生态系统健康风险？对生态系统服务价值有哪些影响。

需要结合生态系统生态学、景观生态学、功能生态学、生态工程评价等学科的知识，对生态系统健康风险进行综合评价，同时对生态系统服务价值进行评估，建立关键生态过程研究体系。生态过程包括生物过程和非生物过程。生物过程包括种群动态、种子或生物体的传播、捕食作用、群落演替、干扰传播等；非生物过程包括水循环、物质循环、能量流动、干扰等。在较小的空间尺度上，实地观测和定点实验是生态过程研究的主要手段。

若尔盖湿地修复关键生态过程包括水循环、物质循环、群落演替等。开展以上三方面的研究，对于揭示修复后的生态系统功能稳定性、健康风险评价和服务价值评估是必不可少的。

6. 其他措施

1)生态移民

在湿地保护区内，特别是核心、缓冲区内，实行生态移民，将区内的居民全部搬迁，以缓减湿地资源过渡利用的压力和因人为活动对湿地恢复的造成的干扰。

2)降低载畜量，减轻草场负荷

分情况对湿地保护区实行禁牧、减牧、轮牧，控制载畜量。在湿地保护区的核心区和缓冲区，严格禁牧，在外围区实行减牧、轮牧，将超载的牧畜降下来，使草场获得修生养息的机会。20世纪70年代以来，草场普遍超载，其恶果是草场退化，造成冬春季死亡率高的状况。因此必须有计划地加大对牧畜的人工淘汰，降低净增率，使草畜趋于平衡。根据冬草场的载畜能力与干草储备量，决定冬春存栏数，实行以草定畜，实现草场养用结合，保持草场生态平衡。

3)建立湿地生态补偿机制

若尔盖湿地对全人类，特别是对我国人民生存和社会经济发展具有重要意义，应当建立发达省区，特别是黄河、长江中下游省（区）对若尔盖沼泽湿地区的生态补偿机制。生态移民所需的安置费和其他恢复性措施所需的经费，应列入国家计划。

4)强化宣传教育工作

采取各种措施增强公民的生态意识，保证湿地恢复措施的正常进行并取得实际效果。

5)依法管护，增强公民守法意识

认真贯彻国家制订的《环境保护法》《森林法》《土地管理法》《草原法》《水法》《水土保持法》《野生动物保护法》《防沙治沙法》等相关法律、法规，做到有法必依，执法必严，违法必究。

第 11 章　若尔盖湿地公园保护与修复案例

11.1　内容提要

若尔盖国家级湿地公园是青藏高原东缘典型的高寒湿地。由于人为活动和自然原因，若尔盖湿地生态系统严重退化，部分区域甚至出现沙化。本案例通过制定保护和修复规划、实施规划，连续三年监测公园生物多样性变化。结果表明，修复效果明显。

11.2　引言

四川若尔盖国家湿地公园位于四川省若尔盖县西南角，地理坐标介于东经 102°21′51″～102°29′25″，北纬 33°23′ 30″～33°34′25″，规划区总面积 4094.31hm²。行政区域上，湿地公园所在区域隶属于若尔盖县唐克镇、若尔盖县辖曼种羊场和四川省白河牧场。区内地势西南部和东部较高，北部较低，最低海拔 3428m，最高海拔 3546.4m，海拔高差接近 120m。湿地公园水系属于黄河水系，主要由白河和黄河主河道构成。湿地公园内的湿地类型包括河流湿地、湖泊湿地和洪泛湿地 3 种主要类型，此外，在瓦延诺尔措周边以及黄河和白河的一些岸边也有极少量的草本沼泽湿地。经计算，湿地公园内现有湿地总面积 1297.70hm²，约占湿地公园总面积的 31.70%，其中河流湿地面积约为 990.21hm²，约占湿地公园湿地总面积的 76.30%，河流丰水期和枯水期的水面落差约为 30cm；现有湖泊湿地总面积 15.90hm²，约占湿地公园湿地总面积的 1.23%；洪泛湿地面积约为 291.59hm²，约占湿地公园湿地总面积的 22.47%。由于人为活动和河流改道等原因，生态环境恶化严重，开展湿地保护和修复刻不容缓。

11.3　相关背景介绍

11.3.1　自然地理条件

1. 地理位置

四川若尔盖国家湿地公园位于青藏高原东北边缘，四川省阿坝藏族羌族自治州若尔盖县西南角，地理坐标介于东经 102°21′51″～102°29′25″，北纬 33°23′ 30″～33°34′25″，规划区总面积 4094.31hm²。行政区域上，湿地公园所在区域隶属于若尔盖县唐克镇、若尔盖县辖曼种羊场和四川省白河牧场。

2. 地质地貌

1)地质构造

湿地公园所在区域地处松潘甘孜褶皱系阿尼玛卿褶皱带北部、秦岭褶皱系西秦岭褶皱带南带和东摩天岭褶皱带，称松潘—甘孜三角地块。该区大面积出露三叠系地层，现代河床两岸成带状分布第四系沉积物，单斜构造，褶皱不明显，隐伏断裂以南东、北西向为主，局部地段发育有南北向、东西向断裂，泥炭发育完善。

2)地层

沿黄河、白河河谷地带大面积分布三叠系地层。已土壤化或正在土壤化的沼泽地带，成条带状、片状分布第四系地层。

三叠系：从北到南、由老到新，下部以碳酸盐沉积为主，中上部以碎屑沉积为主。湿地公园地层以上三叠统分布最广，其次为中三叠统。下沿足为中厚层状细砂岩、长石石英细砂岩、砂岩及钙质沙眼、黑色板岩；上岩组以深灰色—灰黑色，薄—中厚层钙质砂岩及粉砂岩为主，夹薄层状灰岩及板岩。

第四系：泥炭层，主要分布在已土壤化或正在土壤化的沼泽地带，成不规则片状分布。岩性特征包括泥炭层、粉砂质黏土层、粉砂—细砂层，底板由灰白色黏土层、粉砂质黏土层、黏土质粉砂层、粉砂层、细砂层、粗砂层等组成；泥炭层边缘呈极不规则的港湾状，该层厚度与规模有关，规模较大的矿床，厚度较大，反之则小。

洪积层、边坡堆积层及河床冲积层，洪积层呈扇状、不规则状分布；边坡堆积层沿山前分布，呈不规则状，以角砾为主，砂很少；河床冲积物沿黄河及其支流分布，呈条带状或网状，以各种粒级的砂质为主，充填粉砂与黏土，可见砾石沉积。

第四系松散堆积物所覆盖的厚薄不一。堆积物颗粒较细、岩性交替频繁(含泥质粉细砂与黏性土互层)，堆积厚度超过 200m，甚至 1000 多米。湖沼相泥炭在地表之下常见几层甚至几十层。

3)地貌

湿地公园地处若尔盖县西南部，为平坦状高原。其地貌为单一岩层，主要是三迭系的砾石、页岩、板岩或变质千枚岩。岩层破碎，皱褶成复向斜，谷底为第四纪沉积物，构成剥蚀丘陵状高原和高平原地貌。高原地貌呈浅丘沼泽，丘陵断续分布，丘顶浑圆，相对高度一般不超过 100m；丘间开阔，地势平坦，开阔度 2km 以上，一般 5～6km，最宽达 20 多千米。属第四系地质，堆积物颗粒较细，岩基组成的浅山体覆盖数米厚的坡残积物。区内属河谷平原地带，在丘间沟壑纵横，蜿蜒迂回，流水不畅，形成大面积的沼泽地和众多的牛轭湖。地面平坦低洼，加之沉积物质黏重，地表长期积水，泥炭沼泽发育，沼泽植被生长良好，因而沼泽地泥炭层堆积深厚。

湿地公园地势西南部和东部高，北部较低，最低海拔 3428m，位于湿地公园最北部的瓦延诺尔措附近，最高海拔 3546.4m，位于湿地公园东南部的朗哲山最高峰，区内海拔相对高差接近 120m。

3. 气候

该区气候属高原寒温带湿润气候。11 月至翌年 4 月受西伯利亚和蒙古冷空气控制，

5 月至 10 月受西南季风控制。气候特点是冬季寒冷干燥多大风、日照强、降雪少、昼夜温差大；春季气候回升缓慢，倒春寒频繁，解冻期长；秋季雨热同期，气温较高，降雨集中。5 月至 10 月温暖湿润，多雷雨、冰雹。据若尔盖县气象资料，湿地公园所在区域年平均气温 0.7℃，最热月(7 月)平均气温 10.7℃，最冷月(1 月)平均气温－10.7℃，气温年较差为 21.4℃，历年极端最高温 24.6℃，极端最低温－33.7℃，≥5℃的积温为 1014.6℃，≥10℃的积温为 311.8℃；年降水量为 493.6～836.7mm，平均年降水量为 656.8mm，相对湿度 78%；日照时间长，辐射强度大，年日照时数为 2573h；秋季多东北风，冬季多西北风，平均风速 2.4m/s，最大风速 40m/s，年大风日数多达 70d；灾害性天气主要有干旱、冰雹和大风。

4. 土壤

区内土壤主要受成土因素的影响，特别是与生物、气候因素相适应而表现出一定的分布规律。由于沼泽发育程度和低丘、缓岗堆积时间不同，而植被类型复杂多样，导致气候、植被、母质分异，因而从山脚到山顶水分生态类型的垂直分布十分明显。受植被垂直分布的影响，土壤的垂直变化也十分明显。区内的主要土壤为沼泽土、草甸土壤和高原褐土。

沼泽土：广泛地分布于河谷平原、洼地、阶地和湖泊四周，山丘之间零星点缀。沼泽土属于非地带性土壤，成土母质大多是第四纪冲积、沉积物。

该区草甸土壤可分为亚高山草甸土和草甸土。

亚高山草甸土：区内分布较为广泛，主要在丘岗的中部、中上部。成土母质以残积母质、坡积母质和冲积母质为主。水热条件相对较好，有机质分解程度高，植物生长繁茂。

草甸土：沿黄河两岸的一级阶地和河谷平原上有少量分布，多为湖相成土母质，质地粗细不等。与沼泽土的明显区别是无泥炭层。常与沼泽土呈复域分布，也可与上层的冲积土壤嵌合。在地下水位较低的地段，特别是在冬春干季，地表盐霜聚集，形成盐渍化草甸土，个别地块甚至形成苏打盐土。

高原褐土：分布在唐克一带二级阶地，植被是以禾本科为主的草甸，成土母质为黄土状沉积物。

5. 水文

该区属黄河水系，区内的主要河流有黄河及其支流白河。

白河发源于红原县境内的嘎哇达则，流经若尔盖西南部，从东南至西北流经湿地公园大部，于唐克镇索克藏寺上游约 2km 处注入黄河主河道，公园范围内的流经长度约为 68km，白河为黄河上游流量较大的一级支流。

黄河主河道沿若尔盖县界流程约 87km，流往甘肃玛曲县。湿地公园范围内，黄河自西南流向东北，并于唐克乡附近转向北流经湿地公园的北部区域，湿地公园内的流域长度约为 36km。

根据若尔盖县环境保护局提供的资料，区内地表水污染较严重，主要受细菌和腐殖质污染，不符合国家饮用水标准。除细菌指标外，地下水的其他指标均符合国家饮用水标准。

11.3.2 社会经济条件

湿地公园范围涉及若尔盖县的唐克镇以及若尔盖辖曼种羊场和四川省白河牧场的部分区域，其中约有73%的区域位于唐克镇范围内。现以唐克镇为例，将湿地公园范围内及周边社会经济情况概括介绍如下：

唐克镇位于若尔盖县西南部。南面与红原县瓦切乡接壤，西南部与阿坝县贾洛乡毗邻，西北与甘肃省玛曲县隔河（黄河）相望。草原广袤、资源富集，属丘陵状平原，海拔3400～3800m，（镇政府所在地白河桥海拔3420m）。镇域地势平坦、水草丰茂，属高原寒带季风气候。

全镇面积1009km^2，草场总面积146万亩，其中可利用草场面积142.7万亩。辖六个行政村和一个社区居民委员会、13个机关单位，是一个以纯牧业为主的藏族聚居乡。2010年全乡总人口共1074户5081人，其中农牧业人口921户4750人。总人口中，藏族4890人，占96.2%。汉族、回族、羌族等其他民族191人，占3.8%。男性2490人，占49%，女性2591人，占51%，性别比为100∶104。境内建有九年一贯制学校1所，有在校生1236名。

境内资源丰富，是全国三大名马之一——河曲马的故乡。有著名的九曲黄河第一湾旅游风景区，有优质的天然草场和高寒湿地。水资源丰富，黄河一级支流白河流经境内，于黄河第一湾处汇入黄河。

牧民群众主要经济来源为畜牧业，即销售活畜及畜产品（酥油、奶渣、皮、毛等），另有少量从事旅游业、餐饮娱乐业和服务业以及经营小卖部等。

1. 畜牧业

改革开放以后，草场承包到户、网围栏建设、畜种改良、疫病防治、草原防火、越冬度春、人工种草等一系列政策和项目的落实和实施，唐克草原焕发出新的生机，唐克地区的畜牧业逐步由落后的靠天养畜向现代化畜牧业发展。广大群众得到了实惠，生产力得到极大解放，生产积极性空前高涨，畜牧业空前发展。加之近年实施的“人、草、畜”三配套建设和草场沙化的治理，唐克的畜牧业也逐步向着科技养畜方面靠拢。暖棚建设的实施，冬草储备和牲畜出栏竞赛的开展，调动了广大牧民群众的生产积极性，畜产品质量得到进一步提高。随着社会主义市场经济的发展，唐克由以前单一的畜牧业向着以畜牧业为支柱产业，第二、三产业齐头并进的多元化产业发展。2010年，全乡经济总收入1725万元，农牧民人均纯收入2689元。2010年底，全镇牲畜存栏143382混合头，其中，牛83949头，马4673匹，羊54760只；牲畜总增46493混合头，出栏43448混合头。

2. 旅游业

唐克镇域地势平坦、水草丰茂，属高原寒带季风气候，是高寒湿地湿地公园，系全国三大名马之一——河曲马的故乡，是风景名胜——九曲黄河第一湾的所在地。随着2004年加州集团的入驻和开发，唐克古城的建设竣工，唐克的旅游业翻开了崭新的一页，仅2007年唐克接待了一万余名游客，旅游门票收入达40余万元，旅游带来的附加效益更是不可估量。

3. 市政建设

目前，唐克镇街道、下水道、路灯等基础设施建设及环卫设施等一应俱全，并在此基础上配齐了环卫工人和垃圾车。随着唐克市政建设的进行，唐克集镇并入了阿坝州电网。并在集镇附近修建了公厕、路灯及广场等生活设施。

4. 教育事业

唐克教育事业从无到有，随着国家加大对教育事业的投入，现在唐克镇中心校有教职工78人，其中代课老师9人，后勤工作人员11人，小学一级教师32人，大专及以上学历60人，学历达标率100%。全校有36个教学班，其中初中部15个教学班，小学部21个教学班，共有学生1731人。学校配备了远程教育设备，可实施远程教育，教学质量大大提高。并对所有在校生全部免除书本费和学杂费，对520名贫困住校生给予了生活补助。

5. 历史沿革

四川若尔盖国家湿地公园规划范围隶属若尔盖县唐克镇、若尔盖县辖曼种羊场和四川省白河牧场。其中，绝大部分位于唐克镇范围内，唐克镇所占面积3062.91hm^2，占湿地公园规划总面积的74.81%；若尔盖县辖曼种羊场所占面积483.29hm^2，占湿地公园规划总面积的11.80%；四川省白河牧场所占面积548.11hm^2，占13.39%。

湿地公园内的土地，湿地分布区、四川省白河牧场所属区域以及若尔盖县辖曼种羊场所属区域的现有土地属国有土地，面积为2329.10hm^2，占湿地公园总面积的54.69%。其余区域的土地均属于集体土地，且集体土地现已全部承包到牧民手中，承包期为30年。对于集体土地，若尔盖县人民政府已与所在乡镇以及牧民进行了良好的协调，当地乡镇及牧民同意湿地公园管理部门对这部分集体土地进行代管。对于区内的全部国有土地，若尔盖县人民政府已分别与若尔盖县水务局、若尔盖县畜牧局、四川省白河牧场所属区域以及若尔盖县辖曼种羊场进行了协调，上述单位同意将湿地公园规划范围内各自所属土地纳入湿地公园，并由湿地公园管理部门统一管理。

6. 湿地公园建设与旅游现状

目前，湿地公园及周边区域已开始开展旅游活动，其中最著名的景点“九曲黄河第一湾”，现在在国内外已有一定声誉，与湿地公园外围的“花湖”一起成为若尔盖县最著名的两个旅游景点，每年都有大量游客前来观光旅游。此外，若尔盖县政府正着力打造若尔盖县红星至迭部(川甘界)红色旅游精品旅游线。1935年8月，中国工农红军战胜了雪山草地的严峻挑战后，在若尔盖县的巴西、阿西茸、求吉一线集结筹粮，并先后召开了多次重要会议。

目前，加州集团与若尔盖县签订了相关协议，由加州集团统一经营若尔盖县的“九曲黄河第一湾”和“花湖”的旅游活动。

209 省道以及唐(唐克镇)—热(热当坝)公路从湿地公园边缘或附近经过，路况良好，为湿地公园的开发建设奠定了交通基础。目前，加州集团在“九曲黄河第一湾”对面的索克藏寺附近已经修建了一些高档的旅游接待和服务设施(位于本次规划的湿地公园范围之外)，能够满足游客观赏九曲黄河美景、住宿和娱乐等部分需求。

11.4　主体内容

11.4.1　技术路线

安例技术路线见图 11-1。

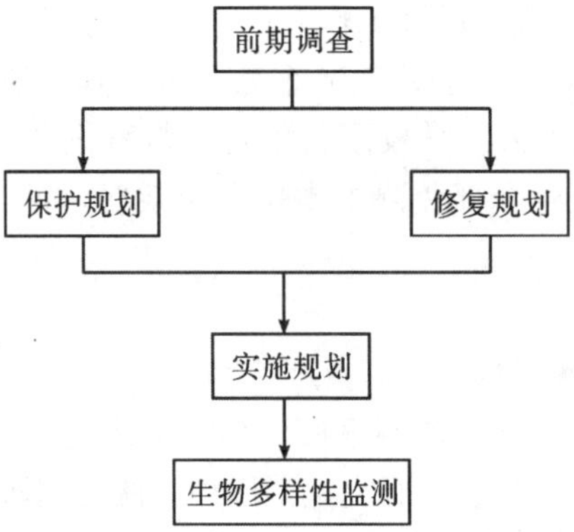

图 11-1　技术路线图

11.4.2　保护规划

1. 规划原则

坚持科学性、合理性和可持续性相结合的原则：规划力求从实际出发，综合分析湿地公园建设的各种条件，在保护好区内生态系统的完整性、连续性的基础上，科学合理地进行全面规划。规划的项目及设施要符合当地实际，且具有科学性和可操作性。

坚持前瞻性和先进性相结合的原则：规划项目既要考虑湿地公园当前工作的重点和实际需要，同时要兼顾公园长远发展的要求。

坚持自然性和完整性相结合的原则。

坚持可操作性原则：坚持全面调查与咨询当地环境保护和湿地公园规划等领域的有关专家和技术人员相结合的方式，使规划符合湿地公园的实际情况，具有较强的实用性和可操作性。

湿地公园建设需立足自然，与周围自然环境相协调，各类建筑要服从景观环境的整体要求，避免与风景环境相矛盾。维护有价值的原有建筑及其环境，严格保护文物建筑，保护有特点的民居和乡土建筑。

相地立基需顺应原有地形，在建筑的选址和体形上，除考虑功能要求外，要有利于点缀、烘托景观，不阻挡景观线，要强调表现乡土气息和地方风格。

建筑应体现“宜小不宜大、宜低不宜高、宜散不宜聚、宜隐不宜现”的原则，色彩宜淡雅，布局要疏密适度，造型要新颖活泼。

坚持生态系统良性发展的原则。

2. 水系和水质保护规划

四川若尔盖国家湿地公园地处黄河上游，是黄河上游重要的水源涵养地和水源补给区。公园内主要河流包括白河和黄河主河道。水源主要来自降水、冰雪融水和地下水，水源供给稳定，每年不存在断流现象，一般枯水季节和丰水季节水位变化不超过30cm。

为了减少人类生产生活用水、过度放牧、牲畜粪便等对水体的影响，建议由若尔盖县人民政府统一协调，由湿地公园管理部门与当地牧民签订相关补助协议，承诺湿地公园及周边餐饮业所需肉、奶优先从牧民手中购买，且每年从湿地公园的收益中对牧民给予一定的资金补偿，但要求牧民必须按照权威机构测算的科学的草场载畜量严格限制各类牲畜数量，尤其是在湿地公园的生态保育区范围内应严格采取禁牧的措施，尽可能减少人类活动以及牲畜随意排放的粪便对公园水体的污染，以达到提高湿地公园水体水质的目的。

3. 水岸保护规划

除在209省道与唐—热公路交汇处至白河大桥之间规划了约2.90km的游船线路外，未对水系做其他规划，而本规划设计的游船线路游览方式为无污染、低噪声的电瓶游船，且规划数量较少(仅5艘)，对规划河段河岸冲击不大，加之该区黄河河道历来都处于自然的变动中，故无需对水岸做其他规划。

4. 栖息地(生境)保护规划

四川若尔盖国家湿地公园保护区保护以黑颈鹤为主的特有湿地野生动植物及其栖息地环境，为了更好地保护湿地公园的生物多样性及栖息地环境，特做如下规划：

(1)由若尔盖县人民政府发布公告，以每年的5～7月为禁牧期，以保护绝大多数湿地野生动物的正常繁殖活动。

(2)为了保护植物多样性，湿地公园在工程建设选址上应尽可能选在植被覆盖度较差且没有珍稀保护动植物分布的地点或区域，以避免对该区湿地环境造成较大的改观和破坏。

(3)湿地公园所有建筑物应与周边环境尽可能协调，避免突兀。

(4)在主要工程施工结束后，应及时对裸露面进行植被恢复，在植物物种的选择上要尽可能选择本土物种，尽量避免引进外来植物物种。在确实需要引进外来植物物种时，须先在小范围内试种，并采取严格的监管措施，在确定引入种不会对当地的生物多样性造成破坏的前提下再推广应用。

(5)公园内有珍稀濒危和国家重点保护动植物分布的区域要设置警示牌或采取围栏保护措施。在主要游览路线上设置警示牌，提醒游人禁止随意采集植物标本、野生药材和野生花卉等，严禁游客投食喂饲野生动物，严禁游客以任何形式恐吓野生动物等。

5. 湿地文化保护规划

1)加大宣传，强化周边居民对湿地文化的保护意识

建议由若尔盖县文化局领导，深度挖掘湿地公园所在区域悠久的游牧文化和藏传佛教文化，在此基础上，加大宣传力度，强化湿地公园及其周边居民的文化保护意识。以电视、网络、报纸和小册子等形式，向当地群众广泛宣传保护湿地公园文化的重要性，避免外来文化对本地文化的冲击。

2)处理好保护与建设的关系，加强对湿地公园建筑风貌的保护

湿地公园地处川西北，这里的民居建筑具有典型的藏族建筑风格。为了保护当地的建筑风貌，在进行湿地公园建设时，尤其是基础设施建设时，建筑物的风格一定要充分考虑和融入所在地的历史文化背景，避免添加过多的现代元素。

3)充分挖掘湿地文化，塑造全新的湿地公园湿地文化

(1)挖掘文化传统、风土人情、地理环境等地方特色，通过岩雕、湿地公园标识、建筑物等载体，反映湿地公园所在区域的独特风貌。

(2)精心规划建设标志性的文化设施，在保持当地文化特色的基础上进行再塑造，培育发展新的湿地文化，打造“四川若尔盖国家湿地公园”名片。

6. 保护管理能力建设规划

保护能力建设是实现湿地公园资源保护和资源可持续利用的重要保障，因此，必须采取积极措施加强湿地公园保护能力建设。

1)保护能力建设目标

通过保护能力的建设，完善湿地公园的保护管理机构并赋予其保护和执法的权利，通过有效保护，使湿地公园内的湿地资源和湿地生态环境得到充分的保护和恢复，湿地水环境得到明显改善，湿地野生动植物能够自由栖息繁衍，实现湿地资源的可持续利用以及人与环境和谐相处的目标。

2)保护能力建设任务及实施计划

围绕能力建设的目标，保护能力建设的任务按紧迫性排序如下：

(1)近期首先需要完善湿地公园保护管理机构并配备必要数量的保护和执法人才，建立和完善相应的管理制度；

(2)逐步探索并开展湿地野生动植物资源保护、水资源保护、城镇及农村环境保护等方面的工作。具体的工作任务及实施计划如下：

①建立和完善湿地资源保护管理机构。2013 年前，成立“四川若尔盖国家湿地公园湿地资源保护管理局”(以下简称管理局)，负责湿地公园的全面管理工作。管理局下设瓦延诺尔措、赛马场、索克藏寺、唐克镇和达娃湾 5 个湿地资源保护管理站，分别负责公园各片区日常的湿地资源保护管理工作。

②开展湿地公园内湿地资源的系统调查。由管理局协调和领导(可邀请相关大专院校予以技术支持)，5 个湿地资源保护管理站参与，在 2014 年前完成湿地公园内湿地资源本底调查工作，详细摸清湿地的种类、分布、面积、湿地野生动植物资源的种类、重要物种的种群数量及分布。为湿地公园湿地资源保护及合理利用提供基础资料支持。

③开展湿地公园内湿地资源的系统监测。由管理局协调和领导(可邀请相关大专院校予以技术支持)，5个湿地资源保护管理站参与，从2014年开始开展长期的湿地资源监测工作。

④开展湿地资源保护的宣传教育。依托观鸟屋以及网络等宣教设施、设备，面向广大游客和社会各界人士开展湿地宣教工作。

⑤完善湿地资源保护的信息化网络体系建设。2015年前，完成湿地公园网络体系建设，并逐步与国家、省、市湿地资源保护管理机构以及科研单位和院校等实行并网，及时上报湿地公园资源保护的措施和成效，及时了解国家湿地资源保护的动态信息。

11.4.3　修复规划

1. 规划原则

(1)坚持自然性和完整性相结合的原则；

(2)湿地植被恢复采取适地适生原则，即以乡土树种或草种为主；

(3)在进行栖息地恢复时，结合水系规划与水禽生境要求，布置不同的生境类型；

(4)注重植被的季相变化，强调景观的时间性与观赏性。

2. 水体修复规划

瓦延诺尔措水源补给主要来自地下水、大气降水和地表径流(塘曲和嘛尼曲纳克)。前文已经述及，由于受全球气候变暖以及放牧等人类活动的综合影响，目前，该湖泊水面面积萎缩非常明显，现有水面面积较20世纪60年代初缩减了73.5%，水面下降了近2m。调查发现，人类放牧干扰极大加速了该湖泊湿地的萎缩，由于过牧，湖泊周边草地被牲畜反复踩踏和啃食，地表植被覆盖状况极差，土壤板结状况明显，致使水分丧失加剧，降水不能很好地被保存。规划对该区(科普宣教区)采取禁牧封育的措施使其进行自然恢复，具体通过将该区用铁丝网围栏与外界进行隔离，禁止放牧活动，使该区生境得以休养生息和自然恢复，从而使湿地生态系统得到一定程度的恢复或保持。经计算，该区湿地修复工程所需铁丝网围栏的总长度约为6500m，约需要水泥立柱1300根，水泥立柱的标准为15cm×15cm×180cm，地下埋深不少于50cm。

3. 栖息地(生境)恢复规划

调查发现，整个湿地公园范围内，除四川省白河牧场所属区域不存在过牧现象外，其余区域的草场均存在过牧现象，致使湿地公园内的草地植被生长状况较差。

建议由若尔盖县人民政府统一协调，由湿地公园管理部门与当地牧民签订相关补助协议，承诺湿地公园及周边餐饮业所需肉、奶优先从牧民手中购买，且每年从湿地公园的收益中对牧民给予一定的资金补偿，但要求牧民必须按照权威机构测算的科学的草场载畜量严格限制各类牲畜数量，尤其是湿地公园的生态保育区范围内应严格采取禁牧的措施，以使湿地公园各类生境能够得到恢复和保持。

11.4.4　保护与修复效果评价(生物多样性监测)

1. 监测的方法

1)监测的形式

(1)本底调查：对四川若尔盖国家湿地公园开展本底资源调查，摸清资源本底现状，作为监测工作的基础数据。

(2)专题监测：结合项目实施，开展专题监测工作，如冬季对冬候鸟进行调查监测。

(3)常年(拍摄)监测：鼓励社会参与(如爱鸟协会)，对四川若尔盖国家湿地公园及周边的生物多样性进行监测。

2)监测方法

(1)植被及植物监测：以常规路线调查和样地统计为主，结合访问调查，现场确认鉴定，现场不能鉴定或难以确定的物种，采集标本和拍摄图，带回查阅资料进行鉴定。

(2)浮游动物和藻类监测：于水面下 0.5m 处采集水样，现场测定水深、水色、水温和透明度等指标。水样标本用采水器在水面下 0.5m 处取水样 1L，注入容器，每瓶水样加 15ml 鲁哥氏液固定，静置沉淀 48h，用吸管抽去上清液，使标本浓缩至 30ml 水样，装瓶保存(加福尔马林液)。

(3)底栖动物监测：参照《湖泊生态调查观测与分析》及《内陆水域渔业自然资源调查手册》提供的方法，并根据若尔盖湿地公园的湖形、面积、水文特征及湖边周围环境的特点，采用 GPS 定位，在若尔盖湿地公园的 3 个入湖口(鹅掌河、官坝河、小清河)、从湖岸向湖心纵深设置采样点，以全面地记录湿地公园底栖动物资源。

(4)鱼类动物监测：鱼类调查，鱼类主要采取在湖面布设 5 个捕捞点，捕捞点分别布置在黄河入口、黄河第一湾、黄河出口、白河入口、白河入黄河口附近水域，同时与当地渔民交流，根据经验沿河随机设置捕捞点，利用网具进行捕捞。浮游动物调查，设置 5 个站点，各站分2～3层采水，各层水样等量混合作为一份标本。采用三角拖网采取，定量采样方法用$\frac{1}{16}m^2$的彼得生采泥器在每个采样点采泥 1～2 次，采得的泥样经 40 目分样筛筛洗后带回实验室处理。先将底栖动物挑出，然后进行种类鉴定、计数和重量测定。

(5)观赏昆虫、两栖爬行动物、鸟类监测：动物调查主要采用样线法，辅以样方进行。鸟类调查主要用样线法，辅以采用访问方式调查，鸟类进行线路调查观察实体和听鸣叫声，调查时间原则上应在凌晨和黄昏进行，但在实际调查中应视具体情况而定。两栖动物、爬行动物调查主要采取样点取样法。在样线布设时，所布设的样线要基本符合该区域的生境和海拔分布的比例状况。样线长度以一个工作日为单位计算，样线调查时应穿越不同的生境，尽量调查在不同生境内生活的动物物种种类。在样线上记录动物种类、数量、海拔、生境等信息，对珍稀特有物种应用 GPS 进行定位，填写记录表。

2. 植被监测结果与分析

若尔盖湿地公园植被的主体是水生植被，在湖滨带分布有少量沼泽植被。水生植被是若尔盖湿地公园植被的主体，也是植被保护的重点，是历次调查和监测的重点对象。

水生植被是由水生植物所组成的植被类型。由于水体中的生态条件比较一致，同时水体具有流动性，有利于水生植物广泛迁移和传播，因此水生植物多广布种，也有世界种。水生植物根据生活型可分为沉水型水生植物、浮水型水生植物和挺水型水生植物三个类型。在水生植被的划分方法上，将水生植被作为植被型处理，根据占优势的水生植物的生活型可分为沉水、浮水和挺水三个植被亚型；在植被亚型下，根据群落结构和组成成分的不同，划分到群系一级。

1)植被本底调查(2013 年)

根据 2013 年的本底调查，运用上文所讨论的群落划分方案，并参考《中国植被》和《四川植被》的分类原则，将若尔盖湿地公园湿地植被划分为 2 个植被型，4 个植被亚型，14 个群系，植被分类系统如下(表 11-1)：

表 11-1　若尔盖湿地公园湿地本底植被分类系统
(据 2013 年本底调查)

水生植被
一　挺水植物群落
(1) 藏蒿草－木里苔草群落
(2) 木里苔草－眼子菜群落
(3)毛果苔草－睡菜群落
(4)乌拉苔草－眼子菜群落
二　浮水植物群落
(5)甜茅－木里苔草群落
(6) 荇菜群落
(7) 眼子菜群落
(8) 水龙群落
三、沉水植物群落
(9) 苦草群落
(10) 菹草、大茨藻群落
(11) 狐尾藻群落
(12) 金鱼藻群落
陆生植被
一、亚高山草甸
(13)藏蒿草－花葶驴蹄草群落
(14)羊茅群落

2)植被监测结果(2013～2015 年)

根据 2013～2015 年的历次普查和监测，若尔盖湿地公园植被可划分为 2 个植被型，4 个植被亚型，19 个群系，植被分类系统如下(表 11-2)：

表 11-2　若尔盖湿地公园湿地本底植被分类系统
（据 2013～2015 年监测）

水生植被
一　挺水植物群落
(1) 藏嵩草－木里苔草群落
(2) 木里苔草－眼子菜群落
(3)毛果苔草－睡菜群落
(4)乌拉苔草－眼子菜群落
(5)苔草－灯心草群落
二　浮水植物群落
(6)甜茅－木里苔草群落
(7) 荇菜群落
(8) 眼子菜群落
(9) 水龙群落
三、沉水植物群落
(10) 苦草群落
(11) 菹草、大茨藻群落
(12) 狐尾藻群落
(13) 金鱼藻群落
陆生植被
亚高山草甸
(14)藏嵩草－花葶驴蹄草群落
(15)披碱草群落
(16)羊茅群落
(17)珠芽蓼群落
(18)酸模叶蓼群落
(19)长芒稗群落

3)本底与监测结果比较分析

2013 年的本底调查记录有水生植被、陆生植被 2 个植被型，4 个植被亚型，15 个群系，2013～2105 年的历次监测和调查记录 2 个植被型，4 个植被亚型，19 个群系。比较而言，植被型和植被亚型无变化，通过监测，共增加 4 个群系，分别为：长芒稗群落、酸模叶蓼群落、珠芽蓼群落、披碱草群落，其中披碱草群落是湿地公园建设过程中人工引种培育的群落，另外 3 个群落为科研和监测过程中新发现而增加补充。

3. 植物监测与分析

1)2013 年维管植物物种多样性本底调查

(1) 种类组成。

2013 年，通过实地调查、标本采集、鉴定和资料查询，若尔盖湿地公园有维管植物共计 44 科，123 属，228 种，其中蕨类植物 1 科，1 属，2 种，被子植物 43 科，122 属，226 种，区内无裸子植物分布(蕨类植物采用秦仁昌(1978)，裸子植物采用郑万均(1961)，被子植物采用恩格勒系统(1964))(表 11-3)，在本区维管植物区系中，以被子植物占优势，蕨类植物较少。

表 11-3　若尔盖湿地公园湿地维管植物类群统计表(2013)

类群	科数	比例/%	属数	比例/%	种数	比例/%
蕨类植物	1	2.27	1	0.81	2	0.88
裸子植物	—		—		—	
被子植物	43	97.73	122	99.19	226	99.12
合计	44	100	123	100	228	100

据上表统计可见区内植物以被子植物占绝对优势，被子植物以草本植物最多，另外，有少量柳属(*Salix*)、栒子属(*Cotoneaster*)、委陵菜属(*Potentilla*)、绣线菊属(*Spiraea*)、沙棘属(*Hippophae*)的灌木物种。从科内物种数量来看，菊科(*Compositae*)在规划公园分布的物种数量最多，达 29 种，科内物种数在 10 种以上的还有禾本科(*Gramineae*)20 种，毛茛科(*Ranunculaceae*)20 种，龙胆科(*Gentianaceae*)16 种，豆科(*Leguminosae*)14 种，莎草科(*Cyperaceae*)14 种，蔷薇科(*Rosaceae*)12 种，以上 7 科共含 125 种植物，占评价区维管植物的 54.82%，可见这 7 科植物在公园的重要地位。同时以上 7 科的物种均是公园内草甸植被的重要组成部分，龙胆科、菊科、毛茛科、豆科等科植物在花季极大地丰富了草甸的色彩。

从高原湖泊、溪沟、沼泽湿地的植物类型来看，沉水植物以毛茛科的水毛茛属(*Batrachium*)、小二仙草科(*Haloragaceae*)、狸藻科(*Lentibulariaceae*)、水马齿科(*Callitrichaceae*)以及禾本科的一些科属植物为代表。这些科、属的植物要么在溪流中随水摆动，要么在浅水中以特殊的颜色和形状出现，都给湿地增添了额外的独特景观。另外莎草科、灯心草科(*Juncaceae*)、杉叶藻科(*Hippuridaceae*)、禾本科、龙胆科、蓼科(*Polygonaceae*)等科的挺水植物种类也极为丰富，它们与沉水植物所形成的群落是该区湿地生态系统的基础。

(2) 区系分析。

若尔盖湿地公园湿地地处我国西南亚热带高原山区，即青藏高原东南之缘，横断山纵谷区，处于印度洋西南季风暖湿气流北上的通道上。在植物区系上，区域属于东亚植物区，中国—喜马拉雅森林植物亚区，是横断山区和中国—日本森林植物亚区的交汇地带。区系性质为典型的亚热带性质，具体表现为热带成分和温带成分大约相当。其中，水生植物区系以世界分布型为主。

(3) 分布特征。

①水生维管植物的分布。

若尔盖湿地公园水生维管植物的最大分布深度为 3m，位于若尔盖湿地公园东北部的瓦延诺尔措湖；最小分布深度为 0.5m，位于白河两侧；在黄河、白河沿岸部分区域出现荒芜区。

其余在东北部湿地零星分布着眼子菜群落、荇菜群落、垂头菊群落，面积约

$0.23km^2$。在整个若尔盖湿地公园湖泊中，水生维管植物分布面积总共约 $15.90hm^2$，包括荇菜群落、金鱼藻群落、狐尾藻群落、苦草群落、眼子菜群落等 14 种群落类型。

②陆生维管植物分布。

从若尔盖湿地公园各湖岸残留的湿地痕迹分析可知，若尔盖湿地公园湖滨原初的自然生态结构应为，陆生维管植物－挺水植物－浮叶植物－沉水植物。经调查发现，若尔盖湿地公园湿地除瓦延诺尔措湖等湖泊区域有部分挺水植物残留外，河流消落带大部分区域没有挺水植物，浮水植物直接过渡到陆生维管植物，中间多为荒芜区。特别是黄河消落带，大部分地区没有植物分布。

2)监测结果及评价

根据 2013～2015 年的历次普查和监测，若尔盖湿地公园湿地记录到的湿地植物有维管植物共计 50 科，165 属，362 种，其中蕨类植物 1 科，1 属，2 种，被子植物 49 科，164 属，360 种，区内无裸子植物分布。监测结果与本底之间比较见表 11-4：

表 11-4　若尔盖湿地公园湿地维管植物监测结果比较表(2013～2015)

	合计			蕨类植物			裸子植物			被子植物		
	科	属	种	科	属	种	科	属	种	科	属	种
2013 年本底调查结果	44	123	228	1	1	2				43	122	266
2015 年监测结果	50	165	362	1	1	2				49	164	360

与 2013 年的本底调查结果相比较，通过 3 年监测调查和评估，若尔盖湿地公园湿地所记录到的维管植物有较大的增加，增加了 6 科，42 属，134 种，其中以被子植物变化较为明显，而裸子植物、蕨类植物无变化。导致湿地记录物种明显增加的原因如下：①随着调查和研究的深入，一些原来没有记载的物种不断被发现和记录；②在湿地公园建设过程中，因景观设计和生态设计的需要，引种一些重要的具有观赏功能的物种；③禁牧导致草场恢复效果显著等。

3)国家保护植物的监测和评价

调查确认，依据“国家重点保护野生植物名录”第一批，若尔盖湿地公园国家重点保护植物共有 3 科，3 属，3 种，即Ⅱ级保护植物报春花科羽叶点地梅(*Pomatosace filicula Maxim.*)、茄科山莨菪(*Anisodus tanguticus pascher*)、罂粟科红花绿绒蒿(*Meconopsis punicea Maxim.*)。其中羽叶点地梅和红花绿绒蒿分布较少，而山莨菪则分布较多，路边、房屋附近草地灌丛均有较多分布。

4. 动物监测结果(略)

11.5　案例启示

该案例通过前期调查，从限制因子水入手，采用工程措施与生物措施相结合的办法，修复了湿地公园的生态环境，效果较好。

第12章　若尔盖沙化治理案例

12.1　内容提要

川西北高寒沙地地处青藏高原东南缘，是《全国主体功能区规划》确定的“两屏三带”生态安全战略格局和四川“四区八带多点”重点生态功能区的关键地区，位于若尔盖草原湿地和川滇森林2个国家重点生态功能区；是全球生物多样性最丰富的25个热点地区之一；是长江、黄河源头重要的水源地、水源涵养区和集水区，孕育了雅砻江、岷江、黑河、白河等众多河流及大量高原湖泊、国际重要湿地，素有“中华水塔”之称，是全面建成长江上游生态屏障的重要支撑。长期以来，川西藏区由于受全球气候变化、鼠虫危害、超载过牧及滥垦乱挖等自然和人为因素影响，土地沙化，退化加剧，直接影响长江、黄河流域生态安全，制约区域经济社会持续发展，截至2009年，川西北沙化面积达82.2万hm^2，占四川全省沙化土地面积的89.9%。

为从根本上治理川西北沙化，加快若尔盖县沙化土地治理，有效遏制土地沙化蔓延趋势，切实改善区域生态环境，促进区域经济社会跨越发展，按照党中央、国务院《关于加快四川云南甘肃青海省藏区经济社会发展的意见》和四川省委省政府要求，四川省林业厅组织编制了《四川省川西北防沙治沙工程规划》，于2007年12月在成都进行了评审并得到通过。四川省政府高度重视沙化治理工作，于2007年至2011年期间先后启动了若尔盖、理塘、红原、石渠、色达县、稻城县、阿坝县、壤塘县的沙化试点工作，为全面启动川西北防沙治沙工程进行前期技术准备和探索。2013年，若尔盖县启动了川西藏区生态保护与建设工程沙化土地治理项目一期工程，投资8189.55万元，对区内4800hm^2的沙化土地进行植被恢复。随后启动了川西藏区生态保护与建设若尔盖县沙化土地治理二期工程，加快若尔盖县沙化土地治理工作。

通过沙地综合治理试验，获得了大量的治理经验和方法，总结出适用于当地的流动沙地、半固定沙地、固定沙地、露沙地较为有效的综合治理方式，筛选出高山柳、垂穗披碱草、老芒麦等一批适生的乡土治沙树种、草种；通过各级林业科研单位开展防沙治沙技术攻关，《阿坝州沙化治理模式研究》成果通过四川省科技厅鉴定“设计合理性、数据收集、操作性和治理效果，整体达到国内先进水平”（川科鉴字〔2010〕第370号）；《川西北高寒沙地防沙治沙技术研究与示范——以若尔盖为例》成果通过四川省科技厅鉴定“技术路线合理、主法科学，资料完整等成果整体达到国内领先水平”（川科鉴字〔2010〕第365号）。

12.2　引言

我国土地荒漠化和沙化整体得到初步遏制，仅有川西北、塔里木河下游等局部地区沙化土地仍在扩展(第四次全国荒漠化和沙化监测报告)，且比 1949 年增加 6.03 倍，年增长率 3.4%，已成为我国重大生态问题。此外，川西北高寒地区土地沙化轻度和中度沙地占 70%以上，总体处于初始阶段，呈斑块状分布，一旦连接成片，有可能全面沙化，目前正是防治的关键时期。

若尔盖县土地沙漠化进程不断加快，沙漠侵吞草场，降低牧草质量，阻碍畜牧业的发展，影响到牧民群众的生活安定。据调查受到威胁和严重威胁的草场面积达 13.58 万 hm^2，危及村庄 30 个(其中直接受害 18 个)，公路 20km，年经济损失达 870.8 万元，严重制约了该县畜牧业经济的发展。同时，若尔盖湿地国家级自然保护区，有丰富的自然资源和美丽的自然风光。湿地具有很强的蓄水功能，在调节气候、防洪抗旱、净化水质等方面发挥着巨大作用，对维护黄河流域、长江流域生态平衡和缓解水资源匮乏具有不可估量的作用，由于沙化的危害，湿地生态系统变得十分脆弱，面临生态失衡。调查中发现辖曼乡境内，玛尔干曲已露出了干枯的河床，麦溪乡的兴措现已干枯，形成新的沙源，在风力的作用下，危及周边草场；一些湖泊由于地下水位下降、气候变化等原因，如沃布钦措、幕措干、隆冈木措已干枯，在湖中已能行驶汽车，部份湖泊已严重萎缩或变成季节性湖泊，大量湖床露出，产生许多新的沙源，危及周边草场，从侧面反映出沙化危害的加剧。

12.3　相关背景介绍

12.3.1　地理位置

若尔盖县位于四川省阿坝州北部，北与甘肃省碌曲、卓尼县接壤，东北同甘肃省迭部县毗连，西至黄河，与甘肃省玛曲县隔水相望，南部和阿坝州红原、阿坝县交界，东南通阿坝州松潘县，东与阿坝州九寨沟县为邻。地理坐标东经 102°08′～103°39′，北纬 32°56′～34°19′，面积 10620.00km^2，县城——达扎寺镇，海拔 3439m。

1. 自然概况

若尔盖县地处青藏高原末端，属高原丘陵、高山峡谷两种地貌类型，最高海拔 4500m，最低海拔 2400m，多数在 2800～3800m。属长江、黄河两大水系。沙化区域多在海拔 3400～3600m。

1)气候

若尔盖县属大陆性季风高原型气候区(牧区)，具有寒带气候特征，长冬无夏，气候寒冷干燥，日照强烈，昼夜温差大。无霜期平均 22d，1 月平均气温－9.4℃，7 月平均气温 11.5℃，年平均气温 1.7℃，极端最高温度 25.4℃，极端最低温度－29.5℃，≥10℃的积温 718.4℃，年日照时数 2506.7h，年降水量 543.2～761.6mm，年蒸发量达 1188.24mm，相对湿度 68%。

2)植被

因地势平坦、积水多、热能低、海拔高等诸多因素，形成了寒带高原沼泽、灌丛和草甸植被，无明显的垂直分布。草场类型主要分为高寒草甸、山地(亚高山)草甸、高寒半沼泽、高寒水沼泽、山地灌丛和疏林草甸等六大草场类型。

沙区主要草种有木里苔草、披碱草、驴蹄草、艾蒿草。灌木稀少，主要有高山柳、杜鹃、沙棘等。

3)土壤

以亚高山草甸草原土、山地草原土、沼泽土为地带性土壤，占有面积大；其次是高山寒漠土、风沙土和盐渍土。

沙区内土壤主要是沼泽土、亚高山草甸土、高山草甸土等。

4)水文

县境内河流分属黄河、长江两大水系。沙化土地主要集中在黄河水系。

黄河及其支流白河、黑河，河谷平坦开阔，蛇曲普遍发育，迂回曲折，河床比降小，水流平稳缓慢，流速一般为0.1～0.5m/s，以0.2～0.3m/s最为常见；水位年变幅一般在1～3m，最大可达4.5m；非汛期，黄河、白河水流清澈，黑河则不同，由于流域内沼泽发育，腐殖质含量高，河水呈棕色，汛期，黄、白、黑三河水流浑浊，夹带大量泥沙和腐殖质，悬移质较多，推移质相对较少。黄河水系还分布着兴措、莫乌措尔格、隆岗木措、恰日、措卡、措拉坚、哈丘、沃木钦、瓦延诺尔措等湖泊，面积最大的达5km^2左右，最小的仅0.25km^2，总水域面积20.45km^2，蓄水量约2045万m^3。在湖泊周围较大范围内均为人畜难进的沼泽地。

12.3.2 社会经济

若尔盖县辖2个镇、15个乡、1个白河牧场、1个辖曼牧场、96个行政村、497个村民小组。总人口7.6477万人，其中：农业人口6.6522万人，非农业人口0.9955万人；有劳动力4.37万个，占农业人口的66.0%；藏族6.9104万人，占全县总人口的91.2%，是一个以藏族为主的少数民族聚居县。

2015年若尔盖县国内生产总值(GDP)99942万元，增长8.3%，其中：第一产业增加值48769万元，同比增长3.9%；第二产业增加值15260万元，同比增长14.3%；第三产业增加值35913万元，同比增长12.4%。农林牧渔业总产值67764万元，其中：农业产值2310万元，林业产值611万元，牧业产值62826万元，渔业产值66万元，农林牧渔服务业1951万元。工业总产值22856万元，2015年全年接待旅游人数83余万人次，旅游收入总额61156万元。若尔盖县农作物总产值15429t，其中：粮食作物5950t，油料作物1335t，药材类100t，蔬菜、瓜果类8044t。地方财政一般预算收入2100万元，同比增长40.57%，地方财政一般预算支出89956万元，同比增长2.7%。城镇居民可支配收入18677元，同比增长13.8%，农牧民人均纯收入4851元。

若尔盖县境内公路总里程1214km，基本上构成了县境通往外部的公路运输骨架。县境内各乡(场)、村都有公路或便道通往，广大农牧民的主要交通工具有马、摩托车和出租车。

12.3.3 土地利用现状

若尔盖县土地总面积 1061999.8hm²，其中耕地 6790.4hm²，园地 13.1hm²，林地 316009.0hm²，草地 643104.4hm²，居民工矿及交通用地 4586.6hm²，水域 16622.9hm²，未利用地 74873.4hm²。详见表 12-1。

表 12-1 土地利用情况表 单位：hm²

地名	土地总面积	耕地	园地	林地					草地	居民工矿及交通	水域	未利用地
				合计	有林地	疏林地	灌木林地	其他				
若尔盖县	1061999.8	6790.4	13.1	316009.0	98873.5	717.5	55894.0	160524.0	643104.4	4586.8	16622.9	74873.4

12.3.4 沙化土地概况

1. 沙区分布范围

若尔盖县沙区分布涉及 9 个乡(镇、场)、32 个村，即：班佑乡、阿西乡、唐克镇、辖曼乡、嫩哇乡、麦溪乡、达扎寺镇、白河牧场、辖曼牧场。详见表 12-2。

表 12-2 沙区涉及乡(场、镇)村数量统计表 单位：hm²

乡(场、镇)	合计	班佑乡	阿西乡	唐克镇	辖曼乡	麦溪乡	达扎寺镇	白河牧场	辖曼牧场	嫩哇乡
村数	32	2	4	5	6	6	3	1	1	4
沙化面积	72397	457.7	2572.1	7023.9	12257.9	32221.1	744.1	791.6	5794.9	10533.7

2. 沙化土地现状

据 2009 年若尔盖县沙漠化土地监测结果显示：全县有各类沙漠化土地 72397hm²，占全县总面积 1062000hm² 的 6.82%，其中流动沙地 5773.9hm²，占沙漠化土地面积的 7.98%；半固定沙地 4240.6hm²，占沙漠化土地面积的 5.86%；固定沙地 6592.1hm²，占沙漠化土地面积的 9.11%；露沙地 55729.1hm²，占沙漠化土地面积的 76.98%；沙化耕地 61.3hm²，占沙漠化土地面积的 0.08%。与 2004 年第三次沙漠化土地监测相比，沙漠化土地面积增加 10486hm²，每年以 10.39%的速度递增。详见表 12-3。

表 12-3 沙化土地现状

若尔盖县	合计	流动沙地	半固定沙地	固定沙地	露沙地	沙化耕地
沙化面积/hm²	72397	5773.9	4240.6	6592.1	55729.1	61.3
比例/%		7.98	5.86	9.11	76.98	0.08

12.4 主体内容

12.4.1 技术路线

案例技术路线见图 12-1。

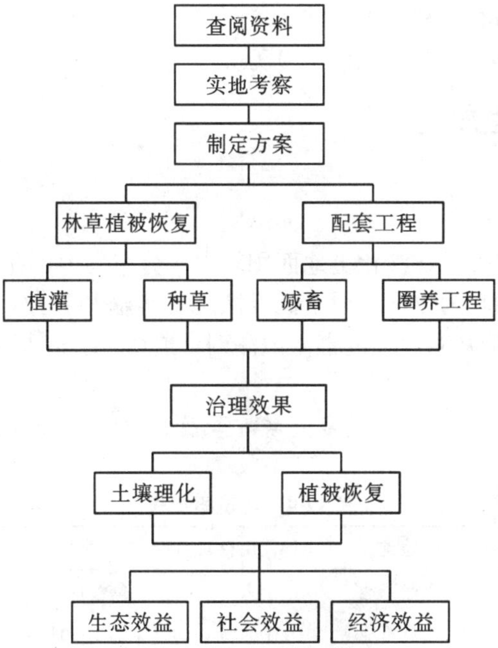

图 12-1　技术路线图

12.4.2　项目建设思路

1. 指导思想

以科学发展观为指导，以重点工程为依托，以政策、机制、体制、模式创新为途径，优化沙区生产力布局和治理模式，提高治沙科技含量，加快草原生态建设，实现科学管理，以点带面，实现沙区生态、经济协调发展。

2. 建设原则

坚持集中连片，适度规模的原则；
坚持科学治沙，治用结合的原则；
坚持综合治理，造封结合的原则；
坚持生物措施和工程措施相结合的原则；
坚持生态与经济相结合的原则；
坚持科技示范，以点带面的原则；
坚持政策引导，依靠群众的原则。

3. 建设目标

通过项目建设的带动，提高牧民保护草原的意识，引导牧民从靠天养畜、掠夺式经营向建设养畜、科学利用草地资源转变，有效地将环境保护、畜牧业结构调整、地方经济发展等结合起来，提高畜牧业科技水平，提供社会就业机会，增加试点区村民的劳务收入，繁荣地方经济，对增进民族团结，保持藏区社会安定起到重要作用。通过项目实施，使试点乡林草植被覆盖率增加0.5%，项目区年可增加涵蓄水能力13900t，减少泥沙流失量3100t，增加当地劳务收入约130万元。

12.4.3 项目建设方案

1. 项目建设总体布局

原则：(1)人为干扰严重，沙化土地面积较大、分布集中，在当地具有代表性，示范辐射作用明显；(2)交通较为方便，便于试点区施工运输和管护；(3)当地乡(镇)政府重视沙化土地治理工作，群众对沙化危害认识深刻，迫切要求治理沙化土地；(4)有沙化土地治理的经验。

布局：项目建设布局在若尔盖县麦溪乡，涉及24个小班，4种沙化类型。小班概况见表12-4。

表12-4 小班概况表

乡镇	小班号	面积/hm^2	地类	土地使用权属	沙化类型	沙化程度	治理模式
麦溪乡	1	38.31	天然草地	个人	露沙地	轻度	种草模型Ⅰ
麦溪乡	2	10.31	天然草地	个人	半固定沙地	重度	植灌模型Ⅱ
麦溪乡	3	5.61	天然草地	个人	流动沙地	极重度	植灌模型Ⅰ
麦溪乡	4	53.76	天然草地	个人	露沙地	轻度	种草模型Ⅰ
麦溪乡	5	9.35	天然草地	个人	半固定沙地	重度	植灌模型Ⅱ
麦溪乡	6	7.82	天然草地	个人	流动沙地	极重度	植灌模型Ⅰ
麦溪乡	7	3.24	天然草地	个人	半固定沙地	重度	植灌模型Ⅱ
麦溪乡	8	1.42	天然草地	个人	流动沙地	极重度	植灌模型Ⅰ
麦溪乡	9	410.02	天然草地	个人	露沙地	轻度	种草模型Ⅰ
麦溪乡	10	15.63	天然草地	个人	半固定沙地	重度	植灌模型Ⅱ
麦溪乡	11	14.79	天然草地	个人	流动沙地	极重度	植灌模型Ⅰ
麦溪乡	12	1.48	天然草地	个人	流动沙地	极重度	植灌模型Ⅰ
麦溪乡	13	43.17	天然草地	个人	固定沙地	中度	植灌模型Ⅲ
麦溪乡	14	2.09	天然草地	个人	半固定沙地	重度	植灌模型Ⅱ
麦溪乡	15	0.43	天然草地	个人	流动沙地	极重度	植灌模型Ⅰ
麦溪乡	16	15	天然草地	个人	半固定沙地	重度	植灌模型Ⅱ
麦溪乡	17	5.09	天然草地	个人	流动沙地	极重度	植灌模型Ⅰ
麦溪乡	18	1.35	天然草地	个人	流动沙地	极重度	植灌模型Ⅰ
麦溪乡	19	0.44	天然草地	个人	半固定沙地	重度	植灌模型Ⅱ
麦溪乡	20	5.53	天然草地	个人	半固定沙地	重度	植灌模型Ⅱ
麦溪乡	21	7.03	天然草地	个人	半固定沙地	重度	植灌模型Ⅱ
麦溪乡	22	1.69	天然草地	个人	流动沙地	极重度	植灌模型Ⅰ
麦溪乡	23	13.66	天然草地	个人	固定沙地	中度	植灌模型Ⅲ
麦溪乡	24	1.02	天然草地	个人	固定沙地	中度	植灌模型Ⅲ

2. 项目建设内容与规模

项目建设内容包括林草植被恢复、有害生物防治、防沙治沙配套工程、科技支撑及推广 4 个部分。

1)林草植被恢复

2011 年开展林草植被恢复 668.24hm^2。其中植灌 166.15hm^2(设置沙障 108.3hm^2，未设置沙障 57.85hm^2)；种草 502.09hm^2。

(1)植灌。

①植灌模型。

表 12-5　植灌模型表

项目		规格	植灌模型Ⅰ 流动沙地	植灌模型Ⅱ 半固定沙地	植灌模型Ⅲ 固定沙地
角钢围栏			8×120×30 型	8×120×30 型	8×120×30 型
柳笆沙障		带状	行带距 2m×4m	带间距 2m	
植灌	树种	主要树种	高山柳	高山柳	高山柳
		备用树种	沙棘	沙棘	沙棘
	整地	整地时间	造林前 1 个月	造林前 1 个月	造林前 1 个月
		整地方式	穴状	穴状	穴状
		整地规格	40cm×40cm×60cm	40cm×40cm×60cm	40cm×40cm×60cm
	栽植	栽植时间	4 月中旬～5 月	4 月中旬～5 月	4 月中旬～5 月
		平均初植密度(株/hm^2)	1250	2500	900
		补植(株/hm^2)	250	500	100
	施肥	有机肥	腐熟的牛羊粪	腐熟的牛羊粪	腐熟的牛羊粪
		用量(m^3/hm^2)	10	10	10
种草	草种	主要草种	70%披碱草+30%黑麦草	70%披碱草+30%黑麦草	70%披碱草+30%黑麦草
		备用草种	老芒麦、燕麦	老芒麦、燕麦	老芒麦、燕麦
	清理方式		浅耙	浅耙	
	播种	播种时间	4～5 月	4～5 月	4～5 月
		播种方式	撒播	撒播	撒播
		播种量(kg/hm^2)	60	45	45
	施肥	施肥时间			
		有机肥	牛羊粪	牛羊粪	牛羊粪
		用量(t/hm^2)			

续表

项目	规格	植灌模型Ⅰ 流动沙地	植灌模型Ⅱ 半固定沙地	植灌模型Ⅲ 固定沙地
牛羊粪固沙	进行时间	11～12月	11～12月	11～12月
	牛羊粪配比	牛羊粪比例为1∶2	牛羊粪比例为1∶2	牛羊粪比例为1∶2
	用量(m^3/hm^2)	12	12	12
抚育管护		5年	5年	5年

对沙化程度严重的流动沙地和半固定沙地进行植灌，使沙地得到固定，逐渐转化成固定沙地及露沙地，最终达到沙地全面治理的目标。

采用在若尔盖表现良好、技术成熟的高山柳＋草模式进行治理。沙障设置方向要与主风方向垂直，灌木间撒播混合牧草，混合牧草搭配遵循多年生和一年生混合的原则，多年生牧草选择在本地沙化治理中表现良好的垂穗披碱草或老芒麦，一年生牧草选择一年生黑麦草。多年生牧草与一年生牧草搭配比例为70％∶30％，具体模式见表12-5。

在每年11～12月进行牛羊粪固沙。流动沙地和半固定沙地造林前需设置网格状沙障，固定沙地不需设置沙障。建设区边缘设置围栏，进行抚育管护(包括修枝、埋条、施肥、病虫害防治等)，管护期5年。

②植灌技术设计。

a. 围栏设计、施工。

围栏质量标准：本工程执行农业部《草原网围栏建设技术规程》(NY/T 1237－2006)和国家机械行业标准JB/T 7137-93 7138.1-7138.3-93，编结网围栏产品质量分等达到JB/T 51068－1999一等品的标准，对相应的技术指标规定如下：

编结网：采用8×120×30型的钢丝编结网(经线与中纬线交叉处用镀锌环扣固定)。纬线根数8，网宽1200mm，经线间距300mm，钢丝直径：边纬线2.8mm，中纬线2.5mm，经线2.5mm。经线、纬线采用热镀锌钢丝编结网，每卷100m或200m。

编结网的镀锌钢丝应符合下列规定：钢丝在等于自身直径4倍的芯棒上紧密缠绕6圈后，锌层不得开裂及不能用裸手擦掉。纬线钢丝抗拉强度应不小于900MPa。钢丝在等于自身直径的芯棒上紧密缠绕6圈后，钢丝不得断裂。边纬线热镀锌量大于125g/m²，中纬线、经线大于110g/m²。

小立柱：规格为40mm ×40mm×4mm，1900mm。

中间柱：规格为70mm×70mm×7mm，2150mm。

角柱：规格为90mm×90mm×8mm，2200mm。

门及门柱：门的规格为1250mm × 2000mm，门柱规格为90mm × 90mm × 8mm，2200mm。

支撑杆：规格为Φ50mm，2500mm。

地锚：围栏安装过程中，若遇凹凸不平的小地形，在已安装围栏的下面形成较大较长的空洞，足以钻过牲畜时，在此处安装65cm长的地锚1根或几根，以其能拦住牲畜为宜。

水泥立柱：采用140mm×140mm×2250mm型水泥柱。制作立柱的技术要求是：内含冷拔钢筋 4 根，钢筋 Φ9～10mm，每根柱内有 5 根 8～10＃冷拔丝固筋固定；水泥为大厂水泥，标号 32.5，混凝土标号≥C20，每根立柱预制挂钩的数目及相关尺寸与编结网围栏的纬线间距要求一致。

围栏架设。

围栏平地定线：在欲建围栏地块线路的两端各设一标桩，从起始标桩起，每隔 30m 设一标桩，直至全线完成，使各标桩成直线。

围栏起伏地段定线：在欲建围栏地块线路的两端各设一标桩，定准方位；中间遇小丘或凹地，要依据小丘或凹地所在地形的复杂程度增设标桩，要求观察者能同时看到三个标桩，使各标桩成直线。

围栏线路清理：对欲建围栏的作业线路要清除土丘、石块等，平整地面。

围栏中间柱的设置：为使围栏有足够的张紧力，每隔一定距离需设置中间柱。

围栏长度应在 100～200m，设置 1 个中间柱。若围栏长度超过 200m，用中间柱将围栏总长分隔为不超过 200m 的若干部分。起伏地形的直线围栏，要将中间柱设置在凸起地形的顶部和低凹地形的底部，将围栏分隔成数段直线。

小立柱间距及埋深的设置：地势平坦且土质疏松的地段，间距 4～6m，小立柱埋深 0.5～0.6m；土壤紧实的地段，间距 8～12m，小立柱埋深 0.3～0.5m；地形起伏的地段，间距 3～5m。

中间柱的埋设：中间柱(角钢中间柱或水泥中间柱)埋深 0.7～1.0m，地上部分与小立柱取齐，然后在其受力方向上加支撑杆。

角钢小立柱的埋设：先在角钢小立柱底端 0.5m 处作好埋深标记，按规定间距将小立柱垂直砸入地下，至标记为止。

角柱、地锚埋设和支撑架设：角柱埋深 0.7～1.0m，在角柱受力的反向埋设地锚或在角柱内侧加支撑杆。

特殊地段围栏立柱的埋设：若围栏通过低凹地，凹地两边为缓坡，相邻小立柱之间的坡度变化≥1∶8 时，应在凹地最低处增设加长立柱，并将桩坑扩大，在桩基周围浇灌混凝土固定。如雨季有水从围栏下流过，则应在溪流的两边埋设两根如上所述的加长立柱，在两立柱之间增加几道刺钢丝以提高防护性。

若围栏穿过低湿地，可使用悬吊式加重小立柱，用混凝土块加重，亦可用钢筋作栏桩，以石块加重。

围栏跨越河流、小溪，若河流宽度不超过 5m，可在河流两岸埋设中立柱，为了防止水流冲毁围栏，不宜在河流中间埋设立柱，应用木杆或竹吊在沟槽处起拦挡作用。

围栏的架设：围栏架设要以两个中间柱之间的跨度为作业单元，围栏线端应各自固定在中间柱上。

施工程序：固定门柱、拐角柱和受力中立柱，展开网片→固定起始端→专用张紧器固定→夹紧纬线→实施张紧→绑扎固定网片→移至下一个网片段施工。架设编结网时，下边纬线离地面 15cm，上边纬线离小立柱(水泥柱)上端 5cm 左右。从中间柱的一端开始，沿网格较紧密的一端朝向立柱，起始端留 5～8cm 编结网。编结网的一端剪去一根经线，将编结网竖起，把每一根纬线线端绑扎牢固在起始中间柱上。继续铺放围栏网，直到下一个中间柱，将编结网竖起并初步固定。若需将两部分编结网连接在一起，可使用围栏线绞结器接头。埋设临时作业立柱，安装张紧器张紧围栏，各纬线张紧力为700～900N，整片围栏受力要均匀。将围栏另一端相对中间柱的位置除去一根经线，自中纬线分别向上向下将每根纬线分别绕中间柱绞紧。将编结网自边纬线向中间逐一绑扎在线桩上。

门的安装：预先将围栏门留好，门宽 2m，高 1.2～1.3m。门柱用支撑杆予以加固，用门柱埋入环与门连接，装门前将门柱及受力柱固定好。

b. 沙障设置。

材料：柳桩沙障采用高山柳枝条。如果柳笆沙障材料不足，可用秸秆沙障替代，或用废弃草皮、废弃房屋土块制作土沙障代替。

施工安装：柳干沙障——柳干(40～50cm)和柳枝(最好采用两年生，直径 1cm 左右)。先用准备好的柳干，从迎风坡下部开始，埋设一道与主风方向垂直的一条主带，把准备好的柳干用力插入沙地 20～30cm 使之固定，干与干的距离为 20cm，然后再在干与干间用柳枝插入沙地编制成柳笆，此为第一条主带。按上方法平行于第一条主带，带间距为 2m，再做其他主带。主带做好后再作副带，副带和主带垂直，副带间距为 4m(流动沙地设副带，半固定沙地不设副带)，最后使之形成纵横交错的柳笆方格即可。

其他沙障——首选秸秆，用优质的桔杆，一人铺秸秆一人扎设，从迎风坡下部开始，先划一条与主风方向垂直的线设第一条主带，将整顺的秸秆均匀横放在划好的线上，秸秆铺 3～5cm 厚，用平板锹端放在秸秆中间，然后用力向下踩压，把秸秆压入沙层10～15cm，使秸秆的两端露出地面 10cm 左右，在压入沙内的秸秆两边拥沙扶直，要拥沙到一定程度，使之形成一道低矮的秸秆墙即可，此为第一条主带。按上方法平行于第一条主带，带间距为 2m，再做其他主带。主带做好后再作副带，副带和主带垂直，副带间距为 3m 或者 4m，最后形成纵横交错的秸秆方格沙障即可。若沙障材料供应不足，可用向当地居民收购废弃草皮、废弃房屋土块垒砌工程沙障，垒砌规格和高度与原秸秆沙障相同。

c. 牛羊粪固沙。

牛羊粪覆盖方法：为达到固沙效果和增强沙地肥力的目的，采用人工均匀覆盖方法。牛羊粪覆盖顺序是由一人先将羊粪均匀撒盖在沙地上，由另一人翻沙将羊粪全部覆盖，然后再均匀覆盖牛粪，并用脚力将牛粪压紧。采用直线覆盖方式进行，禁止使用中间或遍地开花法覆盖。牛羊粪固沙用量为 $12m^3/hm^2$。

牛羊粪覆盖时间：根据示范区自然环境和立地条件，覆盖时间选择在 11 月中旬～12 月底进行。

d. 整地、施肥。

整地——要严格按照“四川省地方标准《造林经营环境保护规程》(DB51/T 380—2003)”，要注意保护好原有植被，以防止水土流失。整地与栽植同步，采用穴状整地，整地规格为 40cm×40cm×60cm，种植穴全部采用品字形配置。

施肥——针对流动沙地、半固定沙地的肥力差、保水能力弱和当地有丰富的牛羊马粪可供使用的特点，在栽植、播种整地前，设计植灌地块每公顷施用 $10m^3$ 有机肥(牛羊粪、马粪)作底肥，保持林草生态系统养分平衡，促进林草旺盛生长。

e. 栽植。

栽植季节：根据高山柳的生长特点，在每年的4月中旬～5月进行栽植。栽植应在阴天或雨后进行，切忌在晴天、土干或土冻时节造林。对高山柳要尽量做到当日起苗，当日造林。

苗木规格：两年生高山柳扦插苗，苗高大于80cm，地径0.8cm以上。

栽植密度：根据树种生物学特性、立地条件、造林技术、抚育方式、社会经济条件和项目造林树种等全面考虑，流动沙地初植密度为1250株/hm^2，半固定沙地和固定沙地的初植密度为2500株/hm^2，补植率按20%计。

栽植技术：项目造林全部采用人工植苗，栽植苗木必须全部采用合格壮苗。栽植时要做到苗正根伸，分层覆土，深栽压紧，淋水定根。覆土时应先填表土，后填心土，层层压实，使根系与土壤紧密结合。

带间种草：苗木栽植完后，人工在带间均匀撒播混合牧草(牧草需经前期处理以提高发芽率)。流动沙地撒播量为60kg/hm^2，半固定沙地和固定沙地的撒播量为45kg/hm^2。

f. 灌溉。

有条件的地方，栽植播种后应及时进行灌水，灌水后进行覆土以保湿抗旱。

g. 抚育、管护。

造林当年入冬前可将植株地上部分剪掉(剪掉的枝条任其堆置在沙地内，既可起到一定的沙障作用，腐烂后又可改善沙地结构和肥力)，促使植株翌年萌蘖大量的新枝条，尽快郁闭成林产生阻风固沙作用。连续抚育5年，每年抚育2次。

示范区造林地选择全封封育方式，建立管护组织，落实管护责任；深入宣传，提高群众认识；在封育区边缘设立围栏等醒目标志，增加林草植被覆盖度，恢复自然生态。

③建设地点。

麦溪乡2号、3号、5号、6号、7号、8号、10号、11号、12号、14号、15号、16号、17号、18号、19号、20号、21号、22号小班。

④建设规模。

植灌面积108.3hm^2，其中，流动沙地39.68hm^2，半固定沙地68.62hm^2。

设置围栏4985m、需高山柳苗木367460株、草种8072kg(垂穗披碱草5650 kg，一年生黑麦草2422kg)、高山柳枝条1678t，有机肥2961m^3、小型碑牌1个、标牌12个。

(2)种草。

对沙化程度较轻的露沙地进行种草，人工促进地表植被快速覆盖，达到最终治理的目的。

表 12-6　种草模型表

项目		规格	种草模型 I 露沙地
角钢围栏			8×120×30 型
种草	草种	主要草种	70%披碱草+30%黑麦草
		备用草种	老芒麦、燕麦
	播种	清理方式	浅耙
		播种时间	4～5 月
		播种方式	撒播
		播种量/（kg/hm²）	20
	施肥	施肥时间	4～5 月
		有机肥	牛羊粪
		用量/（m³/hm²）	10
鼠虫害防治	人工弓箭		每年 6～9 月
	生物药剂	C 型肉毒素	C 型肉毒素生物制剂配制的灭鼠饵料。防治时间为 12 月至次年 3 月
		用量	在洞口附近投饵料 1～3 堆，每堆 4～5g
	草原虫害防治	草毒生防剂	每年 6～8 月
抚育管护			5 年

①种草模型。

模型 1 为露沙地种草治理模式。

露沙地种草：适度清理沙化地，将混合草种均匀撒播后，盖施有机肥，并进行鼠虫害防治。详见表 12-6。

②技术设计。

a. 播种前种子准备及处理。

种子须经脱芒、清选处理，无杂质、无破碎附属物。种子质量要求达到国家二级以上质量标准。

b. 施肥：针对固定沙地、露沙地的肥力差、保水能力弱和当地有丰富的牛羊马粪可供使用的特点，施肥量 $10m^3/hm^2$。

c. 播种。

播种季节：在每年 5 月中旬后的雨季进行播种，播种应在阴天或雨后进行。

播种量：根据草种生物学特性、立地条件、播种方法、发芽率、千粒重、种草技术、社会经济条件和项目造林模型等全面考虑，设计播种混合牧草(70%垂穗披碱草+30%燕麦)$20kg/hm^2$。

播种方法：采用人工撒播。

采取浅耙、划破草皮、耙平土丘、填平鼠洞、清除地表石块、废料等措施，为补播创造良好的土体条件。其中划破草皮是一项关键性的措施，其目的是改善草地土壤的透气条件，改进土壤的肥力。具体做法是用重耙或圆盘耙于雨后在草地上拖耙，将草皮划破，深度为 8～10cm。播种时期为天然牧草未返青前的 4～5 月份。种子入土深度3～4cm。

d. 灌溉：播种后应及时进行灌水，灌水后进行覆土以保湿抗旱。

e. 围栏：围栏规格及设置与植灌相同。

f. 管护：管护期 5 年，管护区不能利用，以期加快沙地植被覆盖，改善自然生态。以后根据项目建设和遏制沙化情况进行合理利用。

示范区种草后选择全封或半封封育方式，同时，建立管护组织，落实管护责任；深入宣传，提高群众认识；在封育区边缘设立围栏等醒目标志，恢复自然植被盖度，改善草原生态。

③建设地点：麦溪乡 1 号小班。

④建设规模：种草 502.09hm^2，全部为露沙地。

设置围栏 15063m，草种 10042kg(垂穗披碱草 7029kg、一年生黑麦草 3013kg)，有机肥 5021m^3、标牌 1 个。

2)有害生物防治

草原毛虫、草原蝗虫、高原鼢鼠、高原鼠兔是示范区主要的害虫、害鼠，在示范区的主要牧场均有分布。高原鼢鼠、高原鼠兔主要分布在示范区内较干燥的区域，且危害严重。鼠虫害的发生与草场的过度放牧、土地退化、沙化有明显的关系，且互为因果，相互影响。

(1)地面鼠采用生物毒饵进行灭治。

①生物毒饵的配制：选用高效、低毒、无二次中毒、不污染环境的 C 型肉毒素进行灭鼠。0.1%C 型肉毒素水剂拌饵配制比例为 1∶80∶1000(1mL 毒素∶80mL 水∶1000g 饵料)。先将 C 型肉毒素冻干剂稀释，将稀释的冻干剂水中拌匀，再与饵料(小麦、燕麦、青稞均可)充分拌匀，放置 1h，使药液充分被饵料吸收，直至搅拌器底部无药液。拌饵需注意的事项：一是拌饵时间选择在下午 4 点以后；二是拌饵料时避免阳光照射；三是拌饵料严禁用碱性水或热水。

②生物毒饵的投放：在洞口附近投药 1～3 堆，每堆 4～5g，每年防治 2 次。毒素防治须注意以下几点：一是毒素必须在－15℃以下冰柜中保存；二是配制的毒饵务必当天用完；三是一定要在冬天防治，因为毒素在 5℃持续 24 小时后开始失毒，若用失毒毒饵防治会导致低效甚至无效；四是潮湿的地方或有水的地方不宜投饵(遇水会降低毒性)。

(2)地下鼠采用人工弓箭进行灭治。

①弓箭制作。

探钎——截取直径为 0.8cm、长 80～100cm 的铁丝或钢丝，制成“P”或“T”字形状。

箭——截取直径 0.5cm、长 50cm 的铁(钢)丝，制成前端锋利、末端圆圈形环。

三角架——截取直径 1～2cm、直形的枝条或钢筋，用细铁丝或绳索绑固成平面三角形，边长 65～70cm，底长约 50cm。

吊绳、平衡棍和橡皮胶带——从顶端绑好 50～60cm 的吊绳并在稍下方设置 10cm 的平衡棍，用自然周长为 30～40cm 的弹性较好的橡皮胶带，固定在箭和三角架的底边上。

②弓箭安装。

安装位置及处理——在挖开的洞口距鼠只走向相反方向的10cm处，将洞道上部表土层削薄、削平，保持土层厚度10～15cm，在此处安装弓箭。

安装弓箭——用支撑杆或石块固定三角架，使三角架的平面垂直于地面，用吊线在顶端位置缠住平衡棍。用探钎向洞道正中方向打一个孔，将箭插入洞中，无箭头露入洞道为宜，箭的末端套住橡皮带，拉开橡皮带套在平衡棍上。

设置触发机关——吊绳一端固定在平衡棍上，另一端用土块或木棍固定在鼢鼠的洞道中，设置成触发机关，保证鼢鼠触碰到时能够灵敏地松开。

封堵鼠道——用土或草皮堵住鼠道。待鼢鼠封堵洞口时，触动触发机关使箭射中鼢鼠身体。

控制人畜活动——在安装弓箭期间，灭治区域内禁止人畜活动，应避免非鼠类动物触动、破坏安装的设置。

巡查与回收——弓箭安装后应不定期巡查，回收引发的弓箭和中箭的鼢鼠。若发现有中箭的鼠只应立即取出，并将引发了的弓箭移到另一个未安装的有效土丘群重新安装。在鼢鼠活动高峰期应增加巡查次数。

③后期处理。

洞道回填——取出鼠只和弓箭后，应填补挖开的洞口。最好使用原来的草皮，以利于植被恢复。

鼠只处理——将回收的鼢鼠尸体集中，做深埋处理，埋深应不小于1m，并撒施石灰消毒，掩埋后进行植被恢复。

(3)采用草毒生防剂灭治草原虫害。

草毒生防剂(草核·苏悬乳剂)悬乳剂质量要求：200亿个活菌/mL草核·苏悬乳剂。其中草原毛虫核型多角体病毒包涵体数≥100亿个/mL，苏云金杆菌活孢子数≥100亿个/mL，pH5.5～7.0，25℃下贮存失活率≤10%。

将草毒生防剂(草核·苏悬乳剂)悬乳剂50～60g，兑水10kg，调成悬液、喷雾，每亩喷施兑水悬液5kg(可视实际情况而定)。防治时间为6月中旬至8月上旬，以上午8～11时，下午3～6时为好，晴天、阴天、微雨天均可以。要防止日光暴晒。

(4)灭鼠治虫注意事项。

每次施药前，应对投药人员进行安全防护相关知识的培训，内容包括药物毒理、防护和消毒方法、中毒救治，以及牲畜禁牧等基本知识和技术。

配药、施药和投饵人员，应配备必要的防护用品，如口罩、手套、肥皂、防护服和投饵工具等，认真做好防护措施。

药液、毒饵的配制地点应远离水源、粮库、食堂和牲畜棚圈等，避免发生污染和安全事故。

配药时应穿工作服，戴手套、口罩。配药期间不得用餐、饮水和吸烟。工作完毕应彻底消毒、清洗。

对过期、失效的药液、毒饵，应按有关规定和方法进行销毁。防止药物流散，杜绝安全隐患。

施药人员应穿戴防护衣物。喷雾时应注意风向，人应在上风方向操作，操作时喷洒面应避开人员前进路线，避免人身粘附药液，不能逆风喷药，施药期间，禁止饮食和吸烟。

施药人员应身体健康，并经过技术培训，掌握安全操作知识和具备自我防护技能。一般情况下，体弱多病、患皮肤病、农药中毒和患其他疾病未恢复健康的，以及哺乳期、孕期、经期妇女和儿童不得喷施农药。

每次投饵、喷药后应及时清洗施药器械，清洗的污水不能直接流入河流。

未用完的药液、毒饵和用过的包装、器具等应及时清点、统一回收、妥善处理，严禁就地掩埋。

死鼠或其他动物的尸体应统一回收、消毒后作深埋处理。

禁牧期满后，技术人员应查看施药区域，确定无残留饵料等安全隐患后才能解除禁牧。

3)防沙治沙配套工程

(1)减畜。

建设地点：麦溪乡试点区牧户居住地附近。

建设内容：对建设区内涉及的牧户给予减畜补助，按每头补助150元。

建设规模：计划减畜补助80头。

(2)圈养工程。

建设地点：麦溪乡试点区牧户居住地附近。

建设内容：对建设区内涉及到的每户牧户修建牲畜圈舍(以暖棚为主)200m^2。根据牧户意愿建设牛舍或羊舍，项目补助200元/m^2，多出部分由牧户自筹。

圈舍场址要求背风向阳，地势干燥，排水良好，且位于居民区的下风向；土质应选择透水性好的沙质土壤；电力通讯交通较为便利，考虑到防疫的需要，圈舍与主要交通干线的距离不应少于300m；圈舍屋顶多采用双坡式，这种屋顶既经济，保温性又好，而且容易施工修建，配套设施应该包括：饲料槽、水槽、供草架等。同时对牧户进行青饲料和干草饲料调制、贮存技术培训。

建设规模：建设面积4000m^2，涉及牧民20户。

4)科技支撑及推广

项目实施效益监测

对沙化治理区不同沙化类型的不同治理模式进行定位监测，通过定期收集监测数据，对试点成效的准确评估以及治理模式的科学总结具有重大意义。

(1)建设地点：在试点区小班内，设置固定监测样地。同时在试点建设区附近未治理区内设置样地，作为对照，进行定期定位监测。

(2)建设内容。

样地设置：选择具有代表性的土地利用类型、沙化类型的地块设置固定监测样地，监测样地面积10m×20m。每块样地只能代表一种土地利用类型、沙化类型，即样地不能跨类型布置，并在未治理的地块中设置对照样地。

监测内容：①背景值调查。样地所处气候类型、地形地貌、海拔、土地利用类型、水文、植被、沙化成因及发展趋势等；②气象因子。包括年日照时数、主风方向、平均风速、年及每月降水量、年暴雨日数、最长连续无降水日数、年蒸发量、极端最高气温、极端最低气温、地下水位及水质状况等；③土壤因子。土壤物理化性质、养分及微生物状况等；④植被因了。调查样地内多度、盖度、高度、生物量等情况。

(3)建设规模。

设 20 个典型固定监测样地。

沙生植物良种选育：选择在当地表现优良的树种如高山柳、三颗针、窄叶鲜卑等开展培育、繁育试验，同时收集类似地区表现良好的沙生植物进行选育试验，为沙化治理选种壮苗提供技术支撑。

学习培训：通过举办培训班的方式对示范区内农牧民及专业技术人员集中进行相关技术培训。培训内容包括室内技术理论讲解、示范项目技术操作规范，室外实地技术示范。同时进行示范县间技术骨干进行学习培训，交流总结治沙经验。

专业技术人员培训：聘请专家举办培训班 2 期。

培训对象：对工程乡(镇)的村级主管领导、技术骨干和驻村科技人员进行培训。

培训内容：包括法律法规、有关政策、规划设计、工程管理和实用新技术、治理模式等。

培训方式：室内技术理论培训、现场技术示范指导。

培训目标：聘请专家 5 人次，培训专业技术、管理人员 30 人次。

农牧民技术人才培训：组织专业技术人员对农牧民进行培训，举办培训班 2 期。

培训对象：试点区内的农牧民。

培训内容：包括法律法规、有关政策、示范项目技术操作规范、科学治沙技术措施以及种草、圈养、畜牧和牧草的科学调制等。

培训方式：室内技术、政策讲解、现场技术示范指导。

培训目标：使试点区内每户农牧民家中要有至少 1 个技能人才。培训农牧民 100 人次。

示范县间学习培训：通过组织相关治沙人员对沙化试点开展县(理塘、红原、石渠、阿坝、稻城、色达、壤塘)采用实地交流培训、座谈的方式，进行技术交流和经验总结，分析各县沙化特点、治理模式、技术要点和治理效果，讨论治沙新技术、新方法，以期共同总结、集成、组装、筛选出适合本地的治沙模式，为四川省沙化治理打下技术基础，同时锻炼和提高一批优秀治沙人员的治沙能力。共开展示范区间学习培训 4 期。

沙化成果宣传：通过在理塘县范围内发放宣传册，同时进行相关讲解，将示范中表现良好的灌草技术、抚育管理技术、鼠虫害生物防控等技术广泛推广。拟发放宣传册 2000 份。

示范推广宣传：通过在若尔盖县范围内发放宣传册，同时进行相关讲解，将示范中表现良好的灌草技术、抚育管理技术、鼠虫害生物防控等技术广泛推广。拟发放宣传册 2000 份。

示范区间学习交流：通过组织相关治沙人员对沙化试点开展县(理塘、红原、石渠、阿坝、稻城、色达、壤塘)采用实地考察、座谈的方式，进行技术交流和经验总结，分析各县沙化特点、治理模式、技术要点、治理效果，讨论治沙新技术、新方法，以期共同总结、集成、组装、筛选出适合本地的治沙模式，为四川省沙化治理打下技术基础，同时锻炼和提高一批优秀治沙人员的治沙能力。共开展示范区间学习交流 4 期。

3. 项目建设期

建设期 1 年，自批复之日起一年内完成。

4. 基本材料及用工量测算

项目建设共需高山柳苗木 367460 株；草种 18114kg；有机肥 7982m^3；沙障材料 1678t；围栏 20048m；用工量为 15846 个。见表 12-7。

表 12-7　基本材料及用工量测算表

项目	高山柳苗木/株	草种/kg	沙障材料 /t	有机肥/m^3	围栏/m	用工量/工日
合计	367460	18114	1678	7982	20048	15846
植灌	367460	8072	1678	2961	4985	9069
种草		10042		5021	15063	5773
有害生物防治						1004

12.4.4　治理效果

1. 土壤理化性质的变化

1)土壤物理性质的变化

土壤物理性质制约土壤肥力水平，进而影响植物生长，是判定土质好坏的重要依据。实验结果表明，不同治理年限的土壤含水率、容重、pH 大小不同。土壤含水率呈现出随修复年限的增大呈现增大趋势，从 2.52%提高到了 12.30%，这是由于植物越茁壮，根系越发达，吸水能力越强；容重随修复年限的增大而变小，由 1.67 g/cm^3改良为 1.56g/cm^3，这是由于修复年限越长，土壤透气性越好；pH 值呈现出随着修复年限的增大，pH 值越趋向中性，由 8.10 改良修复到 7.07。总之，土壤生态系统向良性循环状态发展。

2) 土壤化学性质的变化

土壤有机碳主要由动植物残体经土壤动物和土壤微生物的共同作用而形成的高分子有机胶体物质组成，对土壤物理、化学和生物学过程起着重要作用，其含量高低是衡量土壤肥力的重要指标。不同恢复阶段土壤有机碳含量见表 12-8。可以看出，土壤有机碳含量随着演替进程变化规律较为一致，总体表现为增加的趋势，其中，恢复年限最长的 2000 年，土壤全氮含量最多为 48.02g/kg，2012 年最少为 4.38g/kg，但仍较对照沙地 1.22g/kg 多。土壤有机碳含量的变化说明在沙化草地恢复过程中，土壤肥力得到了明显改善。

土壤全氮与有机质的变化趋势基本一致，均表现出随着修复年限的增长，含量增加的趋势。这是因为草地土壤表层的有机质和氮素均主要来源于凋落物和根系，并受凋落物和根系的分解率控制。恢复过程中，测得土壤全氮含量较小，在 0.04～0.34g/kg 变化，说明氮素流失迅速，而累积缓慢。总之，若尔盖高寒沙地恢复过程中，土壤的氮肥含量得到了明显改善。

土壤全磷含量随修复年限的增长也呈逐步增加的趋势，与有机质和氮素的变化规律相似。其中土壤磷含量在各修复阶段均大于 0.49 g/kg。2000 年，最高含量达2.38 g/kg，最低为 2012 年的 0.49g/kg。土壤全磷含量的变化说明在沙化草地恢复过程中，土壤的磷含量得到了明显改善。

土壤全钾含量随修复年限的增长也呈逐步增加的趋势，与有机质、氮素和磷素的变化规律相似。土壤全钾含量在不同恢复阶段的情况见表 12-8。可以看出，2000 年，土壤全钾含量最高达 17.85 g/kg，2012 年土壤全钾含量最低为 9.25 g/kg。土壤全钾含量的变化也说明在沙化草地恢复过程中，土壤的全钾含量得到了明显改善。

表 12-8　不同阶段土壤养分特征

阶段	全氮 TN/(g/kg)	全磷 TP/(g/kg)	全钾 TK/(g/kg)	有机碳含量/OC(g/kg)	pH	土壤容重/(g/cm³)	土壤含水量/%
2000 年	0.34	2.38	17.85	48.02	7.07	1.56	12.30
2002 年	0.19	1.46	17.68	43.34	7.78	1.46	7.56
2004 年	0.11	0.98	17.65	14.79	8.07	1.59	6.16
2008 年	0.08	0.98	14.79	13.01	7.27	1.60	2.73
2010 年	0.06	0.62	9.84	8.58	7.37	1.64	3.29
2012 年	0.05	0.55	9.32	4.38	8.28	1.65	3.00
纯沙化土地	0.04	0.49	9.25	3.16	8.10	1.67	2.52

2. 植物种类变化

自沙化治理生态恢复措施实施以来，随着土壤营养状况的改善，植物种类数量变化明显，开始缓慢增加，随后快速增加；植物个体增加，密度逐渐增大；植被高度、盖度也呈现增大趋势。高寒沙地植被恢复状态良好。

12.5　案例启示

12.5.1　结论

若尔盖县高寒沙地的治理给当地、给社会、给人类带来了巨大的生态效益、社会效益和经济效益。

1. 生态效益

(1)恢复草原植被、减轻水土流失。

试点区内的沙地在治理后，地面植被将逐步恢复。由于草原植被能利用其茂密的茎叶和发达的根系，形成地表和土壤的保护层，具有良好的吸水、固土作用，被喻为“生物地毯”，减轻了外界对土地表层的冲刷和风蚀，从而有效地遏制了水土流失，减少流入江河的泥沙量，对减轻黄河中下游地区洪涝灾害的发生，确保沿线水利枢纽工程的生态安全发挥重要作用。初步测算，项目实施后试点乡林草植被覆盖率增加 0.5%，每公顷年可减少泥沙流失量 4.65t，项目区年可减少泥沙流失量 2900t。

(2)提高水源涵养能力。

试点区的沙地在治理后，植被覆盖度将提高约 0.5%，由于植被恢复、盖度提高，能有效地拦截雨水，并通过土壤孔隙渗透到地下形成地下水，逐渐补充给江河。与此同时，项目区内的湿地功能亦将逐步恢复，并充分发挥其调节气候、防洪抗旱、净化水质的作用，提高水源涵养能力。项目实施后原沙化地平均每公顷年蓄水力可提高 20.85t，项目区年可增加涵蓄水能力 1.28 万 t。

(3)改善环境，促进生物多样性保护。

项目建成后，退化的草地植被得到了恢复和保护，环境不断改善优化，促进生物多样性保护。

2. 社会效益

项目建设将起到很好的示范带动作用，一方面提高牧民保护草原的意识，引导牧民从靠天养畜、掠夺式经营向建设养畜、科学利用草地资源转变，并有效地将环境保护、畜牧业结构调整、地方经济发展等结合起来，提高畜牧业科技水平，提供社会就业机会，增加试点区村民的劳务收入，繁荣地方经济；另一方面还将对增进民族团结，保持藏区社会安定起到重要作用。

3. 经济效益

通过沙化治理，引导和培育沙产业，在改善生态环境的同时也促进区域的经济发展，同时随着工程的开展，会增加试点区农牧民的劳务收入，产生一定的直接经济效益，初步测算工程建设将会产生近 1.2 万个劳务用工，增加当地劳务收入约 120 万元。工程实施后，试点区间接经济效益主要体现在林草植被本身具有的涵养水源、固土保肥、碳氧平衡等功能，以及减少自然灾害，提高单位产草量等方面。

12.5.2　启示

土地是人类赖以生存和发展的物质基础，是一切生产的源泉。正确对待人口与资源的矛盾，珍惜合理利用每一寸土地，是我们义不容辞的责任。随着人口增加和经济发展，对资源总量的需求增加，环境保护的难度增大。必须切实保护资源和环境，统筹规划国土资源的开发和整治，严格执行土地、水、森林、矿产、海洋等资源管理和保护的法律，实施资源有偿使用制度。要根据我国国情，选择有利于节约资源和保护环境的产业结构和消费方式。坚持资源开发和节约并举，并把节约放在首位，减少各种浪费现象，提高资源利用效率。要综合利用资源，加强污染治理，植树种草，搞好水土保持，防治荒漠化，改善生态环境。总之，我们既要绿水青山，也要金山银山，宁要绿水青山，不要金山银山，而且绿水青山就是金山银山。我们绝不能以牺牲生态环境为代价换取经济的一时发展，走浪费资源和先污染、后治理的错误模式。

第五篇

生态清洁型小流域建设

第 13 章　生态清洁小流域原理与技术

小流域是指二、三级支流以下，以分水岭和下游河道出口断面为界，集水面积在 $100km^2$以下的相对独立和封闭的自然汇水区域。根据水利部规定，中国目前水土保持工作中的小流域概念，是指面积小于 $50km^2$的流域。一般认为，小流域须具备以下两个特征：第一，土壤的侵蚀过程自然形成完整系统，降雨发生雨滴击溅侵蚀，在分水岭形成片流，片蚀，分水岭以下的坡面片流汇集成散流，进行细沟、浅沟等沟道侵蚀，形成完整的水资源和土壤的流失过程；第二，具备按照生态经济学原理组织农、林、牧生产的有利条件。

基于以上两个特征，小流域是由流域范围内生态系统和经济系统相互交织而成的生态经济复合系统。它具有独立的结构和特征，是一个经过调控能够优化利用内部资源，形成生态经济活力，产生生态经济效益的开放系统。人口、环境、资源、物资、资金、科技等要素在流域的生态系统和经济系统中，将社会需求作为动力，通过投入产出链，运用科学手段有效地组合在一起，从而构成流域的生态经济系统。

生态清洁小流域(Eco-clean small watershed，亦称生态清洁型小流域)是在传统小流域治理基础上，将水土资源的保护与面源污染防治、农村垃圾及污水处理等相结合的一种新型综合治理模式。学者们普遍认为，生态清洁小流域是指将流域作为单元，合理规划，综合治理的一种模式。其治理契合当地景观，遵循生态法则和自然规律，实现流域资源的合理利用、人与自然和谐相处、完善配置、经济社会可持续发展的生态系统良性循环。建设目标为使沟道侵蚀得到相应控制、坡面侵蚀强度控制在轻度(含轻度)以下、水体清洁且营养结构合理、河道畅通、行洪安全，并得到生态良性循环的小流域。

生态清洁小流域作为小流域综合治理新的发展思路、发展方向，是小流域综合治理在内涵上的深化与提升。它将流域内的水、气候、土地、生物等资源承载力作为基础，通过调整人为活动，塑造“生态”和“清洁”关键特征，构建政府主导、公众参与的联动机制，因地制宜、统一规划、分步实施、稳步推进。

13.1　小流域治理理论基础

13.1.1　景观生态学原理

景观生态学是从生态学发展起来的一个分支，它把整个景观作为研究对象，着重研究其自然资源的异质性。景观是由具有相关性的斑块或生态系统组成的区域，并以相似的形态重复出现，具有高度空间异质性。基本原理包括：生物多样性、景观结构与功能、物种流动、能量流动、景观变化、景观稳定性与养分再分布等。

生态清洁小流域在景观方面的建设实质是景观管理与养护，分析流域景观的空间结构、功能和流域的异质性以及流域受外界干扰后所发生的景观变化。景观生态学原理对于科学地进行流域治理具有重要意义。

13.1.2 生态经济学原理

生态经济学是以生态学原理为基础，经济学为主导，以人为活动为中心，将人类经济和自然生态间的依存关系作为主线，研究生态系统与经济系统形成的复合体系，探寻矛盾运动中产生的生态经济问题，揭示其原因和解决途径的一门学科，因而在生态经济运动发展规律中将流域看作一个开放的系统，进行分析、评价、调控和经营管理。

在水土保持生态经济系统中，包含环境、资源、人口、物资、资金、科技等基本要素，各要素在空间和时间上，通过投入产出链，运用科学规划而有机地组合在一起，从而构筑了水土保持的生态经济系统。生态经济系统中生产与再生产过程是能量、物流、信息流和价值流的交换、融合过程。因此，物质循环、能量流动、信息传递、价值增值是流域生态经济系统所具有的四大功能。

水土保持运用生态经济系统的原理，从人口、资源、环境三个方面，探索社会物质生产所依赖的社会经济系统与自然生态系统间的相互关系，以及生产活动的社会经济效益与环境生态效益间的相互关系。

13.1.3 水土保持原理

水土保持学是研究水土保持基本原理及水土流失形式、发生原因和规律，制定规划并运用综合措施，防止水土流失，保护、改良和合理利用水土资源，维护和提高土地生产力，建立良好生态环境的应用科学。

水土保持的目标是“合理地利用土地，保护土地使之不发生任何形态的土壤恶化，重建或恢复侵蚀的土壤；改进林地、草原和野生动物栖息地，保持土壤水分，供给作物；恰当的农业灌溉、排水及防洪，以增加产量与收益”。当代水土保持的农作方法，不仅要达到上述目标，还要求在国家、社会、大众利益下，获得有效增收和永续生产，使我们和后代永续利用有限的水资源和土地资源。

13.1.4 可持续发展理论

可持续发展理论指的是既满足当代人的需要，又不会对后代人的需求的能力构成危害的一种发展模式。可持续发展已经成为对所有资源开发利用以及一切人类活动的准则，这也是小流域建设的准则要求。

可持续发展基础理论包括环境承载力论，即环境对人类活动的支持能力有一个限度，人类活动如果超过这一限度，就会造成种种难以修复的环境问题。环境承载力是作为人类社会经济活动与环境协调程度的判别依据之一。

13.2 生态清洁小流域建设措施体系布局

生态清洁小流域措施体系的建立，应从水源保护的目标出发，在前期治理区域选择、措施布局的基础上，根据治理区的实际情况，选择建立合适的措施体系，完成技术设计规划。因此，各项措施设计和制定均以小流域为单元，充分考虑水土流失防治、生态建设及经济社会发展需求，统筹山、水、田、林、路、渠、村进行总体布置，做到坡面与沟道、上游与下游、治理与利用、植物与工程、生态与经济兼顾，使水土保持措施相互配合，发挥综合效益。

13.2.1　水土流失综合治理工程

水土流失综合治理工程的内容主要包括工程措施和植物措施。工程措施主要为坡改梯、修建小型水利水保工程，包括截水沟、排水沟、沉沙池、蓄水池、谷坊、拦沙坝和塘坝等。植物措施包括营造水土保持林和经果林、低效林改造、种草措施。根据小流域的水土流失程度及特点，在宜农的坡耕地配置梯田(梯地)与保土耕作措施，在宜林宜牧的荒地上配置造林种草措施。另外对坡耕地和经果林配置小型蓄排工程，在沟道配置治沟措施，做到治坡与治沟、工程与林草措施紧密配合，协调发展，相互促进。

13.2.2　生态修复工程

生态修复工程主要是对有水土流失的林草区域采取封育保护，依靠生态系统的自我修复能力恢复植被。

采取封禁措施的范围一般选取远离村庄居住地、人口相对较少、水土流失强度以轻度、中度为主的林地及荒草地范围。

林地的水土流失可充分利用各地区的水热资源，对造林区进行封育管理。从已开展的封禁治理试点工程的实践情况来看，对轻度和中度水土流失的林地、草地，采取封山育林措施，并明确管护责任后，仅1～2年就可使封育区内的植物群落及生物多样性呈良性发展，现有林草植被覆盖率大大增加，土壤侵蚀强度明显下降。

中高海拔地区和供水水库集雨区范围居住的农民可以结合新农村建设、城镇建设、农村扶贫开发、生态移民等措施，减少对山区生态环境的破坏，使环境得到自然修复。

13.2.3　河道综合整治工程

河道综合治理工程主要任务是对小流域内河道采取护岸、筑堰、清淤和绿化美化，以减轻两岸洪水威胁，将河道整治与排水工程、村容面貌整治工程相结合，确保河流生态系统良性发展，防止生活污水和垃圾进入河道，保证河流水质达标，营造优美环境。

河道综合整治过程需把生态治水的理念引入到规划设计中，通过生态设计达到“人水和谐”，尽量避免河道的“硬化”“白化”“渠化”，使之与周边环境融为一体，营造出“水清、流畅、岸绿、景美”的现代生态河道。

13.2.4　人居环境综合整治工程

通过调查发现，小流域内居民生活污水排放、人畜粪便、生活垃圾等随意处理是造成流域水环境恶化的主要原因。社会主义新农村建设的目标是把农村建设成为经济繁荣、设施完善、环境优美、文明和谐的社会主义新农村。人居环境综合整治工程包括道路硬化、村庄绿化、裸露边坡整治、建立垃圾、粪便及生活污水等处理系统。

农村绿化要大力提倡庭院绿化和居室绿化，提高生活品位，发展庭院式立体绿化，鼓励阳台绿化和垂直绿化。对居住区村旁、路旁、宅旁和渠旁进行绿化、裸露边坡整治，减少土地裸露面积，美化居住环境。对小流域内村庄分布较为分散的，人口居住较为集中的地区，应积极推广沼气池处理人畜粪便和生活污水，减少排河污水量，提高区域水环境质量。

13.2.5　生态农业建设工程

影响流域水质问题的因素还包括农药化肥的不合理施用以及不合理的耕作方式等，其残留物进入水体对水质污染较大，因此需在小流域内大力推广生态农业建设。目前，生态农业建设注重良好经验和做法的推广，如合理耕作、种植绿肥、施用有机肥、农田整治等；同时注重推广生态农业新技术，如生物化肥、生物农药、节水灌溉、秸秆还田等。

13.2.6　面源污染治理工程

农村面源污染涉及范围广，除加强预防机制、人居环境综合整治、生态农业建设等措施外，还需对重要河段和水库设立植物缓冲带，通过植物的吸附能力，减少水土中的有机污染物。采取的主要措施为在河道和水库水位变化的地带建立人工湿地，种植耐湿植物，通过植物增强水体的自净能力。

综上所述，通过划分具体水土保持工程总体布局，因地制宜地采取工程措施、植物措施和生态修复、河道整治、人居环境整治、生态农业建设等措施，使各小流域得到综合、有效的治理，面源污染得到有效控制。并通过预防和后期监测，加强措施效果跟踪，建设景观优美、自然和谐的生态清洁型小流域，促进农村人居环境改善和地方经济快速发展。

13.3　非传统水保措施单项工程设计

13.3.1　潜流式人工湿地

图 13-1　潜流式人工湿地工艺图

图 13-2　潜流式人工湿地现场照片

潜流式人工湿地主要以山区农村院落、小型的集中安置点(30 户 100 人以内)居民为服务对象，对日常生活污水采取无动力生态处理措施(图 13-1，图 13-2)，湿地系统总容量为每人每日 40L，滞留厌氧处理按 20 天计算。由“三格式”化粪池厌氧处理、底部防渗、填料基质、集水管道、湿地植物群落等五部分组成。工艺为：污水集中收集进入沉淀池、厌氧池进行厌氧处理后，再进入分级卵石、砂粒、种植土为介质的垂直流态潜流式微型人工湿地，完成污水有机质的介质吸附，通过湿地植物群落进行水体养分吸收、降解，再汇流、排放。具有适宜性强、占地少、美化村院、能耗低等优点。

13.3.2　降解塘

降解塘包括过程降解塘(图 13-3)、稳定塘(图 13-4)和末级降解塘(图 13-5)。主要是针对拦截降水所致坡面、耕地、道路地表径流冲刷、裹挟有机物污染水体的生态处理措施。也可将污水集中收集、厌氧处理后进入人工治理的池塘，依靠自然生物净化功能，污水在塘内通过缓流交换曝气、好氧过程中，通过自身微生物代谢和水生动植物综合作用降解有机污染物，使水质得到净化。处理后的水作为农业灌溉用水和其他用水，也是对水资源的循环利用。该措施具有适宜性强、维护方便、能耗低、投资少等优点。对调节项目区微气候、水生态、水环境、水景观、水资源循环利用起到很好的示范作用。进一步体现“水量有保障，水质有保证”的清洁治理、水资源有效利用的目标和手段。

图 13-3　过程降解塘

图 13-4　稳定塘

图 13-5 末级降解塘

13.3.3　阶梯式人工湿地

阶梯式人工湿地是“控制源头治理，层层设防，蓄排有序”的治理模式(图 13-6)。通过人为模拟天然湿地的功能，利用土壤基质、人工介质、植物、微生物的物理、化学、生物三重协同作用，对污水进行处理的一种措施。现有的湿地或池塘内栽植有莲藕、芦苇、菖蒲等水生植物，水岸有垂柳等喜水性植物，保护近天然的水岸交换介质，形成多层次的拦蓄、吸纳、吸附净化水体体系，增强对水土流失带来的水土污染物的降解、吸附和净化，有效保护水源地水质。同时在湿地藕田里修建工程设施进行水禽、鱼类养殖，可以通过鱼、鸭摄食田间杂草和害虫，从而翻动表土，有效减少虫害对荷藕的威胁。同时，鱼类排泄的粪便更是荷藕的优质有机肥料，可有效促进荷藕生长，提高荷藕产量，从而获得荷藕和鱼类双丰收。

图 13-6　阶梯式人工湿地

13.3.4　稻田养鱼有机循环农业示范

稻田养鱼、养鸭有机循环农业示范，在稻田内挖鱼凼和放射状鱼沟，设置鸭棚、防逃边网，每亩放养草鱼、花白鲢鱼(鳙鱼)、鲤鱼大规格鱼苗 60～120 尾，鸭子每亩 30 只(图 13-7)。田内水较深时鱼儿可通过鱼沟自由游动摄食杂草、稻花，滤食浮游生物等，稻田出穗晒田时，田内水较浅，鱼儿回到鱼凼、鱼沟中，这样形成了稻、鱼、鸭增产良性循环，改变了传统种植模式，增加了农户经济收入。

图 13-7　稻田养殖

13.3.5　植物过滤带和水草沟

针对污染物的分布和迁移路径，用植物过滤带(图 13-8)、生态水草沟(图 13-9)等设计元素层层设防，分级过滤降解，实施污染物过程阻截治理措施。植物过滤带设置在农田耕作区坡下或沟边，田间、地边设置水草沟。

图 13-8　植物过滤带

图 13-9　生态水草沟

13.3.6　无公害种植

梯田建设无公害果园(图 13-10)，采用农家肥等绿色肥料，在果园、稻田安装太阳能杀虫灯(图 13-11)，同时在园内放养鸡、鸭、鹅，起到延长自然生物食物链，防治病虫害，减少农药使用和降解面源污染物的作用。

图 13-10　无公害种植

图 13-11　太阳能杀虫灯

13.4　案例分析——安康市石泉县鲁家沟生态清洁小流域综合治理工程

13.4.1　项目区概况

鲁家沟生态清洁小流域位于石泉县城西部，小流域内自北向南有 4 条主要沟道，分别为二郎坪沟、鲁家沟左右 2 条支沟和西沟，直接汇入饶峰河。以鲁家沟分水岭为界，将项目区划分为核心区和辐射区。核心区为鲁家沟，面积 5.56km^2。辐射区为二郎坪沟和西沟，面积 6.58km^2。该流域总土地面积 12.14km^2，位于 210 国道西侧，县级环线公路从项目区通过，交通便利(图 13-12)。

鲁家沟流域位于城关镇西南，包括杨柳社区的 8 个村民小组，总人口 872 人，627 户，农业人口 872 人，人均耕地面积 0.14hm^2，农业人口平均密度 72 人/km^2。流域内现有农业劳动力 770 人，劳力充足。2016 年度实施项目区主要为鲁家沟北岸和二郎坪沟，土地面积 5.81hm^2，包括总人口为 484 人，农业人口为 484 人，人均耕地面积 0.12hm^2。

2016年实施方案紧密结合可研报告的既定治理路线，初步选定项目区范围为5.81km^2，治理水土流失面积为1.50km^2，面源污染面积1.88km^2，重点治理鲁家沟北岸和二郎坪沟，涉及工程总投资150万元。

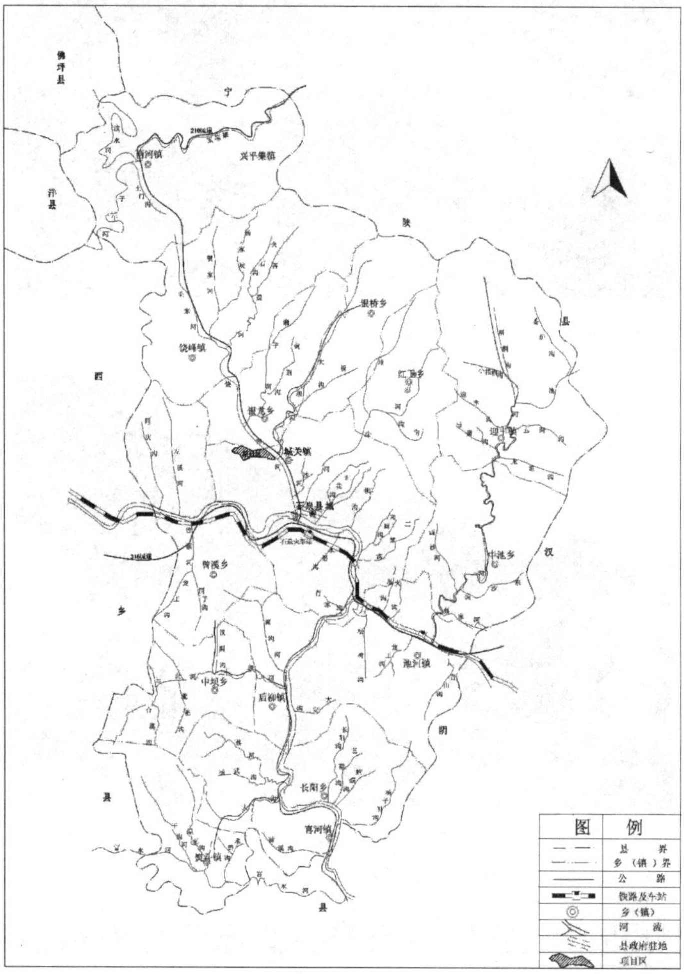

图 13-12　石泉县鲁家沟清洁小流域项目区位置

13.4.2　小流域综合治理工程

1. 道路工程

1)生产道路

布设原则：在杨柳示范园内，布设道路与园区主干道连接，主要包含采摘园道路、休闲广场道路以及景观桥道路和游园支线，以方便生产、休闲观光原则进行布设。

设计标准：道路修建时，在满足生产需要的前提下，为满足园区内游人观光、休闲的需要，可将道路铺成园林道路的形式，增加休闲趣味性、观光示范性。

游园支线、采摘园、绿色养殖区生产道路设计要点：该路长0.92km，为浆砌青砖路面，设计路宽3m，道路每隔3m铺设一道宽20cm的卵石路面，路基采用10cm厚C15

砼作为垫层。道路一侧布设性道路树，株距 1.5m。

休闲广场生产道路设计要点：该路长 0.08km，为浆砌青砖路面，设计路宽 4m，道路每隔 5m 铺设一道宽 30cm 的卵石路面，路基采用 10cm 厚 C15 砼作为垫层。道路一侧布设花坛，增加观赏性。

采摘园、景观桥人行步道设计要点：该路长 0.33km，宽 1.7m，路沿一侧铺设一道宽 20cm 的卵石路面，路面采用浆砌青砖留缝间隔铺设，缝隙内植草，路基采用 10cm 厚 C15 砼作为垫层。道路靠山坡一侧设置急流槽。

景观桥人行踏步设计要点：该路长 0.06km，设计为生态原木踏步梯为台阶路，路宽 1m，台阶之间铺设原木，台阶面铺设 10cm 碎石，台阶宽 35 cm。

2)道路绿化

(1)生产道路行道树。在生产道路一侧种植行道树，树种选择垂柳和石楠，采用穴状整地，垂柳和石楠间隔种植，株距 3.0m，种植长度 1.00km，种植苗木 666 株。

(2)人行道路种草。在人行道路路面砖空格内，穴播白羊草，面积 0.02hm^2。

2. 边坡工程

由于流域内道路的修建和建设项目的实施，部分道路路堑和山坡形成高边坡，高边坡多为裸露土坡，土边坡易于滑塌，为防止水土流失，营造良好的生态环境，必须采取有效措施进行防治。根据勘测结果本项目区共实施边坡防护长度 260m。

1)设计原则

(1)结合排水渠道，因地制宜，防治水土流失，设立陡坡防护示范区。

(2)与道路排水沟、道路同时规划，合理布设陡坡示范，形成完整的防御体系。

2)边坡设计

(1)PP 生态织物袋护坡。

PP 袋护坡拟布设在绿色养殖区生产道路一侧。护坡高度 1.8m，外侧坡比 1∶0.3。护坡长度 70m，草袋工程量 63m^3。

袋体填充料要求及装袋：①袋体填充料为砂性土，要求颗粒级配均匀，要求兼顾滤水与土体黏性，粒径在20～50mm的土料不能超过 30%。填充料砂土体积配比应符合设计要求，根据绿化工程要求添加有机肥。②装袋要求：袋体填充饱满，以袋体外标签为装土标准，扎口外露长不能大于 6cm；装袋填充土料要密实，装袋时每装 1/3 需墩实；扎口要拉紧，确保在现场搬运和垒砌时不松扎口；装好土料并拍打成型的生态袋外观尺寸应与设计图纸要求的外观尺寸相符。

袋体垒砌：①标线控制。一是纵向拉线，确保每层的平整度和纵向线条；二是坡向拉线，每段不超过 20m，从坡脚到坡顶拉一根坡比线，确保施工坡比符合设计要求。②袋用木槌及槽钢拍实、定型，严格控制每个袋体的定型尺寸，做到错缝均匀有致。分层垒砌时，袋体缝线朝向坡内，同层生态袋扎口摆放方向一致，袋体外边线距纵向标线 2cm。袋体外露部分不能起皱。③生态袋垒砌方式。基础和上层形成的结构：将三维排水联结扣水平放置在两个袋子之间靠近袋子边缘的地方，以便每一个联结扣跨度两个袋子，联结扣放在同层袋之间的连接缝上，基础层联结扣要求面朝下，其他层的联结扣要求面朝上放置，摇晃扎实袋子以便每一个联结扣刺穿袋子的中腹正下面。每层袋子铺设完成后将联结扣棘爪压入袋体内，这一操作用来确保联结扣和袋子之间良好的联结。铺设袋子时，注意把袋子的缝线结合一侧向内摆放，以修建一个平整漂亮的墙体。铺设上一层：后续铺层要在前一铺层的基础上进行，以便每个上层袋子用一个三维排水联结扣固定在两个下层袋子上，形成一个联结的表面粘连模式。继续铺设沙土袋，加固回填土。上层的重量会牢牢的把联结扣压入袋子中，形成袋与袋之间的坚实联结。在袋子上踩踏或在顶层夯实有助于确保袋子之间的互锁结构紧密联结。生态袋摆放水平面向坡内方向倾斜 5%，便于增进草本植物的生长。

(2)六角空心砖护坡。

六角空心砖护坡拟布设在休闲广场东侧。该区域有杨柳示范园，已实施浆砌石挡墙，但仍存在裸露边坡，为了防止冲刷和垮塌，在原有挡墙基础上砌筑六角空心砖植草综合护坡。护坡高度 1.4m，外侧坡比 1∶1，底部采用 10cm 厚的 C15 混凝土连接，空心砖内种植白羊草。护坡长度 80m，使用六角空心砖 16.0m³。

图 13-13　六角空心砖＋砼空心砖挡墙护坡

(3)六角空心砖＋砼空心砖挡墙护坡。

六角空心砖＋砼空心砖挡墙护坡拟布设在景观桥生态人行道路一侧。为保证边坡稳定性，基础采用厚 20cm 的 C15 混凝土基础，空心砖挡墙高 0.8m，在砼空心砖顶部砌筑六角砼空心砖，高度 2.5m，空心砖内种植白羊草。六角空心砖＋砼空心砖挡墙护坡(图 13-13)总护坡高度 3.5m，外侧坡比 1∶1，护坡长度 60m，使用六角空心砖 21.0m³，使用砼空心砖 11.5m³。

(4)砼空心砖护坡。

砼空心砖护坡拟布设在景观桥生态人行道路一侧。为了保证边坡稳定性，基础采用厚 10cm 的 C15 混凝土基础，空心砖采用错层砌筑，每层露出一个孔回填土后种植白羊草，空心砖砌筑高度 1.6m，空心砖内种植白羊草砼空心砖护坡总护坡高度 1.7m，外侧坡比 1∶1，护坡长度 50m，使用砼空心砖 29.8m³。

3. 面源污染防治工程

1)垃圾处理工程设计

生活垃圾处理流程：生活垃圾→分户收集垃圾桶→移动式垃圾箱→乡镇垃圾场→统一填埋。

(1)移动式垃圾箱：对项目区随意堆放的垃圾进行一次集中清理，为便于运输管理，降低施工难度，项目区布设镀锌板移动式垃圾箱6个，收集垃圾桶内的垃圾，垃圾箱垃圾装满后运送至乡镇垃圾场统一处理。垃圾桶主要从当地市场购买。

(2)垃圾桶：在居民集中区主干道路沿线布设环保标志垃圾箱10个，对垃圾分类处理，易分解垃圾指定地域填埋处理，其他垃圾实行清运和专门处理。垃圾桶主要从当地市场购买，垃圾定期清运至移动式垃圾箱堆存。

2)污水处理工程

(1)污水处理工程的措施布设。以杨柳社区的第六村民小组作为重点示范对象，主要针对居民生活所产生的污水，包括洗涤用水、厨房用水、厕所用水等，其他的自然降雨所产生的雨水、畜禽养殖所产生污水不包括在内。畜禽养殖污水不包括在内，主要是由于流域内散养在各户的畜禽数量很少且不确定。生活污水处理达标后排放，创建清洁、优美的人居环境。杨家院子污水通过管道输入市政污水系统。选择在居民集中的区域布设污水处理工程一套，包括化粪池、管道工程、窨井及厌氧池和潜流式人工湿地。

(2)污水处理方式。污水处理采用“厌氧池＋人工湿地”的方式。此种方式对于污水排放量较小的地区较为合适。

污水处理流程是：第一，先对农户家庭修建玻璃钢化粪池；第二，将各住户屋内污水排放收纳进同一管道；第三，在村庄内适当位置建设厌氧池；第四，将这些经厌氧池处理后的废水收集于同一管道内；第五，将这些废水在人工湿地再次作净化处理，最后排出利用或排入沟道。

(3)纳污系统设计主要指管道和窨井部分。

管道包括排污主管、支管和户管。污水通过排污户管进入支管，再进入主管，最后通过主管输送到人工湿地。

①管材选择：干管选用Φ250UPVC管。户管选用Φ110UPVC管。

②管道安装：根据项目区冬季最低气温和冻土层一般厚度，管道采用地埋形式安装，室内埋深30cm，室外埋深100cm。

③窨井设计。窨井主要是为了日常检查管路的畅通而设计。在主管道沿线、每间隔30m设计窨井1处，其结构为：圆柱体加盖板。在主管道上方，用同管径的管材预留一个向上的开口，其长度与管道埋深基本接近，在其出口砖砌一个方形或圆形口，深度为6～8cm。

④窨井盖：圆形盖，厚度8cm，直径15cm，采砂浆水泥预制。井盖中部留2cm小孔一个，在浇筑时，嵌入一小段弯曲的钢筋，隆出井盖之外，以便井盖容易被揭开，保证日常检查时操作方便。窨井盖安装保证不高于地面4mm。

(4)玻璃钢化粪池。根据现场调查，为暂时储存排泄物，使之在池内初步分解，以减少排放污水中的固体含量、农户污水进入沉淀池之前应先通过化粪池初步分解。由于玻璃钢化粪池具有产品结构紧凑、占地面积小、安装快捷方便、环保效益好、易于清掏和成本低等优点，因此本方案选择10户示范户安装玻璃钢化粪池(图13-14)，每户1个，玻璃钢化粪池规格为1705mm×995mm×1020mm，容积为1.5m^3。

图 13-14 玻璃钢化粪池

(5)厌氧池设计。

①池体结构设计。

池体结构为长方体，池体内设的两道渗滤墙将整个厌氧池分为功能不同的三个部分。第一池为沉淀池，直接接入污水管道，主要起沉淀的作用；第二池为厌氧池，进行厌氧处理；第三池为出水池，污水经沉淀、厌氧处理后进入出水池。

②有效容积计算。

设计参数，设计流量 $10m^3/d$；每小时 $0.5m^3$；设计容积负荷为 $N_v=2.0kgCOD/(m^3\cdot d)$，COD 去除率为 60%。则厌氧池有效容积为：

$$V_1=10\times(1500-600)\times0.001/2=4.5m^3$$

厌氧池的有效容积应保证污水、粪便的贮存时间不少于标准的要求，第一池 20d，第二池 10d，第三池 30d。厌氧池上部应留有足够空间。

③池体典型规格设计。

根据小流域的地形地貌特点，厌氧池池体按三格式矩形结构设计，不考虑当地地下水深度。统一池体宽度为 2.6m，池深 2.0m(其中有效池深 2.4m)，总长度 5.5m；池底采用 15cm 厚的 C20 砼浇筑，并做好防渗处理，池壁采用砖砌，并采用 1∶2 的砂浆抹面。

④盖板及井盖设计。

井盖参考城市下水道井盖设计：井盖直径 70cm，厚度 10cm，采用 C30 混凝土预制件；厌氧池盖板采用钢筋混凝土预制件，长度 4.86m，宽度 2.48m，厚度 10cm。

⑤观察井。

井体净深 0.4m，净长 0.5m，净宽 0.4m，砖砌结构，衬砌厚度 0.24m。井口加盖，盖板采用钢筋混凝土盖板。盖板长度 0.98m，宽度 0.64m，厚度 0.10m。

(6)人工湿地设计。

①位置选择。

本项目在杨柳社区第六村民小组建设降人工湿地 1 处，包含人工湿地 2 座、降解塘 1 座。

②污水量预测。

根据项目区生活污水调查资料计算，杨柳社区第六村民小组生活污水量约为 $8067m^3/a$。见表 13-1。

表 13-1 生活污水排放量调查表

村庄名称	规模		年用水量	年排水量
	户	人	m^3	m^3
六组	62	248	8963	8067

③预处理。

通过前面设计的厌氧池进行预处理。

④湿地面积计算。

人工湿地是由人工建造和控制运行的与沼泽地类似的地面，将污水、污泥投配到经人工建造的湿地上，污水与污泥在沿一定方向流动的过程中，主要利用土壤、人工介质、植物、微生物的物理、化学、生物三重协同作用，对污水、污泥进行处理。其作用机理包括吸附、滞留、过滤、氧化还原、沉淀、微生物分解、转化、植物遮蔽、残留物积累、蒸腾水分和养分吸收及各类动物的作用。

湿地表面积的预计计算公式：

$$A_s=(Q\times(\ln C_o-\ln C_e))/(K_t\times d\times n)$$

式中，A_s 为湿地面积(m^2)；Q 为流量(m^3/d)；C_o 为进水 BOD(mg/L)，假定进水 BOD 为 200mg/L；C_e 为出水 BOD(mg/L)，假定出水 BOD 为 20mg/L；K_t 为与温度相关的速率常数，$K_t=1.014\times(1.06)(T-20)$，$T$ 假定为 25，则 $K_t=1.357$；d 为介质床的深度，一般为 60～200cm 不等，大都取 100～150cm，项目取 120cm；n 为介质的孔隙度，一般取 30%。

⑤水力停留时间计算。

水力停留时间按下式计算：

$$t=V\times\varepsilon/Q$$

式中，t 为水力停留时间(d)；V 为池子的容积(m^3)，池深 1.2m；ε 为湿地孔隙度，湿地中填料的空隙所占池子容积的比值，需实验测定，本项目按 30%计；Q 为平均流量(m^3/d)。

计算结果见表 13-2。

⑥水力负荷及水力管道计算。

水力负荷计算：计算公式：$HLR=Q/As$

水力管道计算：计算公式 $V=\pi R^2\times S=Q/t$

式中，V 为流量；R 为管径；S 为流速，0.5m/s；Q 为总流量；t 为停留时间。计算结果见表 13-2。

表 13-2 潜流人工湿地水力计算结果

湿地控制区域		污水量* /(m^3/日)	湿地面积 /m^2	水力停留时间 /天	水力负荷/ (m^3/ (m^2 · d))	水力管径 /m
杨柳社区	六组	17.11	55.65	96.78	0.21	0.009

根据计算结果，结合当地同类工程经验，主管道采用 Φ250UPVC，支管道采用 Φ110UPVC。

⑦湿地尺寸设计。

依据项目区污水总量、地形、地貌，及经济和生态要求，2016 年建设潜流人工湿地 1 处 2 座，降解塘 1 座，每个人工湿地按照长宽比约为 5∶1 设置，湿地尺寸设计见表 13-3。

表 13-3 潜流人工湿地理论和实际设计尺寸与规格

湿地控制区域		人工湿地							生物降解塘					
		数量		池长	池宽	池深	面积	容积	数量	池长	池宽	池深	面积	容积
		处	座	/m	/m	/m	/m²	/m³	座	/m	/m	/m	/m²	/m³
杨柳社区	六组	1	2	10	3	1.2	60	72	1	15	3.0	1.2	45	54

⑧湿地结构与出水。

湿地床的进水系统应保证配水的均匀性，一般采用多孔管配水装置。湿地的出水系统一般根据对床中水位调节的要求，出水区末端的砾石填料层的底部设置穿孔集水管，并设置旋转弯头和控制阀门以调节床内水位。

湿地填料层地床由三层组成，即表层土层、中层砾石、下层小豆石(碎石)，土层 0.4m，砾石层铺设厚度 0.5m。下层铺设碎石厚度 0.3m，总厚度 1.2m。潜流式湿地床的水位控制：床中水面浸没植物根系的深度应尽可能均匀。

池墙采用浆砌红砖，墙高 1.2m，墙厚 0.24m，底板采用 C15 现浇混凝土底板。

⑨水生植物。

水生植物设计在湿地地床种植，品种选择菖蒲、水生美人蕉、金洁草等，种植面积 60m²，水生植物种子按 60kg/hm²计算，需种子 0.36kg。

⑩防护设施：人工湿地和降解塘四周建设防护墙 88m，防护墙采用红砖砌筑，墙高 1.0m，砌筑厚度 24cm。

⑪人工湿地工程量：项目区拟布设人工湿地 2 处，降解塘 1 座，具体工程量见表 13-4。

表 13-4 人工湿地工程量表

序号	工程名称	单位	数量
1	工程规模		
	人工湿地	m²	60.00
	湿地	座	2.00
	降解塘	座	1.00
		m²	45.00
2	工程量		
	土方开挖	m³	151.5
	M7.5 浆砌红砖池墙	m³	34.00
	M10 砂浆抹面池墙	m²	104.00

续表

序号	工程名称	单位	数量
	底板混凝土	m^3	62.50
	垫层土料	m^3	32.00
	垫层砾石	m^3	40.00
	垫层碎石	m^3	24.00
	Ø110U PVC 管安装	m	30.00
	Ø2501U PVC 管安装	m	30.00
	撒播水生植物种子	m^2	60

3)植物过滤带

(1)措施布设：本项目植物过滤带布设在杨柳示范园区末级水处理系统周边，布设植物过滤带长度 150m，宽度 5m。

(2)植物选择：植物过滤带种植金洁草。

(3)草种规格：草种选用一级种子，并进行去杂、精选、浸种、消毒处理。

(4)单位面积种植量：单位面积播种量设计按 40kg/hm^2。

(5)种植方法：采用撒播种植。

(6)种植季节：种植季节一般以春季和秋季为主，也可雨季栽植。

(7)措施工程量：项目区实施植物过滤带 750m^2，详见表 13-5。

表 13-5　植物过滤带工程量表

草种	播种方式	带长/m	带宽/m	面积/m^2	种籽规格	定植量（kg/hm^2）	草籽量/kg
金洁草	撒播	150	5.0	750	一级种籽	40	3.0

4)村落美化工程

(1)休闲广场提升工程：休闲广场作为示范园的提升工程，不仅能美化乡村，同时也为村民休闲散步提供场所(图 13-15)，项目区建设两处休闲广场，一处面积 1000m^2，一处面积 3000m^2，总面积 4000m^2。

①植草砖：休闲广场地面在施工之前，先进行表土清理，土地平整压实后，采用 10cm 厚 C15 混凝土垫层和 10cm 厚碎石垫层，铺筑垫层之后进行干砌植草砖铺设。植草砖尺寸为 5.5cm×25cm×25cm。砖内回填种植土后穴播白羊草，播种量设计按 20kg/hm^2。项目区休闲广场铺植草砖 2500m^2，穴播白羊草 1250m^2。工程量见表 13-6。

图 13-15 休闲广场

表 13-6 休闲广场提升工程量表

项目名称	建设类型	面积/m^2	主要工程量							
			清理表土/m^2	土地平整/m^3	夯实土方/m^3	C15 垫层/m^3	碎石垫层/m^3	干砌砖/m^3	种植土回填/m^3	植草/m^2
休闲广场	干砌植草砖	2500	2500	1250	500	250	250	132.50	125.00	1250

②周边绿化。

植树：为了增加休闲广场绿化效果面，在休闲广场周边种植垂柳、石楠等树种。采用间植，株行距 3m×3m，种植面积 1500m^2，种植垂柳株 166 株(两年生苗高 100cm，胸径 6cm)，石楠球 166 株(两年生高 60cm，胸径 3cm)。

草皮铺种：设计在休闲广场周边铺种草皮，铺种面积 1500m^2，施工方案如下：

清理垃圾：对种植区内表面 20cm 厚的所有垃圾，包括建筑垃圾及小石子、杂物、杂草等进行一次性清理。

填土、填泥：清理现场后应注意充分利用原有优质土壤，避免破坏有用的土壤团粒结构，防止土壤养分流失。

草类铺种：草皮铺植后立即实施打压，使之与所在表土完全接触，根据以往施工经验及对草皮生长特性的了解，本工程草类铺种采用有缝铺种法，各块草皮之间留有 1～2cm 宽度的缝进行铺种。

植后清理：对施工现场进行全面清理，在施工运作中所形成垃圾及时掩埋或外运，保持绿地及附近地面清洁。

(2)观景平台提升工程：景观平台提升工程主要在原来的基础上增加两座中式复古亭，供示范园休闲观光停歇。

(3)景观桥提升工程：景观桥提升工程主要是对原来的桥梁进行提高设计，以增加安全性和美观性，采用钢结构踏板(图 13-16)。设计焊钢架 1 座，桥梁护栏 70m，桥梁踏板 40m^2。

图 13-16　景观桥提升工程

(4)四旁绿化工程。

①措施布设：四旁绿化美化包括村庄道路绿化美化、庭院绿化美化。村庄道路绿化布置：以村庄主干道路为主栽植行道树。庭院绿化布置：以农户院落及房前屋为对象，结合景观建设，栽植葡萄，发展庭院经济。

②树种选择：道路两侧绿化树种选择香樟、桂花、云杉、垂柳，配合小叶女贞植物篱，庭院绿化树种选择葡萄。

③典型设计。

树种配置：单个绿化单元采取纯林配置方式栽植。

苗木规格：苗木为Ⅰ级苗。从苗圃起苗到栽植的时间不能超过 7 天，带土运输，运输过程中要采取措施防止水分失散。树种苗木质量规格见表 13-7。

表 13-7　四旁绿化苗木质量规格表

树种	苗木种类	苗龄/年	胸径或地径/cm	苗高/cm
香樟	移植苗	2	≥6	100
桂花	移植苗	2	≥6	100
云杉	移植苗	2	≥6	100
葡萄	移植苗	2	≥3	60
垂柳	移植苗	2	≥6	≥100
小叶女贞	移植苗	1	≥1	40

整地方式与规格：采用穴状整地，香樟、桂花、云杉、垂柳、葡萄栽植整地规格为 60cm×60cm。

栽植密度：香樟、云杉、桂花、垂柳栽植株距 3.0m，每穴 1 株；小叶女贞栽植株距 0.1m，每穴 1 株；葡萄栽植株距 1.0m。

栽植方法：采用植苗造林。栽植时保持苗根舒展，坚持“一提二踩三填土”，深栽、扶正、踏实。

栽植季节：栽植季节一般以春季和秋季为主，也可雨季栽植。

抚育管护及施肥浇水：加强土、肥、水管理；1～2 年的幼树埋土防寒；每年夏季松土、锄草，直至郁闭；雨季过后检查修复整地工程；栽植时浇水 1 次，以后每月浇水 1 次；幼林抚育期 3 年。

④措施工程量见表 13-8。

表 13-8 四旁绿化工程量表

绿化位置	树种	数量 长度/m	数量 面积/hm²	株距/m	行距/m	整地方式	整地规格/cm	造林方法	造林季节	栽植穴数/穴	需苗量/株
村旁、路旁、宅旁	香樟	600.00	0.12	3		穴状	60×60	植苗	春秋季或雨季	200	204
	垂柳	300.00	0.06	3		穴状	60×60	植苗	春秋季或雨季	100	102
	桂花	600.00	0.12	3		穴状	60×60	植苗	春秋季或雨季	200	204
	云杉	600.00	0.12	3		穴状	60×60	植苗	春秋季或雨季	200	204
	小叶女贞	200.00	0.04	0.1				植苗	春秋季或雨季	2000	2040
庭院	葡萄		0.12	1	3	穴状	60×60	植苗	春秋季或雨季	400	408
合计			0.58							3100	3162

(5)景观小品：为创造核心区丰富多彩的景观内容，与原有景观相互烘托，相得益彰，为整个环境增景添色，使人获得各种艺术美的享受，方案设计在核心区布置景观小品 9 个，主要布置在路旁宣传休闲区、观景平台区、现状鱼塘养殖区等区域。

4. 绿色种植基地工程设计

绿色种植基地建设内容包括坡面水系工程、化肥用药减量措施。

1)坡面水系工程设计

设计在现有园区道路和新建道路一侧修建坡面水系工程(排水沟、水草沟)。共布设排水沟 60m，水草沟 450m。

(1)排水沟设计。

在景观桥西侧园区主干道一侧，有土质道路排水沟 60m，排水沟另一侧为砖砌围墙，一侧为混凝土道路，沟宽 0.3m，深 0.4m，现状填满淤泥，影响排水，同时与周边景观不协调，因此方案设计对其提高标准设计。

①设计标准：洪水设计标准采用《水土保持综合治理技术规范》小型蓄排引水工程设计标准，排水沟按 10 年一遇 1h 暴雨标准进行设计。

②断面设计：根据现场调查，现有排水沟断面排水满足排水要求，且该区域道路已经硬化，因此排水沟断面尺寸为 D40U 型排水沟。采用 C15 现浇混凝土，为保持美观，内壁铺设卵石点缀。

③排水沟工程量：该项目区内共布设 D40U 型排水沟 60m，主要设计尺寸和工程量见表 13-9。

表 13-9 排水沟设计成果表

序号	建设形式	长度/m	排水沟断面尺寸/m			主要工程量/m³		
			底宽	高度	厚度	土方开挖	混 C15 凝土	浆砌卵石
1	C15U 型渠	60	0.4	0.4	0.1	21.00	7.20	4.20

(2)水草沟设计。

①设计标准：按 10 年一遇 1h 最大暴雨量标准设计。

②洪峰流量计算：洪峰流量计算采用公式

$$Q=0.278KIF$$

式中，Q 为设计流量，m^3/s；F 为集水面积，km^2，取 $1.58km^2$；K 为径流系数，取 0.7；I 为设计 10 年一遇 1 小时最大降雨强度，取 52.50mm/h。

计算结果，$Q=0.33m^3/s$。

③结构形式：采用梯形断面土质水草沟形式。

④水力计算。

按明渠均匀流计算，采用公式

$$Q=\omega C\sqrt{Ri}$$

式中，ω 为过水断面面积，m^2；V 为平均流速，m/s；$V=C(Ri)^{1/2}$，C 为谢才系数，$C=(1/n)R^{1/6}$；R 为水力半径，$R=\omega/X$；i 为排水沟比降，设计 $i=2\%$；X 为湿周，m，$X=b+2h(1+m^2)^{1/2}$；b 为渠底宽，m；h 为水深，m；m 为边坡比，设计 $m=1$；n 为渠道糙率，糙率 $n=0.03$，渠底比降 $i=2\%$。

经过试算，渠底宽 0.3m，设计水深 0.35m 时，过水能力 $0.34m^3/s$。

⑤水草沟断面尺寸：根据水力计算结果，安全超高按 0.15m 计，设计水草沟断面尺寸为渠底宽 0.3m，渠深 0.5m，坡比 1∶1，渠底比降 2%，布设长度 450m。

⑥水草种植：水草选择金洁草。种籽处理包括去杂、精选、浸种、消毒等工序，以保证种籽质量，有利种籽出苗，预防病虫害和鼠害。播种方式采用穴播形式，单位面积播种量 $40kg/hm^2$，人工种草在春秋季进行，种草折算面积 $0.016hm^2$(投影面积)，共需金洁草种子 0.64kg。

⑦水草沟工程量：项目区水草沟布设在新建生产道路一侧，水草沟长度 450m，工程量见表 13-10。

表 13-10　水草沟设计表

长度/m	断面规格				种草				工程量			结构形式
	渠底宽/m	渠深/m	边坡	比降/%	基础夯实厚度/m	折算面积/hm^2	草种	规格	土方开挖/m^3	基础夯实/m^3	草籽/kg	
450	0.3	0.5	1.1	2	0.2	771.3	金洁草	一级种子	1800	450	3.09	土质梯形

2)化肥用药减量措施

化肥用药减量措施的方案设计：对项目区耕地使用太阳能杀虫灯 10 台以及黏虫板 2500 张，以减少农药的使用量，减少污染(图 13-17 和图 13-18)。

图 13-17　太阳能杀虫灯

图 13-18　黏虫板应用

5. 养殖示范基地工程设计

2016 年度养殖示范基地建设内容主要是发展养殖示范户，配套沼气池，处理牲畜粪便。沼气池工程设计如下：

1)建设规模及规格设计

2016 年度建设沼气池 1 座。沼气池设计容积 12m^3，地面按均布荷载 5kN/m^{2}设计，地基承载力标准值 PX 大于等于 100kPa。形状均为圆形，内径 3.2m，池深 2.7m，池墙材料采用 M7.5 水泥砂浆砌砖，池底用 C15 砼，厚 0.06m。进料管采用直径 200mm 砼预制管。

2)工程量

项目区设计布设沼气池 1 座，工程量见表 13-11。

表 13-11　沼气池工程量表

项目	数量/座	单个容积/m^3	规格		工程量				
			内径/m	池深/m	墙体砌砖/m^3	水泥砂浆抹面/m^2	C20 混凝土基础/m^3	Φ200 砼预制管(3m)/根	钢筋/kg
养殖户沼气池	1	12	3.2	2.7	1.33	54.33	2.0	1	13.67

3)施工要求

基础清基必须清至硬基，红砖砌筑，砂浆填缝必须饱满，池底用 C15 砼必须振捣密实，厌氧池、水压间池墙内碧按 GB 4752-84“三灰四浆”工作法施工，刷素水泥浆四遍，做到工程严密、牢固、美观。

6. 封育治理措施典型设计

项目区封育治理实行半开放式封育方式，即在保证林木不受破坏的前提下，实行季节性封育，在林木生长季节封山，在林木休眠季节开山。封育治理主要针对疏林地设置，采取人工封育、补植与自然修复结合，促进项目区植被恢复和生态环境改善。主要措施包括设置封禁围栏、疏林补植、建立封育制度，配置管护人员，落实管护责任与报酬等。

1)措施布设

2016 年度实施封育治理面积 150.01hm^2，共涉及 6 个规划图斑，现状地类为疏林地。

各图斑地类、面积见表 13-12。

表 13-12　封育治理措施单项设计图斑汇总表

图斑编号	行政村	现状地类	面积/hm²	补植侧柏/株
3	杨柳社区	疏林地	10.22	1635
4	杨柳社区	疏林地	37.23	5956
17	杨柳社区	疏林地	29.82	4771
44	杨柳社区	疏林地	49.95	7992
58	杨柳社区	疏林地	9.99	1598
76	杨柳社区	疏林地	12.80	2048
合计			150.01	24000

2)典型设计

(1)封禁围栏设计。

在植被破坏严重地段、主要路口布置网围栏 1.0km，严禁人畜出入，进行封山育林。网围栏采用 C18 混凝土预制，高 2.0m(基础埋深 0.3m)，宽 0.1m，长 0.1m，配 Φ6 钢筋，纵向间距 3m，柱之间采用铁丝布设。

(2)疏林补植设计。

设计对疏林地进行人工补植，补植苗木 24001 株。考虑生态观光的需求，补植树种选用常绿树种侧柏。苗木为Ⅰ级移植苗。从苗圃起苗到栽植的时间不能超过 7 天，带土运输，运输过程中要采取措施防止水分失散。苗木质量规格见表 13-13。造林采用穴状整地，整地规格 50cm×50cm。根据疏林地实际缺苗情况，平均补植苗木 400 株/hm²。采用植苗造林。栽植时保持苗根舒展，坚持“一提二踩三填土”的做法，深栽、扶正、踏实。栽植季节一般以春季和秋季为主，也可雨季栽植。

表 13-13　补植苗木质量规格表

树种	苗木种类	苗龄/年	地径/cm	苗高/cm	根长/根幅/cm
侧柏	移植苗	1	≥0.50	≥40	长≥20

3)封育管理措施

(1)制定乡规民约。内容主要包括：封育制度、封育区开放条件、奖励与处罚办法等；

(2)成立林草措施管护组织，固定专人管护，明确管护人员职责，定期支付适当报酬；

(3)政府出台相应的政策，有利于封育措施的成功实施；

(4)加强幼林抚育，及时进行缺株短苗的补植，做好病虫害防治工作。

7. 宣传标识工程

宣传标识工程以生态清洁型小流域治理对水源区保护水质、美化环境、增加农民收入的多层社会效益、经济效益为重点，设置科普长廊 30m，流域牌 1 个，路牌 5 个，措施简介牌 2 个，措施名称牌 10 个，树牌 20 个，科普知识牌 2 个，导视牌 5 个，墙画

100m²，加大社会媒体舆论宣传，确保生态清洁小流域建设治理概念、治理思路、治理效益家喻户晓。

项目建设管理与建后运行管理、县内水保监督执法同抓并重。首先加强项目组织管理机构建设，在县水利局的领导下，以县水利局为法人单位，成立项目管理法人机构，建立稳固的水保治理、水保监督、水保监测、建设管理机构，完善体系、自身能力建设，项目区村组明确专人负责本村组的项目建设监督、后期运行管理；第二、按照国家基本建设管理程序，完善项目法人制、招投标制、合同制、监理制等建设制度；第三、建立生态清洁型小流域治理的长效管理机制，全面推行村民自治、一事一议，健全维护、管理、监督、奖惩制度(图 13-19～图 13-21)。

图 13-19　科普知识牌

图 13-20 导视牌

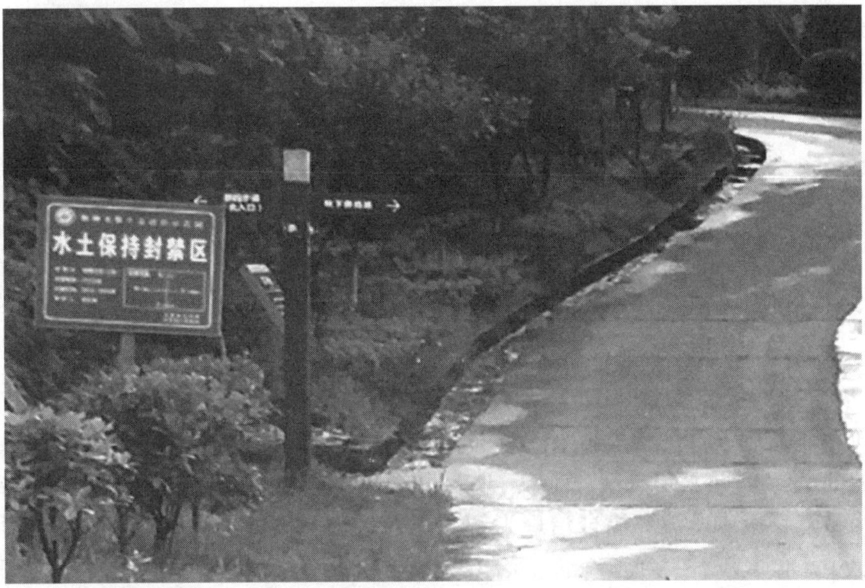

图 13-21　路牌

13.5　结语

小流域是径流运动的基本单元，因此，必须以动态逻辑深化治理内涵，完善雨水收集管网和排水管网的建设，对山前雨水进行有效收集和调控，保水保土，提升环境，一方面减少居住区内涝，另一方面为农田绿地灌溉提供水源。做好源头治理的同时，上中下游科学统筹，因地制宜，实施污染物源头控制和过程拦截、末端治理等措施。生态清洁小流域建设过程中，从山顶到坡脚、从源头到沟口，建立拦、蓄、排、灌、节的立体防护体系，围绕河道缓冲带、植物过滤带、湿地系统，促进水生、湿生动植物群落生长，增强河岸屏蔽带生态化，恢复河道治污蓄清的自然功能，使河道成为洪畅、水清、岸绿的生态河流，并强化水体净化生态系统，在生产用地内配置横向植物过滤带，纵向水草沟，以串珠型式布置污染物处置过程降解塘和末级降解塘。

针对污染物的分布和迁移路径，用生态、景观、清洁等设计元素层层设防，分级过滤降解，实现排入沟道的水达到排放标准，实现污水零排放，有效保护流域内水生态环境，实现流域水土资源可持续利用、生态环境可持续维护和经济社会可持续发展的建设目标。

第 14 章　重庆市大河小流域生态清洁型小流域建设工程案例

14.1　内容提要

大河小流域位于重庆市永川朱沱镇，流域面积 29.79km²，水土流失面积 14.97km²，占面积的 50.3%，距永川市区 47km。项目区开展生态清洁型小流域建设，以制度建设和监测为重点，以水土流失综合治理为切入点，在项目区开展六项工程建设：小流域治理工程、生态修复工程、河道综合整治工程、人居环境综合整治工程、生态农业建设工程和面源污染治理工程。通过六项工程建设把大河小流域建设成生态清洁型小流域。

14.2　引言

生态清洁型小流域是指以小流域为单元，突出统一规划，综合治理，各项措施遵循自然规律和生态法则，与当地景观相协调，基本实现资源的合理利用和优化配置、人与自然和谐共处、经济社会可持续发展、生态环境良性循环的一种治理模式。通过有效保护使综合治理后的小流域实现山青、水秀、人富。水土流失作为面源污染物传输的载体，是造成水库及河流水质恶化的重要原因。为保护水资源，保障饮水安全，探索开展生态清洁型小流域建设、防治面源污染的有效途径，按照 2006 年水利部《关于申报生态清洁型小流域试点工程的通知》文件精神，拟在重庆市永川大河小流域开展生态清洁型小流域试点工程。

14.3　工程背景

14.3.1　大河小流域基本情况

1. 自然条件

1)流域概况

大河小流域位于重庆市永川区南部的朱沱镇，属长江上游干流水系，大河小流域行政区属朱沱镇，距永川市区 47km。地跨东径 105°47′18″～105°50′42″，北纬 29°02′30″～29°05′43″。大河小流域东与江津隔江相望，南临合江县，西接泸县，北与仙龙镇相交界，流域呈近似的圆形（图 14-1）。最高海拔 385m，最低海拔 208m，平均海拔 263m，相对高差 177m。为中浅丘宽谷型地貌，总走向东部陡峭，西部平缓。大河小流域面积

27.79km²。水土流失面积 15.55km²。

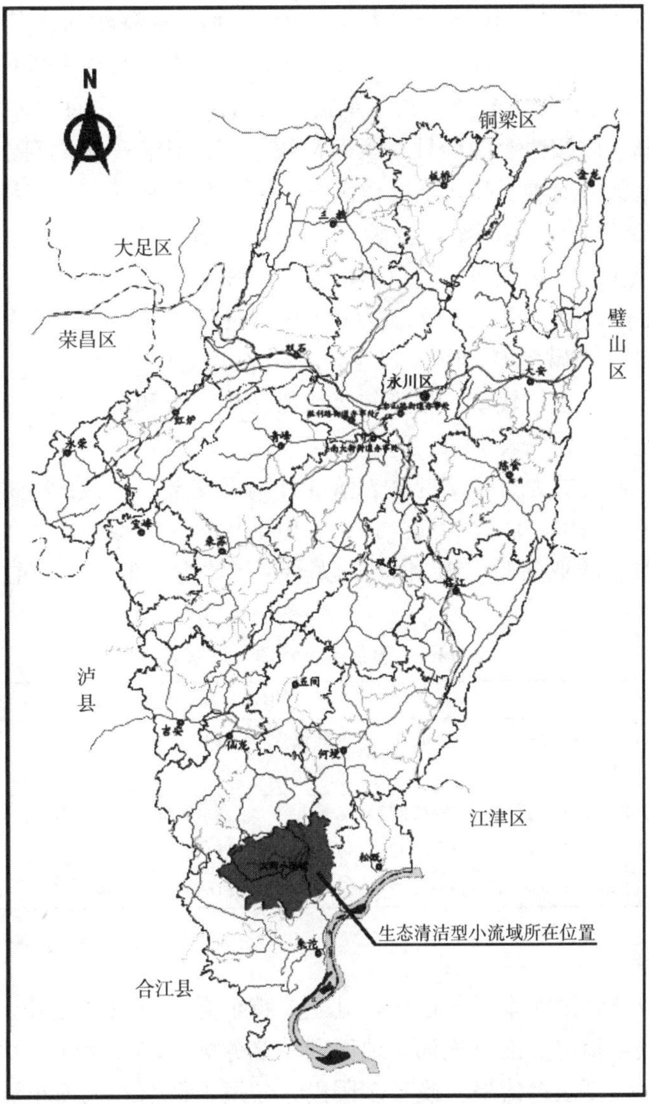

图 14-1　大河小流域生态清洁型小流域位置示意图

2)地质、地貌

大河小流域属川东与平行岭谷褶皱区，华蓥山向西南延伸的丘陵体系。出露最老岩层为三叠系上统须家河组砂岩，出露早老岩层侏罗系中统紫色泥岩，成交叉分布，砂岩面积 10.37km²，占 37.3%，紫色泥岩面积 17.42km²，占 62.7%。

大河小流域地貌属四川东南平行岭谷褶皱区，黄瓜山向西延伸的低山丘陵体系。流域地处大河与笋桥之间的中、浅丘宽谷向斜地貌。东部大河、笋桥为中丘区，面积为 17.42hm²，占流域面积的 62.7%；西部龙汇垭、龙宝山为浅丘区，面积为 10.37hm²，占流域面积的 37.3%。

3)土壤、植被

大河小流域西北部地表土壤是由自流井组砂岩、页岩发育而成的黄壤土，主要分布在龙汇垭村和龙宝山村，面积约10.37km^2，占流域面积的37.3%，其余为下沙溪庙组紫色厚泥岩发育而成的棕紫色泥土，主要分布在大河村和笋桥村：其中水稻土面积为2.78km^2，约占10%，土壤质地较黏，土层厚度90%左右，大约为25cm，荒山荒坡土壤平均土层只有15cm厚，肥力较差。耕地土壤多属由侏罗统紫色页岩发育而成的黄壤土，其特点是风化度浅，微酸性至微碱性，含磷钾较丰富，具有一定的自然肥力，但由于缺少有机质，使土壤肥力严重下降，土壤理化性状pH为5.3～8.6，有机质一般在1.58%左右，含全氮0.057%～0.225%，全磷0.09%，全钾2.16%～4.03%，速效氮32～101ppm，速效磷7ppm，速效钾38～184ppm，好耕好种，不黏不砂，水稻田为红砂泥田，其理化性状pH为7.7，钙效应为中等，有机质2.51%，全氮0.151%，全磷0.09%，全钾3.05%，碱解氮72ppm，速效磷7ppm，速效钾97ppm。山地土壤为理化性砂黏土，黏性较重，土层较薄，坡度较大，氮、磷、钾和有机质含量较低，保水保肥能力弱。土壤理化性质详见表14-1。

大河小流域所处植被为落叶阔叶林、落叶针阔混交林。植被的分布与地貌、土壤类型基本一致。树种多为以喜温暖湿润的樟科、山毛榉科、大戟科为主的偏湿性阔叶林和以马尾松、川柏为主的亚热带针叶林以及以多种茎竹为主的亚热带竹林和零星庭院经果林。

表14-1　项目区土壤理化性状表

土壤类型	平均土层厚度/cm	土壤容重/(t/m^3)	土壤养分含量							pH
			有机质/%	全氮/%	速效氮/ppm	全钾/%	速效钾/ppm	全磷/%	速效磷/ppm	
水稻土	20.5	1.33	1.54	0.055～0.227	32～104	2.13～4.06	38～184	0.09	7	5.3～8.4
紫色土	20.3	1.3	1.56	0.054～0.226	34～105	2.12～4.05	36～185	0.1	7	5.4～8.4
黄壤土	20.4	1.32	1.57	0.055～0.227	32～104	2.11～4.08	38～184	0.09	7	5.3～8.4

4)水文、气象

项目区属中亚热带湿润季风气候区，其主要特征是：季风性显著，四季分明，光热条件好；春秋气候不稳定，雨量充沛，地区和季节分配不均；全年日照少，但夏季日照较多；春旱霜雪少，夏热多伏旱，晚秋多阴雨，冬短少严寒。大河小流域属四川盆地中亚热带湿润季风气候区，四季分明，光热条件好，季风性显著，气候温和，春秋不稳定，日照较少。年均气温为17.7℃，极端最高气温为40.8℃(1971年)，极端最低气温为−5.7℃(1977年)，≥10℃积温为5749.6℃，流域内无霜期年平均340～350d，年均日照时数为1299.0h。详见表14-2：

表14-2　项目区气象特征表

观测站名	气温/℃			年均降雨量/mm					7～9月降雨量/mm	暴雨天数	≥10℃积温/℃	无霜期/d	年均日照时数/h	太阳总辐射量/(J/cm^2)
	年最高	年最低	多年平均	最大量	年份	最小量	年份	多年平均						
永川气象站	40.8	−5.7	17.7	1443	1962	708.2	1961	1049.8	443.7	18	5749.6	312	1299	95.87

大河小流域属四川盆地中亚热带湿润季风气候区，雨量充沛，分布不均，多年平均

降水量 1049.8mm，最大年降雨量为 1443mm(1982 年)，最少年降雨量为 708.6mm(1966 年)。10 年一遇 24h 最大降水量为 166mm，3～6h 最大降雨量为 78mm。20 年一遇 24h 最大降雨量为 198mm，3～6h 最大降量为 93mm。

大河小流域属长江流域水系，流域内主要河流为大陆溪河。年径流总量 1084.5 万 m^3，径流年际变化在 0.3～0.6m^3/s，径流深为 370mm，多年平均输沙量 0.7 万 t/a。小流域水低田高，灌溉和人畜饮水十分困难，人在山上走，水在脚下流，水资源难于利用(详见表 14-3)。

表 14-3　项目区水资源利用现状表

水源情况								输水管（渠）		抽水站		需要解决灌溉条件			需要解决生活用水	
水库		塘堰		水井		蓄水池										
数量（座）	年供水量（10^4m^3）	数量（座）	年供水量（10^4m^3）	数量（座）	年供水量（10^4m^3）	数量（座）	年供水量（10^4m^3）	数量（座）	年供水量（10^4m^3）	数量（座）	年供水量（10^4m^3）	水田（亩）	果园（亩）	梯坪地（亩）	人口（人）	牲畜（头）
1	28.61	252	13.02	324	1628	82	4.62	19.2	24.6	521	131	8040	1440	345	12900	10014

2. 社会经济状况

1)人口与劳动力

大河小流域涉及大河、龙汇垭、龙宝山、笋桥四个村 90 个组，4805 户，总人口 15710 人，农业人口 12900 人，人口密度 565 人/km^2，人口自然增长率 5‰。2005 年项目区外出务工人员占农业劳动力的 15%。按此计算，项目区尚有 7140 人在家务农，按每人投工 18 个，小流域年投工可达 12.85 万工日，完成治理本项目的劳动力完全可以得到保障。

2)土地利用现状

大河小流域内有各类用地 27.79km^2，人均用地 0.22hm^2/人，有耕地 1904.0hm^2，农业人均占有耕地 0.15hm^2。大河小流域现有水田 698.5hm^2，梯地 43.3hm^2，坡耕地 1315.9hm^2(其中＞25°为 106hm^2)，经果林 96.0hm^2，林地 395.1hm^2，荒山荒坡 152.0hm^2，水域 141.8hm^2，难利用地 32.0hm^2，非生产用地 104.5hm^2。在土地利用现状中，利用结构不合理，导致农经比例失调，粮食作物比例搭配不当，经济作物偏少；经果林不具规模，品种落后；路、沟、凼、池不配套，水系不畅；缺乏整体开发、统一治理模式，总体效益欠佳。不合理的利用方式，带来以下不利影响：一是粮食产量低，经济难以发展；二是种植果树品种老化，价格难以提高；三是种植面积过小，产品难以销售，亦不可能成批进行深加工。水系不畅通，山上冲山下，上坡冲下河，破坏耕地、淹没农田、河道淤塞、塘堰装沙，严重影响农业生产的进程和经济社会的发展；四是产业少，房屋分散，浪费土地资源，在农业生产上，粮食生产占用耕地多，粮食作物播种面积占全年农作物播种面积的八成以上，经济作物播种面积只有一成多，中低产田面积大，林地面积少，且多为四旁树，林草覆盖率低，仅有 16.5%，不利于水土保持(详见表 14-4)。

表 14-4 项目区耕地坡度组成表

土地总面积/hm²	其中耕地		坡度组成									
			<5°		5°～15°		15°～25°		25°～35°		>35°	
	面积/hm²	占比例/%	面积/hm²	比例/%	面积/hm²	比例/%	面积/hm²	比例/%	面积/hm²	比例/%	面积/hm²	比例/%
2979	2057.7	69.1	741.8	24.9	890	29.9	319.9	10.7	84	2.8	22	0.7

注：耕地坡度是指耕作面坡度。

3)农村经济状况

据 2005 年统计，农村经济总收入 5240 万元，林业产值 48 万元，占农林经济总产值的 0.92%；牧业产值 1992 万元，占农村经济总产值的 38.02%；渔业产值 50 万元，占农村经济总产值的 0.95%；农业产值 2879 万元，占农村经济总产值的 54.94%；其他收入 271 万元，占农村经济总产值的 5.17%。农业人均年纯收入 2545 元。

4)农村基础设施状况

大河小流域内基础设施脆弱，制约了当地经济的发展。小流域水利设施现有堰塘 252 座，年供水量 13.02 万 m³，蓄水池 82 口，年供水量 4.62 万 m³，输水管(渠) 19.2km，年供水量 24.6 万 m³，水井 324 眼，年供水量 8.91 万 m³。当地农民的生活燃料主要来源于蜂窝煤、作物秸杆和薪柴，农作肥料主要是家禽粪便产生的有机肥，目前饮用水主要以挑取村水井及自家钻井为主。

3. 水土流失和水土保持现状

1)水土流失状况

大河小流域幅员面积 29.79km²，水土流失总面积 14.97km²，占幅员面积的 50.3%，其中：轻度流失面积 880.67hm²，占流失总面积的 58.8%；中度流失面积 462.34hm²，占 30.9%；强度流失面积 154.01hm²，占 10.3%。年土壤侵蚀总量 5.58 万 t，平均侵蚀模数 1875.0t/（km²·a)。见表 14-5。

表 14-5 小流域水土流失地类分布情况

项目	坡耕地		经果林		有林地		灌木地		疏幼林		荒山荒坡		水域		难利用地	
	面积/hm²	占/%	面积/hm²	占/%	面积/hm²	占/%	面积/hm²	占/%	面积/hm²	占/%	面积/hm²	占/%	面积/hm²	占/%	面积/hm²	占/%
合计	1315.90	44.20	96	3.20	226.90	7.60	139.10	4.70	29.11	0.98	152	5.10	141.80	4.80	32	1.10
轻度	861.06	190.20							19.60	67.33						
中度	452.83	100.00							9.51	32.67						
强度	2.01	0.40									152	100				

2)水土保持现状

由于水土流失对土壤、环境等造成的危害性越来越明显，大河小流域所在的朱沱镇政府非常重视水土流失治理。本流域在此前尚未启动由国家投资的水土保持工程，仅由当地群众自发地采取一些相关措施，已种植经果林 96hm²，如农户四旁植树、栽培零星经果林、一家一户植树等生物措施；横向开厢，逆向挖地等农耕措施；还有部份农户实行林山禁牧等管育措施，在一定程度上起到了保持水土的作用。但由于这些措施不规范、不统一，达不到综合治理的目的。

14.4　主体内容

14.4.1　工程建设指导思想、目标、规模和工程总体布局

1. 建设目标和原则

通过大河小流域试点工程建设，实施治理水土流失面积14.97km²，治理程度达100%，减少泥沙量0.35万t，减沙效益达70%以上。林草面积达到宜林宜草面积的48.6%，林草覆盖率提高9.72%，综合治理措施保存率达90%以上，使水库水质达Ⅱ类水标准，减少污染物排放量达50%，减少农药、化肥施用量达60%。通过水土流失动态监测获取水质指标动态变化数据及项目区土壤侵蚀模数治理前后的数据对比，控制关门山水体中总氮(TN)含量不超过0.02mg/L，总磷(TP)含量不超过0.05mg/L，总钾(TK)含量不超过0.04mg/L，在项目区内严格控制人为水土流失活动，实行严格预防监督制度和封禁建设制度，防止人为水土流失现象的发生。加强水利水保工程的管理工作，使其不受损毁，持续发展其作用，并确保渡汛安全。调整产业结构，初步确定项目区农业总产值增长514万元，总产值达到24600万元，人均产粮食400kg以上，人均纯收入达到3551元，比治理前提高14.7%。

通过大河小流域试点工程建设，建设沼气池200座，节柴灶200座，通过清洁卫生池，改善生态环境，使林草面积达到宜林宜草面积的48.6%，实现生态修复面积29.11hm²。

解决人畜饮水200户，解决生活能源紧张问题，改善人居环境，建设新农村。

2. 工程布局和建设规模

1)土地利用规划

根据需求对预测的土地进行改良，对土地利用结构进行如下调整：坡改梯20.00hm²，营造水保林221.30hm²，经果林101.70hm²，植草3.00hm²，生态修复建设29.11hm²，保土耕作1121.93hm²。对项目区内的村级公路逐步实施泥片石路面，对中低产田进行改造，配套排洪、灌溉设施，居民生活用地在原宅基地上进行改建、扩建，并逐渐进行村庄式建设，以利更好地利用土地资源。项目区土地分级及适宜性评价表见表14-6：

表14-6　项目区土地分级及适宜性评价表

评价指标	评价等级				
	一级	二级	三级	四级	五级
地面坡度	<5°	5°～10°	10°～15°	15°～25°	25°～35°
土层厚度	>80cm	50～80cm	30～50cm	10～30cm	<10cm
地块完整情况	完整	完整	完整	完整	不完整
距离	近	近	较近	较远	较远

续表

评价指标	评价等级				
	一级	二级	三级	四级	五级
水源条件	好	较好	不完善	无	无
土地适宜性	适宜	较适宜	较适宜	改造后适宜	宜林草

距离：指地块距离村庄、道路或河流的远近。

2)工程布局

根据土地利用规划结果，对规划为生态修复、生态治理、生态保护用地的地块按照水土保持的要求确定治理措施。生态保护用地实行全面封禁，禁止人为开垦、盲目割灌和放牧等生产活动，实施生态移民，适度开展生态旅游，合理利用自然资源，减少人为活动和人为干扰，充分依靠大自然的力量进行自然修复，发挥植被特别是灌草植被的生态功能，实现自然保水。在人口相对密集的浅山、山麓、坡脚等农区，进行农业种植结构调整，减少化肥农药的使用，发展与水源保护相适应的生态农业、观光农业、休闲农业，减少面源污染。加强小型水利基础设施建设，改善生产条件，同时在村镇及旅游景点等人类活动聚集区建设小型污水处理及流域垃圾处理设施，改善人居环境。利用土地实施保护性耕作、坡耕地退耕还林(草)，建设基本农田、小水池、小水窖、小型污水处理及垃圾处理等设施，实现“清洁流域”。生态保护工程：河道两侧及湖库周边是治理重点，在湖库滨带实施水源保护工程建设、封河育草、沟道水系建设、湿地保护。通过适当的生物和工程措施，有效发挥灌木和水生植物的水质净化功能，维系河道及湖库周边生态系统，控制侵蚀、改善水质、美化环境。

3)建设规模

项目区设计小流域治理工程、生态修复工程、河道综合整治工程、人居环境综合整治工程、生态农业建设工程和面源污染治理工程。

工程治理建设新增坡改梯 20.00hm^2，占措施总量的 1.3%，营造水保林 221.30hm^2，占措施总量的 14.8%，经果林 101.70hm^2，占措施总量的 6.8%，植草 3.00hm^2，占措施总量的 0.2%。生态修复建设工程在大河村青杠山一带实行封育治理 29.11hm^2，占措施总量的 1.9%。农村生活污水及畜禽污染物处理工程在龙汇垭村的张伍坝附近布设沼气池 200 口、节柴灶 200 口，在笋桥村跨梁岩桥大陆溪河下游段区布设监测点 1 处。绿色农业示范工程结合村产业结构调整，推广使用有机肥料，及易降解、低残留的农药与化肥，推广试点项目区防治面源污染制度建设。

14.4.2　工程设计

1. 生态治理工程

生态治理工程包括小流域治理工程和人居环境综合整治工程。

1)小流域治理工程

小流域治理工程包括实施坡耕地改造、整治水塘和坡面灌排水系等小型水利水保工程、营造水土保持林草、建设乔灌草相结合的入河生物缓冲带。建设内容为布设人工土坎坡改梯 20.00hm^2，蓄水池 4 口，沉沙池 30 口，排水沟 4.0km，作业便道 4.0km，营造水保林 221.30hm^2，经果林 101.70hm^2，植草 3.0hm^2。通过这些水土保持林草措施及工程措施的建设，观察项目建设前后水质动态指标、水土流失侵蚀模数及其产生的经济效益变化，为建设生态清洁型小流域试点工程提供科学的依据。

(1)坡耕地改造工程。

①坡改梯工程布设原则：坡改梯工程指沿等高线修建成田面平整、地边有埂的台阶式梯田。根据两河项目区自然条件，本着因地制宜，就地取材，节省投资，突出效果的原则，坡改梯工程布设在坡度 10°～15°，土质较好，土层较厚，离村庄近且交通方便，地块相对集中的区域，不同地块梯田埂坎形式的选择要因地制宜。合理布设耕作便道和灌排水系统。本次试点工程设计土坎坡改梯 20hm^2。

②田面宽度和田坎高度设计标准。

梯田的田面宽度和田坎高度是两个互相影响的重要参数，必须先确定其一，才能计算出另一个。按实际经验，石坎一般高度以 1～2.5m 为宜，侧坡由土壤的内磨擦角和凝聚力决定，一般采用 65°～75°。选定田坎坡度，计算田面宽度

$$B_m = H \times \cot\theta$$

$$B = H \times \cot\alpha$$

$$B = B_m - b = H \times (\cot\theta - \cot\alpha)$$

式中，B_m 为田面毛宽(m)；b 为田坎占地宽(m)；B 为田面净宽(m)；H 为梯田田坎高度(m)；θ 为地面坡度；α 为田坎坡度。

选定田面宽度，计算田坎高度。田面宽度根据坡耕地坡度和耕作要求确定，通常为 3～12m。

$$H = B/(\cot\theta - \cot\alpha)$$

计算出的田坎高，加上田埂(一般为 0.30m)，即为埂坎高。

田坎占地率

$$N = (b/B_m) \times 100\% = (\cot\alpha/\cot\theta) \times 100\%$$

式中，N 为田坎占地率(%)。

土石方量：当田面内挖填方相等时，其挖填方断面面积

$$S = (1/2)(H/2)(B/2) = (B \times H)/8$$

则每 hm^2 石坎坡改梯土石方挖填量为：

$$V = S \times L = 1/8 \times H \times B \times 10000/B = 1250H$$

式中，L 为每 hm^2 梯田长度，$L = 10000/B$。

③作业道路布设原则。

田间作业道路配置与坡面水系和灌排沟渠系相结合，统一规划，统一设计，防止冲刷，保证道路完整、畅通；合理布局，有利生产，方便耕作和运输，提高劳动生产效率；尽可能避开大挖大填，减少交叉建筑物，降低工程造价，节约用地，占地少，便于与外界联系。

④设计标准：参照《长江流域水土保持技术手册》，结合各条项目区坡改梯和营造经果林的实际情况，为梯田区、集中成片示范的经果林区配置主干道路，与大道相连，田间作业道设计为三级道，宽度为 0.8～1.2m，长度为 0.1m 的混泥土。

⑤工程设计：田间作业道路和坡面水系与坡改梯同步实施，道路走向沿等高线布设，按相对高差 30～40m 布设一条，在临高坡一边开挖水平沟，拦截径流，水平沟与干道排洪沟相通，梯形断面，底面低于路面不少于 0.3m，小道修筑可采取半挖半填式，填方部位要夯实，边坡要稳定，路面平整稳固，路面中间稍高于两侧，略呈龟背形转弯外侧稍高于内侧。

(2) 小型水利水保工程。

①蓄水池布设原则：蓄水池布设在坡面水汇流的低凹处，并与排水沟、沉沙凼形成水系网格。尽量满足农、林、牧用水需求。布设中尽量考虑少占耕地，来水充足，蓄水方便，造价低，基础稳固。

②设计标准：根据水土保持国家标准 GB/T 16453.1-16453.6—1996《水土保持综合治理技术规范》小型蓄排水引水工程中规定，防御暴雨标准，按 10 年一遇 24h 最大降雨量设计。

③蓄水量计算：根据小流域农、林、牧用水需求和现有水利工程供水能力，尚需水量 $800m^3$。考虑复蓄水因素，需建蓄水池总容量 $240m^3$。

④工程设计：工程选型和布设数量。新建矩形蓄水池 4 口。

⑤容积确定。

坡面来水量按以下公式计算：

$$W=(h\times\varphi\times F)/800$$

式中，W 为来水量，m^3；h 为 10 年一遇 24h 暴雨量，mm；φ 为径流系数，采用当地经验值。

⑥蓄水池容积计算：

圆形

$$V=\pi R^2 H$$

矩形

$$V=HAB$$

式中，H 为池深，m；R 为半径，m；A 为池宽，m；B 为池长，m；V 为容积，m^3。

⑦沉沙池：在项目区规划沉沙池 30 口，沉沙池布设在排洪沟上，采用长方形，设计尺寸 1.5m×1m×1m，单个容积 $1.5m^3$。采用 M5 浆砌砖直墙式结构。

⑧排水沟布设原则：坡面排引水系应与坡改梯、水保林、经果林、封禁治理、保土耕作等措施统一规划，同步实施，紧密配合，综合治理。

坡面小型蓄排工程应进行专项总体布局，合理地布设截流堰、排水沟、沉沙池、蓄水池等主要建筑物，构成完整的坡面防御体系。

当坡面下部是梯田或林草，上部是坡耕地或荒坡时，应在其交界处布设截流堰。

当无措施的坡面坡长太大时，应在此坡面增设几道排水沟。增设排水沟的间距一般 20～30m。

截流堰一般为 1%～2%的比例，低端与排水沟相连，并在连接处作好防冲措施。排水沟一端连接截流堰低端，一端与蓄水池或天然水道相连。

排水沟根据实际情况，一般与等高线正交或斜交两种。各种布设都必须作好防冲措施。

尽量和蓄水池、作业道路相结合，减少占地，降低造价。

⑨设计标准。

根据水土保持国家标准 GB/T 16453.1-16453.6—1996《水土保持综合治理技术规范》小型蓄排水引水工程中规定，防御暴雨标准，按 10 年一遇 24h 最大降雨量设计。

坡面径流量与土壤侵蚀量的计算。

a. 排水沟设计。

每 1km 长沟渠需工程量

$M5=1000\times0.3\times0.3\times2=180m^3$

C15 砼$=1000\times0.1\times0.9=90m^3$

b. 工程设计。

根据蓄、排水量确定排水沟断面面积，按公式 $A=Q/C\sqrt{Ri}$ 确定，然后，确定断面的各要素、沟深、沟宽等。

排水沟顶宽 0.3m，沟深 0.3m。排水沟一般选梯形和矩形两种断面，具体根据地质、材料等情况确定。

排水沟断面设计：排水沟设计是为了顺利通过洪水，以减少洪灾。排水沟的断面设计以通过 10 年一遇设计洪峰流量为准，根据设计频率暴雨坡面最大径流量，按明渠均匀流公式计算：

$$A_2=Q/(C\times(Ri)1/2)$$

式中，A_2 为排水沟断面面积，m^2；Q 为设计坡面最大径流量，m^3/s；C 为谢才系数；R 为水力半径，m；i 为排水沟比降。

C 值的计算：

$$C=1/n\times Ri/6$$

式中，n 为糙率，土质排水沟一般取 0.025 左右。

(3) 植物防护工程。

①水土保持林。

在山斗坡、三块石、天堂坝选择栽植乔灌草结合的栽植方式，通过乔灌草发达的根系，保持水土，灌木林的茂盛的枝叶还可以减少雨水对泥沙的冲刷，形成地表径流，同样起到了保持水土的作用。

②布设原则。

根据项目区地貌类型、土壤质地、光照、水源、气温等立地条件，划分立地条件类型，确定其适宜林种和草种。

用材林优先选用乡土优良品种，如松、柳、柏等，采用行状的种植点配置方式，草种选择生长能力旺盛的品种、根系发达、固土能力强的品种，如黑麦草。

树种选择根系发达、根蘖萌发力强、固土能力强、生长旺盛的品种，郁闭迅速、树冠浓密、落叶丰富、易分解，较快形成松软的枯枝落叶层，具有改良土壤性能，能提高土壤的保水保肥能力。

有较强的适应性和抗逆性，以及较好的经济价值，能满足当地群众对三料(燃料、肥料、饲料)、木材及开展多种经营的需要。

林木种植密度一般株距为 2m，行距 2.5m。喜光而速生的树种宜稀；喜阴性或初期生长慢的树种宜密；干形通直且自然整枝良好的树种宜稀，干形易弯曲而且自然整枝不良的树种宜密。

根据实际情况，整地以水平带状整地、大穴整地、鱼鳞坑整地等多种形式相结合的整地方式，草种采用撒播的形式。

③植柳树及黑麦草。

在沿梁岩桥至两河口的大陆溪河及观音桥至塘坎湾河段沿河一带选择栽植固结岸边较好的柳树 4.18 万株及树下栽植黑麦草 3.0hm²，通过水土保持林草的生物过滤作用，使水质得到净化。

柳树对气侯条件要求较高，气温不得低于−5℃。性喜湿润又怕积水，应尽量选择阳坡、半阳坡、土壤肥沃疏松湿润的地方种植。最好是在溪河两岸、库塘周围及房前屋后、村旁、路旁栽植。一般穴状整地，穴宽 0.7m、深 0.5m，株行距 3m×3m，每公顷植 1110 株，呈“品”字排列，整地要细致，表土要返穴，穴填满且高出土面。种苗先打好黄泥浆，栽时柳苗的上平面要露出地面，将蔸部全部埋入地中。栽植时间应在春分前完成。种植后，柳苗长出 2 片大叶后，开始施第一次肥，一般施尿素，每株 50g，第二次约隔 20 天后施 150g，第三次又隔 20 天以后施 200g。以后每年施 2 次肥，一般施炭铵，第一次在 4 月上旬，第二次在 6 月中旬，两次均为每株 0.25kg。种植后的第二年，结合施肥进行全垦 1 次，深度 0.2m 左右即可。有条件的地方可以施禽畜肥和土杂肥，效果更好。柳树地下茎入土较浅，柳叶的部分茎及芽眼经常露出地面。

多花黑麦草是越年生草本牧草，一般生长期为 1～2 年。品质优良，适口性好，是牛、羊、猪、兔、鹅、鸡、鱼等的优良饲料。黑麦草的种植方法比较简单。一般有条播和撒播两种方法，也可育苗移栽。黑麦草性喜凉爽，播种宜在 9 月下旬至 10 月上旬，至迟也应在 10 月下旬前播种。播种前要深翻土地，精耕细作，施足基肥，亩施有机肥 1000～1500kg。播种以条播为宜，便于刈割与中耕、施肥。行距 0.20～0.25m，播种覆细土 0.02～0.03m，每公顷用种 30～37.5kg。播种后要保持土壤湿润，干旱时要适当浇水，以促使种子发芽与幼苗生长。采用育苗移栽的办法，待小苗长到 0.15m 左右即可拔苗移栽。可充分利用塘埂坡地和空坪荒地种植。移栽前要深翻土地，精耕细作，施足基肥。移栽时要每穴植苗 6～7 株，穴距 0.15～0.20m。若移栽时苗高达 0.20m 左右，可将上端的叶子割去少部分，这样移栽后分蘖发棵快，生长好。一般在 11 月中下旬，黑麦草长到 0.40～0.50m 高时，要像割韭菜一样割下喂鱼或牲畜。此时草嫩，利用率高，且割后能促使分蘖，加快生长。冬末春初，由于气温低，黑麦草生长慢，要到来年的 2 月才能刈割。3～5 月，随着气温的上升，黑麦草的生长速度加快，每隔 15～20 天即可刈割一次。前三次刈割要贴地平割，有利分蘖，以后可留茬高 0.05～0.07m，以增加刈割次数。每刈割一次，要中耕、追肥、浇水一次，每次追肥每公顷用尿素 75～150kg。

④经济果木林：经济果木林一般规划为纯林，便于生产和管理。用材规划经果林 101.70hm²，主要选择名、优、特、新品种，并优先考虑当地适宜的品种，如龙眼、李树等，龙眼造林密度 5m×4m，初植密度为 510 株/hm²，李树造林密度 3m×3m，初植密度为1110 株/hm²。苗木必须是发育良好、根系完整、基茎粗壮、顶芽饱满、无病虫害的壮苗、好苗，防止弱苗、劣苗、病苗。主要采用梯田、穴状两种整地方式，栽植时施足底肥，带土定植。具体做法是将树苗扶直、栽正，根系舒展，深浅适宜，分层深实，

并浇灌定根水，确保成活。

2)人居环境综合治理工程

(1)沼气池建设工程。

①布设原则：主要布设在龙汇垭村附近公路两旁住户较密集的地方，布设200座。设计容积6～8m^3，地面按均布荷载5kN/m^2设计，地基承载力标准值PX大于等于100kPa。形状均为圆形，直径1.21m，高1.66m，池墙材料采用75＃水泥砂浆砌砖，池底用C15砼，厚0.06m。进料管采用直径200mm砼预制管。

基础清基必须清至硬基，砖为红砖，砂浆填缝必须饱满，池底用C15砼必须振捣密实，厌氧池、水压间池墙内壁按GB 4752—84“三灰四浆”工作法施工，刷素水泥浆四遍，做到工程严密、牢固、美观。

②村庄环境保洁制度建设。

清洁型小流域治理是一项涉及面广的社会系统工程，政府应积极做好宣传引导工作，并在政策、资金上给予适当倾斜和支持，加快农村基础设施建设、生态环境建设，促进人与自然的和谐发展，以推动城乡共同发展。

由于村民的环保意识相对薄弱，特别是乱扔垃圾的问题在许多村庄比较突出。河里各种杂物泛滥，垃圾死禽漂浮，河水发黑发臭。村道两旁垃圾乱堆，边角料焚烧乌烟瘴气等，农村生活垃圾问题日益严重，亟待引起政府的重视。农村垃圾的治理要走减量化、资源化、无害化的道路，而不能只做简单的转移。

农村垃圾的治理可以结合农村的特点，将垃圾处理与可再生能源结合起来。农村垃圾除了生活垃圾，还有大量的农业生产过程中产生的垃圾，如畜禽的粪便、水产养殖排放、农作物秸秆等。建设沼气池、日光温室(或大棚)，将种植、养殖、粪便和生活垃圾处理与利用集成在一起，形成农业生产和废物再生利用的有效机制。

大河生态清洁型小流域的农村垃圾乱堆乱弃问题日益突出。由于人们欠缺这方面的观念，生活垃圾随处丢弃，权宜堆放，占地填河，造成严重的环境问题。生活垃圾的减量化、资源化和无害化应该是处理农村垃圾的目标。将农村生活垃圾中的有机部分堆肥并就地施用或还田，剩余的小部分垃圾进入焚烧厂或填埋厂，或其他综合设施。

2. 生态修复工程

生态修复工程包括人工辅助措施及制度建设，封禁治理设计如下：

1)布设原则

生态修复建设是对一个局部地区或项目区通过封禁的方法，禁止放牧、间伐、樵采、从事多种经营等一切不利于植被恢复的人为活动，通过人为补植、治理和科学管理，促进植被自然恢复和生长的措施。根据当地群众的农事安排和生产活动，以确定采取全封、轮封、半封或封治结合等治理形式。全封时间为10～20年或更长，一般较少采用；轮封是根据当地生产和生活的需要，划定放牧和樵采区，对其他地区实行封禁，封禁期5～7年，待森林植被恢复一定程度后，再轮换封禁原开放地区，是较常用的一种形式；半封是在保证林木不受破坏的前提下，实行季节性封育，一般适用于靠近居民地一带的幼林地块。封治结合主要是对稀疏残林进行人工补植，促进植被迅速恢复。

2) 组织管理措施

(1)划定封育治理的范围：根据封育对象，划定封育范围的四周界线，明确封育范围，在四周设置铁篱植物围栏，防止人畜任意进入，制作封育治理区公告牌、宣传牌。

(2)设立组织：固定专人看管封禁区，建立专职管护组织，实施承包管护办法，落实责任，明确目标，定期检查验收，根据工作量大小和完成任务情况，对护林人员定期支付适当报酬。

(3)建立封禁管理制度：按照有关法规，制定乡规民约，其主要内容是建立封禁制度(时间、办法)、开放条件(轮封轮放)、护林人员和村民的责、权、利、奖励、处罚办法。特别要严禁毁林、陡坡垦荒等违法行为。乡规民约的制定，必须依靠群众，发动群众，充分听取群众意见，同时加强宣传教育，做到家喻户晓。乡规民约制定后，纳入乡、村行政管理职责范围，维护乡规民约的权威性。

(4)采取天然更新改造措施：对依靠管护及抚育措施难以较快获得封禁成效的疏、残、低产、劣质次生林、灌木林，应在封禁期内及时采取补植、补播、更换树种等人工促进天然更新改造措施，使封禁治理尽快见效。

解决群众实际问题：对当地群众的燃料、用材、放牧及林副产品利用等问题，应制定切实可行的解决办法，使群众认识封禁治理的好处。大力推广节柴灶、沼气及其他方法解决群众燃料问题，以减轻推行封禁治理的压力。

3)技术措施

(1)封禁方法：根据封育区的不同情况，采用全年封禁、季节封禁和轮封轮放等三种方法。全年封禁是在原有林地破坏严重，残留树木很少，恢复比较困难和地广人稀地区，实行全年封禁，严禁人畜进入，以利植被恢复；季节封禁是在水热条件较好，原有林木破坏较轻，植被恢复较快地区，实行季节封禁。一般春、夏、秋生长季节封禁，晚秋和冬季可以开放，允许村民到林间修枝；轮封轮放封禁面积较大，保存林木较多，植被恢复较快，将封禁范围划分几个区，实行轮封轮放，每个区封禁 3～5 年。合理安排封禁与开放的面积，做到既能有利树木生长，又能满足群众需要。具体来说要在封禁区域采取封禁管护、修筑网围栏、疏林地补种林草等形式完成封禁治理，在封禁区划分管护责任单元，设专职管护员 30 余名，修管护点 5 处 10 间房屋，做到责任到人，把生态修复项目区的监督管护纳入水土保持监督执法日常工作，以有力保障试点工程的进行。

(2)抚育管理：①结合封禁，在残林、疏林中采取人工育苗补植方式，平茬复壮、修枝疏伐、择优选育，促进林木生长，加快植被恢复。②定期检查树木生长情况，加强病虫害防治。③在不影响林木生长和水土保持前提下，利用林间空地，种植饲草、药材，培养食用菌类，发展多种经营。④建立抚育技术档案。记载封育效果、植被演替、林草生长、野生动物繁衍变化等情况，以利今后改进治理。

3. 生态保护工程

生态保护工程包括河道综合整治工程、面源污染治理工程。河道综合整治工程内容包括采取清淤、护岸、筑堰和绿化等措施，对小流域内河道进行综合整治。封河育草，维系河流良好生态系统；禁止河道采沙，加强河道管理及其维护；防止污水和垃圾进入河道，确保河道清洁和优美环境；在河道周边设置植物缓冲带，种植或抚育具有吸收有机污染物能力的乔木、灌木和草本植物；在河道和水库水位的水陆交错带建设人工湿地，种植适水树种和草本植物，增强水体自净能力。

14.4.3　制度建设

在大河小流域生态清洁型小流域建设试点工程建设区域内，制定、出台封山禁牧、封育保护的政策和乡规民约，规范化肥、农药使用种类及科学使用方法，加强对农村生活垃圾、畜禽和水产养殖排放的控制管理、加强对试点区工业企业、饮食服务等行业排污的监督管理、落实开发建设项目水土保持“三同时”制度、开展农村文明新村建设活动。

1. 封山禁牧、封育保护的政策和乡规民约

在项目建设管理上：一是划定封禁界线，明确管护范围，确定管护职责；二是加大宣传力度，制定公布有关政策、制度和乡规民约，提高项目区农民的生态环境保护意识；三是确定管护人员 40 余名，严格进行管护；四是加强项目监测，正确评价实施的效果；五是加强生态修复的日常管理，提高建设效益。

在项目措施的实施上：一是制定规章。需由市委、市政府制定出台《关于防治水土流失，建设生态环境的通告》、《关于进一步加强畜牧管理，保护林草植被的若干规定》、《生态修复管护条例》、《关于加强生态环境保护的决定》以及《关于在全市范围内发布封山禁火令的通告》等五部强制性规定；同时，由市水务局牵头制定《生态修复封育保护奖罚制度》、《水土保持生态修复管护人员职责及管理办法》以及《水土保持生态修复区乡规民约》等。二是加强宣传。全市需出动宣传车辆若干车次，印发宣传资料若干余份下发至项目区涉及的各个村庄；在项目区醒目地方，刷写与生态修复、保护植被、改善生态环境有关的墙体标语百余条；对市里制定的强制性政策规定与规章制度，通过市有线电视台以通告的形式播放；树立生态自然修复标志及宣传碑百余块。三是在离村较近的路口、行政分界、项目区边界及重点管护地段建立铁丝网围栏设施百余公里。四是结合实施项目，实施人工补植、补播林草 30 余 hm^2，人工抚育林草面积 23 余 hm^2。

2. 化肥、农药科学使用方法

化肥、农药的大量使用及在农田中未被完全利用而对水质造成的污染是面源污染产生的主要因素。因此，化肥、农药的种类选择和正确使用对于防治面源非常重要。化肥应多使用易降解、低残留的微肥及有机肥，禁止使用有毒害、使用不完全的化肥。农药应多使用易降解、少毒害的品种。有机肥传统的生产方式是将畜粪便收集，人工进行堆沤。有机肥对促进作物增产，改良土壤，培肥地力，改善农作物品质等收到良好的效果。在试点区内加强宣传科学施肥推广活动，提高土壤肥力，使作物高产的重要措施。施肥并不是越多越好，而是要做到科学施肥。科学施肥的核心问题，一是要减少肥料养分的损失，用最少的肥料，获得最高的产量，最大限度地提高肥料的利用率；二是调节好化肥和农家肥的施用比例，氮、磷、钾肥平衡施肥，提高土壤肥力，防止水土污染。因此，不仅要了解作物的营养特性，作物种类和不同发育阶段对养分的要求，还要全面考虑土壤和气候条件、肥料本身的性质，运用合理的农业技术，充分发挥肥效，以获得作物高产和稳产。

3. 农村生活垃圾、畜禽和水产养殖排放的控制管理

农村环境整治是一项涉及面很广的社会系统工程，政府应积极做好宣传引导工作，并在政策上、资金上给予适当倾斜和支持，加快农村基础设施建设、生态环境建设，促进人与自然的和谐发展，以推动城乡共同发展。

“垃圾靠风刮，污水靠蒸发”是农村一些地方处理垃圾的普遍现象。由于村民的环保意识相对薄弱，特别是乱扔垃圾的问题在许多村庄比较突出。河里各种杂物泛滥，垃圾死禽漂浮，河水发黑发臭，村道两旁垃圾乱堆，边角料焚烧乌烟瘴气等，农村生活垃圾问题日益严重，亟待引起政府的重视。农村垃圾的治理要走减量化、资源化、无害化的道路，而不能只做简单的垃圾转移。

农村垃圾的治理可以结合农村的特点，将垃圾处理与可再生能源结合起来。农村垃圾除了生活垃圾，还有大量的农业生产过程中产生的垃圾，如畜禽的粪便、水产养殖排放、农作物秸秆等。建设沼气池、日光温室(或大棚)，将种植、养殖、粪便和生活垃圾处理与利用相结合，形成农业生产和废物再生利用的有效机制。

4. 加强对试点区工业企业、饮食服务等行业排污的监督管理

试点区的工业企业及饮食服务等行业产生的废水、废渣、废气若不加强管理，恣意排放，将会污染水源，引起水质恶化，使面源污染更加严重，影响人民饮水安全。因此，为了防止试点区工业企业、饮食服务等行业的恣意排污，必须在项目区出台一系列的监督管理措施，在污水出水口处修筑生物过滤池，池中栽植易降解污水杂质的植物如莲等，污水通过生物降解池过滤后再排放，能有效减轻污水对水质的影响，要求试点工程区的生活污水都必须通过生物过滤池过滤后才能排放。另外还要为农民修筑卫生池，以改善环境。加强宣传力度，对于违犯监督管理的企业或个人要严加处罚。

5. 落实开发建设项目水土保持“三同时”制度

水土保持“三同时”制度就是要求开发建设项目要与水土保持工程同时设计、同时施工、同时竣工验收投产使用。水土保持“三同时”制度要求业主必须严格按照制度办事，防护其对土地扰动造成的水土流失，做到“谁开发，谁负责治理，谁受益”，及时有效的防治因其开发产生的水土流失，加强水土保持意识。

6. 开展农村文明新村建设活动

水土保持工作要积极响应党中央关于开展社会主义新农村建设的重大决策，通过水土保持治理工作，改变农村面貌，进行村庄建设和环境治理，帮助落后村、贫困村解决发展中的问题。农民群众是社会主义新农村建设的主体，水土保持工作要充分尊重农民的意愿，充分调动他们的积极性和创造性，防止强迫命令。要引导广大农民发扬自力更生、艰苦奋斗的优良传统，通过辛勤劳动改善生产生活条件，建设家园。建设社会主义新农村必须立足当前、着眼长远，着重解决农民最关心、最迫切的问题；要统筹考虑城镇建设和农村发展，对社会主义新农村建设作出科学规划，有计划、有步骤、有重点地推进；要从农民群众最关心的实际问题入手，突出抓好农村基础设施建设，加快发展农

村教育、卫生和文化事业，着力解决农村基础设施滞后和农民上学难、看病难等突出问题，使社会主义新农村建设有一个良好开局。

14.4.4　监测措施

水土流失监测是水土流失预防、监督和治理的基础，为国家和地方各级政府决策提供可靠的科学依据。通过在项目区设置监测点，建设三角截流堰等监测设施，通过对一系列数据的采集，进一步了解项目实施前后水质中总磷、总氮、生物需氧量、化学耗氧量等水质指标动态变化。

1. 水土流失监测目的

水土流失监测成果的准确与否是本试点项目实施成败的关键，本次防治面源污染试点工程就是要通过水土流失监测获取项目实施前后对水质中总磷、总氮、生物需氧量、化学耗氧量等水质指标动态变化数据。图(14-2a)表明当生物由于缺乏某种元素影响其生长或不能完成其生命循环时，补充适量的这种元素非常必要，但当某种元素超过需要时，又可能起到毒害作用，图(14-2b)表明生物可能忍受浓度的非必要元素浓度超过一定界限，将对生物起明显的毒害作用。因而，通过对水质的动态监测，掌握水体中微量元素的浓度，及时采取相应的防护措施，改善水质非常必要。

微量元素浓度对生物生长活动的影响图

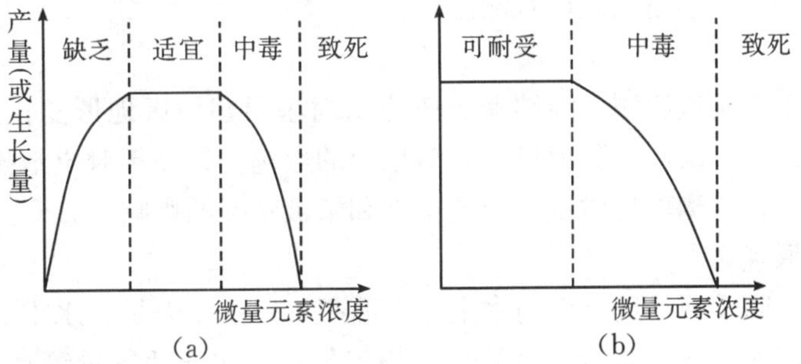

图 14-2　微量元素浓度与植物生长的关系

在项目实施期，水质指标的发生、发展和控制是一个动态变化过程。因此，对项目实施期间不同阶段和不同河段的水土流失情况进行监测，能够更好地掌握项目措施实施对建设生态清洁型小流域建设的作用，进而为防治措施的完善提供科学的依据。

项目运行期水土流失监测的目的是验证项目实施后对水质、水土流失侵蚀模数、防蚀减灾等效益，检验水质净化、水土流失防治目标的准确性，同时为优化水土保持措施提供依据，为今后在全国范围内实施生态清洁型小流域建设试点工程的实施积累经验。

项目水土流失监测的结果，可为项目水土保持措施布置科学与否提供依据。

2. 重点监测地段

根据项目区水土流失面源污染影响分析和项目布局，结合项目实施水土流失预测结果，选取大陆溪河中段小溪流为重点监测对象。在项目实施期间在大陆溪河中段布设三角截流堰，进行实时监测。重点监测水质中总磷、总氮、生物需氧量、化学耗氧量等水质指标动态变化及项目区土壤侵蚀模数、土壤侵蚀量、入库泥沙量的变化。

3. 监测内容

本项目水土流失监测的内容主要包括项目区水土流失因子监测、水土流失状况监测及水土流失防治效果监测等。

项目建设区水土流失因子监测主要监测建设区地形、地貌和水系变化情况、项目扰动地表面积、工程建设过程中的填方、挖方量及面积、弃渣量及其堆放面积。

生态清洁型小流域的水土流失状况监测主要包括对水土流失面积变化情况、施工过程中的水土流失量、大河小流域的水土流失量、大陆溪河中段河流入库泥沙量、总磷、总氮、生物需氧量、化学耗氧量等水质指标动态变化及对项目区和周边地区造成的危害及其趋势等情况进行监测。

生态清洁型小流域水土流失防治效果监测主要包括对生态清洁型小流域建设水土保持措施的实施情况、植物措施的生长状况等的监测，评价其水保措施效益，监测本工程责任范围内可能产生水土流失的部位、程度及危害。

监测的重点内容是水土流失量及水土保持设施效益监测。

4. 监测方法

根据水利部《水土保持监测技术规范》，结合本项目实际情况，确定本项目的监测方法主要采用现场调查和三角截流堰观测法。

1)现场调查

由监测人员采用实地勘测、线路调查等方法对项目建设区地形变化进行监测，项目建设期间每半年调查一次，监测项目建设对地形的影响。每半年对土地扰动面积和程度、林草盖度调查一次，监测项目建设对当地土地和植被状况的影响。

2)三角截流堰观测

对项目建设期间及项目运行期间水土流失面积、水土流失量、水土流失程度的变化、对库区、沿河入库泥沙量、总磷、总氮、生物需氧量、化学耗氧量等水质指标的变化及对周边地区造成的面源污染危害及趋势、水土保持工程的完好程度和运行情况等，采用三角截流堰观测法进行监测。

在大陆溪河中段设置1处监测点。三角截流堰观测法的建设内容主要是在支流上用浆砌条石修筑成一个长方体的小塘堰，将上游来水截流在堰内，三角堰容积约1.2m^3，采用出水三角堰，堰角为45°，堰旁修筑一监测房，内安装ISCO自动采样器、自动水位计等监测设施，定期对水质进行监测，每降雨一次都要将堰内泥沙清出烘干，通过烘干箱、量筒、量杯、天平等仪器测算出水土流失侵蚀量、水土流失侵蚀模数、总磷(TP)、总氮(TN)、总钾(TK)、生物需氧量(BOD)、化学耗氧量(COD)等指标。每个季度要将测得的数据向重庆市水土保持生态环境监测总站上报，并由重庆市水土保持生态环境监测总站将数据汇总后向水利部门报送。

5. 监测时段和频次

监测时段：包括建设施工期(2006.11～2008.11)和运行初期(2008.12～2009.12)。

水土流失监测的重点是建设施工期。

三角截流堰观测主要集中在5～10月暴雨集中期，每月测4～6次(根据降雨情况确定具体时间)，10月至次年4月，每月2次。

调查监测和场地巡查为不定期巡查。

6. 监测单位和费用

项目水土流失监测委托具有相应监测资质的单位进行，水质监测委托永川市环保局具有相应监测资质的单位进行，由其根据相关规程规范编制监测细则并实施监测。由地方水行政管理部门对监测工作进行协调和监督，以保证监测成果的质量。

监测费用根据水利部水保司《关于开发建设项目水土保持咨询报务费用计列的指导意见》保监〔2005〕22号，并结合水土保持监测实际工作量计列。

主要参考文献

[1] 包维楷，陈庆恒．退化山地植被恢复和重建的基本理论和方法[J]．长江流域资源与环境，1998，(04)：370－377.

[2] 杨逢建，赵则海，付玉杰，等．封山育林后天然次生林群落结构特征[J]．植物研究，2002，22(4)：503－507.

[3] 杨逢建，唐中华，祖元刚．封山育林对小兴安岭东部地区蒙古栎林主要乔木种群径级结构的影响[J]．林业研究，2002，13(3)：221－223.

[4] 桂来庭．论石灰岩地区封山育林[J]．中南林业调查规划，2001，20(3)：9－12.

[5] 包维楷，陈庆恒，刘照光．岷江上游山地生态系统的退化及其恢复与重建对策[J]．长江流域资源与环境，1995，(3)：277－282.

[6] 王维明．闽东南坡地植被重建途径研究[J]．水土保持研究，2000，7(3)：138－141.

[7] 程冬兵，蔡崇法，孙艳艳．植被恢复研究综述[J]．亚热带水土保持，2006，18(2)：24－26.

[8] 郭永明，汤宗祥，唐时嘉，等．岷江上游土壤资源的保护性利用[J]．山地学报，1993，(04)：251－256.

[9] 吴宁．山地退化生态系统的恢复与重建——理论与岷江上游的实践[M]．成都：四川科学技术出版社，2008.

[10] 四川植被协作组编．四川植被[M]．成都：四川人民出版社，1980.

[11] 吴宁，刘庆．长江上游地区的生态环境与可持续发展战略[J]．世界科技研究与发展，1999，21(3)：70－73.

[12] 张丽君．岷江上游植被的GAP分析[D]．北京：北京林业大学，2007.

[13] 叶延琼，陈国阶．GIS支持下的岷江上游流域景观格局分析[J]．长江流域资源与环境，2006，15(01)：112－115.

[14] 吴建安．岷江源区群落多样性及植被恢复的研究[D]．北京：北京林业大学，2004.

[15] 黎燕琼，郑绍伟，慕长龙，等．脆弱生境植被恢复与重建研究综述[J]．四川林业科技，2011，32(1)：48－51.

[16] 李奕．岷江上游植被复原与恢复评价[D]．北京：北京林业大学，2009.

[17] 胡泓，刘世全，陈庆恒，等．川西亚高山针叶林人工恢复过程的土壤性质变化[J]．应用与环境生物学报，2001，7(4)：308－311.

[18] 邓朝经，杨韧，覃模昌，等．柏木低产林形成原因及改造途径探讨[J]．四川林业科技，1990，(1)：64－68.

[19] 范川，李贤伟，张健，等．柏木低效林不同改造模式土壤抗冲性能[J]．水土保持学报，2013，27(1)：76－81.

[20] 范川，周义贵，李贤伟，等．柏木低效林改造不同模式土壤抗蚀性对比[J]．林业科学，2014，50(6)：107－114.

[21] 黎燕琼，龚固堂，郑绍伟，等．低效柏木纯林不同改造措施对水土保持功能的影响[J]．生态学报，2013，33(3)：934－943.

[22] 雷静品．三峡库区马尾松－柏木林木生长及健康经营研究[D]．北京：中国林业科学研究院．2009.

[23] 李平，范川，李凤汀，等. 川中丘陵区柏木低效林改造模式植物多样性对土壤有机碳的影响[J]. 生态学报. 2015，35(8)：2667－2675.

[24] 李璐. 不同改造及更新模式对柏木人工林虫口密度影响及机理研究[D]. 武汉：华中农业大学. 2011.

[25] 王鹏程，邢乐杰，肖文发，等. 三峡库区森林生态系统有机碳密度及碳储量[J]. 生态学报，2009，29(1)：97－105.

[26] 吴雪仙，慕长龙，张发会，等. 长江上游绵阳官司河流域低山丘陵区不同植被类型生物多样性分析[J]. 四川林业科技，2009，30(6)：28－33.

[27] 杨育林，李贤伟，周义贵，等. 林窗式疏伐对川中丘陵区柏木人工林生长和植物多样性的影响[J]. 应用与环境生物学报，2014，20(6)：971－977.

[28] 张保华，徐佩，廖朝林，等. 川中丘陵区人工林土壤结构性及对土壤侵蚀的影响[J]. 水土保持通报，2005，25(3)：25－28.

[29] 朱元恩，姚冬梅，陈芳清. 宜昌市郊不同龄级柏木人工林下植物组成与多样性变化[J]. 广西植物，2007，27(4)：604－609.

[29] 四川省林业科技开发实业总公司. 天全县大熊猫栖息地修复项目实施方案. 2014.

[30] 四川省林科院，绵阳市蜀创农业科技有限公司. 二郎山大熊猫栖息地主食竹恢复与保护的关键技术研究，2016.

[31] Alegre J，Alonso-Blázquez N，Andrés E F de，et al. Revegetation and reclamation of soils using wild leguminous shrubs in cold semiarid mediterranean conditions：litter-fall and carbon and nitrogen returns under two aridity regimes [J]. Plant and Soi，2004，263(1/2)：203－212.

[32] Curty C，Engel N. Detection isolation and structure elucidation of a chlorophyll Catabolite from autumnal senescent leaves of Cecidiphyllum japonicum[J]. Phytochemistry，1996，42(6)：1531－1536.

[33] Gaynor V. Prairie restoration on a corporate site[J]. Restoration and Reclamation Review，1990，1(1)：35－40.

[34] IUCN. IUCNredlisteategories. Switzerland. IUCN，Gland，1994.

[35] Marfa A. Revegetation of eroded land and possibilities of carbon sequestration in Iccland[J]. Nutrient Cycling in Agroecosystems，2004，70(2)：241－247.

[36] Middleton B. Succession theory and wetland restoration[J]. Proceeding of INTECOL，V International Wetlands Conference，Perth，Australia，1999：31－47.

[37] Miyawaki A. Green Environments and vegetation science chin-juno-mori to world forests[M]. NTT publisher，Tokyo，1997：239.

[38] Miyawaki A. Vegetation ecolgy and creation of new environment [M]. Tokai University Press，1987.

[39] Miyawakj A，Meguro S. Planting experiments for the restoration of tropical rain forests in Southeast Asia and a comparison with laurel forest at Tokoy Bay. Proceeding IAVS. 2000，249－250 Uppsala：Opulus.

[40] Tada M，sakurai K. Antimicrobial compound from Cecidiphyllum japonicum[J]. Phytochemisttry，1991，30(4)：1119－1120.

[41] Zhang Q，Nie X P，Shi S H，et al. Phylogenetic affinities of Cercidiphyllum Japonicum based on sequences [J]. Eco-logic Science，2003，22(2)：113－115.

[42] 包维楷，陈庆恒，刘照光. 岷江上游山地生态系统的退化及其恢复与重建对策[J]. 长江流域资源与环境，1995，4(3)：277－282.

[43] 蔡晟，刘学全，张家来，等. 鄂西三峡库区大老岭珍稀树木群落特征研究[J]. 应用生态学报，2000，(11)：165－168.
[44] 曹基武，唐文东，朱喜云. 连香树的森林群落调查及栽培技术[J]. 科技园地，2002，16(6)：30－32.
[45] 陈利项，刘雪华，傅伯杰. 卧龙自然保护区大熊猫生境破碎化研究[J]. 生态学报，1999，19(3)：291－297.
[46] 陈灵芝，马克平. 生物多样性科学：原理与实践. 北京：中国科学技术出版社[M]. 2001.
[47] 陈佑平，蒋仕伟，赵联军. 四川王朗自然保护区大熊猫及其栖息地监测[J]. 四川动物，2003，22(1)：49－50.
[48] 陈佐忠，汪诗平，王艳芬. 内蒙古典型草原生态系统定位研究最新进展[J]. 植物学通报，2003，20(4)：423－429.
[49] 冯文和. 对大熊猫数量调查方法的一些探索[J]. 四川动物，1987，(1)：42－44.
[50] 邓东周，鄢武先，黄雪菊，等. 四川地震灾后重建生态修复Ⅰ：实施情况及国内外经验[J]. 四川林业科技，2011，32(5)：56－61.
[51] 邓东周，鄢武先，张兴友，等. 四川地震灾后重建生态修复Ⅱ：问题与建议[J]. 四川林业科技，2011，32(6)：57－61.
[52] 冯秋红. 川西亚高山不同生活型植物叶片 $\delta^{13}C$ 的海拔响应研究[D]. 北京：中国林业科学研究院，2011.
[53] 龚明昊，李志军，于长青. 西部大开发对四川大熊猫栖息地的影响[J]. 野生动物，2002，23(3)：4－6.
[54] 国家林业局. 全国第三次大熊猫调查报告[M]. 北京：科学出版社，2006.
[55] 国家林业局国有林场和林木种苗工作总站. 中国木本植物种子[M]. 北京：中国林业出版社，2001：175－176.
[56] 郝晓杰，毕润成. 濒危植物翅果油树的光合生理特性研究[J]. 山西师范大学学报，2009，23(3)：64－68.
[57] 贺金生，林洁，陈伟烈. 我国珍稀特有植物珙桐的现状及其保护生物多样性[J]. 生物多样性，1995，3 (4)：213－221.
[58] 胡慧蓉，宫渊波，胡庭兴. “一山三带”水土保持植被恢复模式的探讨[J]. 中国水土保持，2010，07：37－40.
[59] 胡杰，胡锦矗，屈植彪，等. 黄龙大熊猫对华西箭竹选择与利用的研究[J]. 动物学研究，2000，21(1)：48－ 51.
[60] 胡杰，胡锦矗，屈植彪，等. 黄龙大熊猫种群数量及年龄结构调查[J]. 动物学研究，2000，21(4)，286－290.
[61] 胡杰，李艳红，喻小燕. 四川青川县大熊猫种群分析[J]. 四川动物，2003，22(1)：46－48.
[62] 胡锦矗，George B. Schaller，潘文石，等. 卧龙的大熊猫[M]. 成都：四川科学技术出版社，1985.
[63] 胡锦矗. 大熊猫的种群现状与保护[J]. 四川师范学院学报(自然科学版)，2000，21(1)，18－21.
[64] 胡进耀，苏智先，黎云祥. 珙桐生物学研究进展[J]. 中国野生植物资源，2003，22(4)：15－19.
[65] 胡锦矗. 大熊猫生物学研究与进展[M]. 成都：四川科学技术出版社. 1990.
[66] 黄福奎. 论遥感技术在土地利用动态监测中的应用[J]. 中国土地科学，1998，12(3)：21－25.
[67] 黄胜利. 农业资源综合开发生态环境评价[J]. 环境科学研究，2000，13(3)：37－41.
[68] 黄杏元，汤勤. 地理信息系统概论[M]. 北京：高等教育出版社，1990.
[69] 黄跃进，唐锦春，孙柄楠. 基于 GIS 的农用土地适宜性评价模型的建立[J]. 浙江林学院学报，

1999，16(4)：406－410.

[70] 黄云霞，程力，贾程，等. 汶川地震区四川自然保护区受损状况与受损栖息地植被恢复技术模式[J]. 四川林业科技，2011，32(4)：83－88.

[71] 金学林，马俊杰，赵牡丹. 大熊猫保护管理GIS方案设计研究[J]. 西北大学学报（自然科学版），2003，33(1)：99－102.

[72] 李杰. "3S" 技术在森林涵养水源效益评价中的应用研究[D]. 哈尔滨：东北林业大学，2002.

[73] 李先现，苏宗明，黄玉清，等. 元宝山南方红豆杉的群落及种群结构待征[J]. 南京林业大学学报. 2001，25(2)：23－28.

[74] 李欣海，马志军，丁长青. 朱(环)分布与栖息地内农民的关系[J]. 动物学报，2002，48(6)：725－732.

[75] 李义明，李典漠. 种群生存力分析的主要原理和方法[M]，《生物多样性研究的原理与方法》，北京：中国科学技术出版社，1994.

[76] 李永香，赵俊三，李洪玉，等. GIS空间分析在土地定级中的应用[J]. 矿山测量，2006，(2)：33－36.

[77] 廖文波，苏志尧，崔大方，等. 粤北南方红豆杉植物群落的研究[J]. 云南植物研究. 2002，24(3)：295－306.

[78] 刘代汉，郑小贤. 森林经营单位级可持续经营指标体系研究[J]. 北京林业大学学报，2004，26(6)：44－48.

[79] 刘惠明，杨燕琼，罗富和. 基于3S技术的景观敏感度测定研究[J]. 华南农业大学学报(自然科学版)，2003，24(3)：67－81.

[80] 刘湘南，黄方，王平，等. GIS空间分析原理方法与[M]. 北京：科学出版社，2005.

[81] 刘艳. 长江中游低丘典型黄壤坡面水土流失特征与植被恢复模式研究[D]. 重庆：西南大学，2010.

[82] 刘祖祺，张石城. 植物抗性生理学[M]. 北京：中国农业出版社，1994.

[83] 陆舟，周放，张军丽. 车八龄自然保护区海南(坚)栖息地特征的初步研究[J]. 广西科学，2002，9(4)：314－319.

[84] 马世骏. 现代生态学透视[M]. 北京：科学出版杜，1990.

[85] 南红梅. 陕北黄土高原丘陵沟壑区植被恢复研究[D]. 杨凌：西北农林科技大学，2004.

[86] 潘开文，刘照光. 连香树人工幼林群落营养元素含量、积累分配和循环[J]. 应用生态学报，2001，12(2)：161－167.

[87] 彭培好，陈文德，彭俊生. 森林采伐对大熊猫栖息地环境的影响[J]. 安徽农业科学，2005，33(9)：1685－1687.

[88] 彭少麟. 恢复生态学与植被重建[J]. 生态科学，1996，15(2)：26－31.

[89] 漆良华. 武陵山区小流域退化土地植被恢复生态学特性研究[D]. 中国林业科学研究院，2007.

[90] 任全进，于金. 古老稀有植物——连香树[J]. 中国野生植物资源，1998，17(4)：37－38.

[91] 沈作奎，艾训儒. 星斗山自然保护区珙桐繁殖方式及生长分析[J]. 湖北林业科技，1998，4：1－3.

[92] 宋永昌. 植被生态学[M]. 上海：华东师范大学出版社，2001，598－599.

[93] 苏宏斌，辛永清，赵生春. 兰州市北山植被退化区植被恢复模式研究[J]. 水土保持通报，2011，4：237－240.

[94] 孙丽文，史常青，赵廷宁，等. 汶川地震滑坡治理区植被恢复效果研究[J]. 中国水土保持科学，2015，13(5)：86－94.

[95] 孙羲. 农业化学[M]. 上海：上海出版社，1980.

[96] 秃杉、珙桐保存及繁殖技术研究专题组. 主要珍稀濒危树种繁殖技术[M]. 北京：中国林业出版社，1992.

[97] 王岑涅，高素萍，孙雪. 震后卧龙—蜂桶寨生态廊道大熊猫主食竹选择与配置规划[J]. 世界竹藤通讯，2009，7：11－15.

[98] 王磊，代勋，汤家鑫，等. 三江口自然保护区光叶珙桐的种群特征和保护对策[J]. 安徽农业科学，2010，38(30)：16738－16741.

[99] 王连春，翟明普. 太行山低山丘陵区植被恢复模式探讨[J]. 安徽农业科学，2009，32：16083－16084.

[100] 王希华，陈小勇. 宫胁法在建设上海城市生态环境中的应用[J]. 上海环境科学，1999，18(2)：100－101.

[101] 王晓南. 珠江源退化生态系统的恢复重建研究[D]. 昆明：昆明理工大学，2009.

[102] 魏新增，黄汉东，江明喜，等. 神农架地区河岸带中领春木种群数量特征与空间分布格局[J]. 植物生态学报，2004，32(4)：825－837.

[103] 温绍龙，郎南军，曾觉民，等. 金沙江干热河谷退耕地植被恢复模式初探[J]. 云南林业科技，2002，01：10－14.

[104] 吴庆标. 广西岩溶区生态恢复模式与可持续经营[D]. 南宁：广西大学，2003.

[105] 吴小巧，黄宝龙，丁雨龙. 中国珍稀濒危植物保护研究现状与进展[J]. 南京林业大学学报(自然科学板)，2004，28(2)：72－74.

[106] 吴征镒，王荷生. 中国自然地理一植物地理(上册)[M]. 北京：科学出版社，1983.

[107] 吴征镒，周浙昆，李德铢，等. 世界种子植物科的分布区类型系统[J]. 云南植物研究，2003，25(3)：245－257.

[108] 吴征镒. 中国种子植物属的分布区类型[J]. 云南植物研究(增刊Ⅳ)，1991，1－139.

[109] 武维华. 植物生理学[M]. 北京：科学出版社，2003，441－443.

[110] 熊东红，周红艺，杨忠，等. 金沙江干热河谷植被恢复研究[J]. 西南农业学报，2005，03：337－342.

[111] 杨宁，彭晚霞，邹冬生，等. 贵州喀斯特土石山区水土保持生态经济型植被恢复模式[J]. 中国人口·资源与环境，2011，S1：474－477.

[112] 杨宁，邹冬生，李建国. 衡阳盆地紫色土丘陵坡地植被恢复模式建设[J]. 草业科学，2010，10：10－16.

[113] 杨宁. 衡阳紫色土丘陵坡地自然恢复植被特征及恢复模式构建[D]. 长沙：湖南农业大学，2010.

[114] 张家勋，李俊清，周宝顺. 珙桐的天然分布和人工引种分析[J]. 北京林业学报，1995，17(1)：25－30.

[115] 张金屯. 数量生态学[M]. 北京：科学出版社，2004.

[116] 张立军，梁宗锁. 植物生理学[M]. 北京：科学出版社，2007.

[117] 张书晖，张波. 宁陕县城区泥石流地段植被恢复模式探究[J]. 现代农业科技，2009，1：27－28.

[118] 张显松，方升佐，杨德超，等. 喀斯特地区植被恢复模式与应用[J]. 林业科技开发，2008，2：71－74.

[119] 张志良，瞿伟菁. 植物生理学实验指导[M]. 北京：高等教育出版社，2008.

[120] 赵颖，何兴金，秦自生，等. 小寨子沟自然保护区种子植物区系分析[J]. 江西科学，2004，22(1)：32－36.

[121] 中国科学院植物研究所. 中国高等植物图鉴[M]. 北京：科学出版社，1972.

[122] 中国科学院中国植物志编辑委员会. 中国植物志[M]. 北京：科学出版社，2004.
[123] 皱琦. 植物生理学实验指导[M]. 北京：中国农业出版社，1995.
[124] 朱再昱，刘水平，刘登柱，等. 四川"5·12"地震后植被恢复和生态重建的对策思考[J]. 安徽农业科学，2009，37(11)：5072－5073.
[125] 雍国玮，石承苍，邱鹏飞. 川西北高原若尔盖草地沙化及湿地萎缩动态遥感监测[J]. 山地学报，2004，21(6) ：758－762.
[126] 舒向阳，胡玉福，蒋双龙，等. 川西北草地沙化对土壤颗粒组成和土壤磷钾养分的影响[J]. 干旱区资源与环境，2015，8：173－179.
[127] 王艳. 川西北草原土壤退化沙化特征及成因分析[D]. 重庆：西南农业大学，2005.
[128] 王艳，杨剑虹，潘洁，等. 川西北高寒草原退化沙化成因分析——以红原县为例[J]. 草原与草坪，2009，1：20－26.
[129] 李光辉，蒋辉霞，廖功磊，等. 太阳能节水灌溉技术在红原县沙化生态修复中的应用[J]. 现代农业科技，2014，23：214－215.
[130] 廖雅萍，王军厚，付蓉. 川西北阿坝地区沙化土地动态变化及驱动力分析[J]. 水土保持研究，2011，18(3) ：51－54.
[131] 孙武，南忠仁，李保生. 荒漠化指标体系设计原则的研究[J]. 自然资源学报，2000，15(2) ：160－163.
[132] 高尚武，王葆芳，朱灵益. 中国沙质荒漠化土地监测评价指标体系[J]. 林业科学，1998，34(2)：1－10.
[133] 赵青华，寇永良. 土地沙化与防沙治沙措施研究[J]. 农家科技(下旬刊)，2015，(4)：235.
[134] 欧平贵，任君芳，罗鹏，等. 若尔盖县沙化治理试验研究初报[J]. 四川林业科技，2013，03：11－20.
[135] 赵哈林，周瑞莲，苏永中，等. 科尔沁沙地沙漠化过程中土壤有机碳和全氮含量变化[J]. 生态学报，2008，28(3)：976－982.
[136] 李伟坡. 湖南浏阳小溪河小流域景观特征及清洁流域构建研究[D]. 武汉：中南林业大学，2016.
[137] 邹战强，陈子平，陈洁芳. 黄沙河生态清洁型小流域治理规划探讨[J]. 广东水利水电，2011，(s1)：45－48.
[138] 郝咪娜. 浙江省生态清洁小流域建设措施研究[D]. 杨凌：西北农林科技大学，2013.
[139] 郝咪娜. 浙江省生态清洁型小流域建设措施体系研究[J]. 现代农村科技，2013，20：71－74.
[140] 杨进怀，吴敬东，祁生林，等. 北京市生态清洁小流域建设技术措施研究[J]. 中国水土保持科学，2007，5(4)：90－93.
[141] 毕小刚，杨进怀，李永贵，等. 北京市建设生态清洁型小流域的思路与实践[J]. 中国水土保持，2005，(1)：18－22
[142] 北京市质量技术监督局. DB11/T 548—2008 生态清洁小流域技术规范[M]. 北京：中国水利水电出版社，2008.
[143] 刘震. 扎实推进水土保持生态清洁小流域建设[J]. 中国水土保持，2010，(1)：5－6.
[144] 刘泉，李鹏，李占斌，等. 丹汉江水源区农业非点源污染机理与调控[M]. 北京：中国林业出版社，2016.
[145] 刘泉，李鹏，李占斌，等. 汉江水源区生态沟渠对径流氮、磷生态拦截效应研究[J]. 水土保持通报，2016，36(2)：54－57.
[146] 祁生林. 生态清洁型小流域建设理论及实践——以北京市密云县为例[D]. 北京：北京林业大学，2006.

[147] 杨帆. 应用人工湿地处理城镇生活污水[D]. 长春：吉林大学，2011.

[148] 王超，段维娜，詹然. 景观生态学在规划设计领域的应用机理[J]. 城市地理，2015，10：186.

[149] 冯宝平，张书花，陈子平，等. 我国生态清洁小流域建设工程技术体系研究[J]. 中国水土保持，2014，1：16－18.

[150] 陈海霞，高广德，高婷. 浙江农村水污染现状及治理措施研究[J]. 科技情报开发与经济，2006，16(7)：95－96.

[151] 李秀芬，朱金兆，顾晓君，等. 农业面源污染现状与防治进展[J]. 中国人口·资源与环境，2010，20(4)：81－83.

[152] Howard L O，Fiske W F. The importation into the United States of the parasites of the gipsy moth and the brown tail moth. Bureau of Enthomology Bulletin.